U0264551

普通高等教育"十一五"规划教材

液压传动

第 2 版

主　编　王积伟　章宏甲　黄　谊
参　编　王晓卫　常　春　刘林宝
主　审　林廷圻

机械工业出版社

本书是普通高等学校机械工程及自动化专业本科生教材，也适用于机械类其他专业。

全书共分十二章：第一章~第三章介绍了液压传动的基本理论，第四章~第七章介绍了液压元件的作用原理、性能和用途，第八章~第十一章介绍了典型液压回路、典型液压系统和液压系统的设计步骤和方法，第十二章介绍了液压元件和系统的动态特性。每章都有习题，书末附有习题参考答案。

本书在以下几点与同类型教材有所不同：专门设立了"液压液"一章；把传统的"开关型"系统及其有关元件与"调节型"系统及其有关元件有机地综合在一起，揭示出它们之间的共性和本质；凸显密封的重要性，并对液压技术中的节能、降噪、治污等问题有所阐述；详细分析了液压元件、回路和系统的动态特性；全书在选材上特别注重创新能力的培养。

本书的电子课件位于机械工业出版社教材服务网（www.cmpedu.com）上，向本书授课教师免费提供。同时，可选择《液压与气压传动习题集》（王积伟主编，书号 18213）配套使用，该习题集包括了《液压传动》中的大部分课后习题，以及对重点、难点习题的详细解答过程，对学习液压传动会起到很大的帮助作用。

图书在版编目（CIP）数据

液压传动 / 王积伟等主编. —2 版. —北京：机械工业出版社，2006.12
（2017.6 重印）
普通高等教育"十一五"规划教材
ISBN 978-7-111-03745-3

Ⅰ. 液…　Ⅱ. 王…　Ⅲ. 液压传动-高等学校-教材　Ⅳ. TH137

中国版本图书馆 CIP 数据核字（2006）第 160201 号

机械工业出版社（北京市百万庄大街 22 号　邮政编码 100037）
责任编辑：冯春生　　版式设计：张世琴　　责任校对：陈延翔
封面设计：张　静　　责任印制：李　洋
北京振兴源印务有限公司印刷
2017 年 6 月第 2 版·第 22 次印刷
184mm×260mm·19 印张·465 千字
标准书号：ISBN 978-7-111-03745-3
定价：42.00 元

第 2 版前言

本书第 1 版自 1992 年出版以来，受到同行的普遍认同，为众多高等院校所选用，先后重印 17 次，产生了良好的社会效益和经济效益。

但是，十几年来液压传动和控制技术进步很快，与微电子和计算机技术的结合更加密切，应用领域不断扩大；与此同时，教育和教学改革深入展开，对教材的要求越来越高。因此，在当前我国经济、科技和教育迅速发展的背景下，对本书进行必要的修订是适时的。这次修订工作体现在以下几个方面：

1）尽量保持原有特色和风格；教材的框架结构和章节体系基本不变。

2）删除一些陈旧的内容；增添了新型液压元件和密封件。

3）对第十章典型液压系统进行调整和补充，适量加重了比例控制和数字控制等方面的内容，以拓宽读者视野，提升创新能力。

4）对第十二章液压元件和系统的动态特性分析的内容有所补充，增加了节流调速和容积调速回路的动态特性分析，使该章更趋完整。

5）改变本书第 1 版没有习题的状况，每章都配有经过精选的习题，书末附有习题参考答案，以方便读者使用。

6）对书中插图进行全面整理，使图形符号完全符合最新国家标准 GB/T 786.1—2001 的规定。

机械工业出版社委托东南大学王积伟为本次修订的第一作者，全权主持本次修订工作。修订教材由王积伟、章宏甲、黄谊任主编，王积伟、王晓卫、常春、刘林宝参加了本次修订，最后由王积伟定稿。

西安交通大学博士生导师林廷圻教授主审本书，提出了许多宝贵意见和建议，在此表示衷心感谢。

由于时间和水平的限制，本书难免存在缺点和错误，恳切希望广大读者批评指正。

作　者
于南京

第1版前言

近 10 年来，液压传动在防漏、治污、降噪、减振、节能和材质研究等各个方面都有长足的进步，它和电子技术的结合也由拼装、混和到整合，步步深入。时至今日，在尽可能小的空间内传出尽可能大的功率并加以精确控制这一点上，液压传动已稳居各种传动方式之首，无可替代。这种情况使液压传动的元件类型、油路结构、系统设计和制作工艺等都发生了深刻的变化，也改变了人们对它进行认识、分析和综合的方式方法。编者利用参加国际会议和旅居海外之便，收集了一些 20 世纪 90 年代的材料，并尽量把它引入到教材中去，以便更好地反映出这门技术的最新情况，避免对读者进行误导。但是考虑到这是一本教材，在教和学两方面都应该有它的连续性，而且不能脱离国内液压界的实际情况太远，因此在材料内容的选取和章节体系的变动上，反复斟酌，采取慎重的态度。

本书经机械制造工艺与设备专业教学指导委员会确定作为高等工业学校"八·五"规划教材，是根据《机床液压传动》修改、编写的。这次修订工作由章宏甲、黄谊编写，林廷圻参加审定。由于时间和水平的限制，修订版难免存在着不少缺点和错误，恳切希望广大读者批评指正。

编 者

目　　录

主要符号表

A——面积

a——加速度

B——阻尼系数

b——宽度

C——液容；定常系数

c——冲击波传播速度

C_c——截面收缩系数

C_d——流量系数

C_r——半径间隙

C_v——速度系数

D——直径；每弧度排量

d——直径；水力直径

E——能量；弹性模量；过滤效率

$°E$——恩氏粘度

e——偏心距；误差量

F——作用力

f——摩擦因数

$G(s)$——环节传递函数

g——重力加速度

h——深度；单位能量损失

I——动量

i——杠杆比；电流

J——惯性矩

K——液体体积弹性模量；放大系数

k——系数；刚度

l——长度

m——质量；齿轮模数

N——颗粒浓度

n——指数；安全系数

P——功率；螺距

p——压力

q——流量

R——半径；水力半径；调节范围；液阻

Re——雷诺数

r——半径

s——拉氏算子

T——转矩；周期；温度

t——温度；时间

u——点速度

V——体积；容积；几何排量（简称排量）

v——平均流速

w——面积梯度

$W(s)$——开环传递函数

x——位移

z——齿轮齿数；叶片（或柱塞）数

z——高度

α——动能修正系数

β——动量修正系数；过滤比

β_t——体积膨胀系数

Δ——开口量；表面粗糙度

δ——壁厚

ε——相对偏心量

ζ——阻尼比；局部阻力系数

η——效率

θ——角度

κ——液体压缩率

λ——导热系数；沿程阻力系数

μ——泊松比；绝对粘度（动力粘度）

ν——运动粘度

ξ——压力负载系数；经验数据

ρ——密度

σ——流量脉动率；应力

τ——切应力

$\Phi(s)$——闭环传递函数

φ、ϕ——节流阀指数、角度

χ——湿周

ψ——柔性系数，末端系数

ω——角速度；角频率

主要下角标

C——回路

H——水力

L——负载

l——泄漏

M——液压马达

m——机械

P——液压泵

q——流量

s——弹簧

T——节流阀；管道

t——几何

V——阀

V——容积

v——速度

0——零位

如 K_{q0} 表示零位流量放大系数；p_P 表示液压泵输出压力；

q_t 表示几何流量；η_{mM} 表示液压马达机械效率等

第一章

绪　　论

第一节　液压传动发展概况

液压传动相对于机械传动来说是一门新技术，但如从 1650 年帕斯卡提出静压传递原理、1850 年英国开始将帕斯卡原理先后应用于液压起重机、压力机等算起，也已有二三百年历史了。而液压传动在工业上的真正推广使用，则是 20 世纪中叶以后的事，至于它与微电子和计算机技术密切结合，得以在尽可能小的空间内传递出尽可能大的功率并加以精确控制，更是近几十年内出现的新事物。

早期的液压传动以水作为传动介质，近代液压传动是由 19 世纪崛起并蓬勃发展的石油工业推动起来的。最早实践成功用油代替水作为传动介质的液压传动装置是 1906 年应用于舰艇上的炮塔转位器，其后才出现了液压转塔车床和磨床。由于缺乏成熟的液压元件，一些通用机床到 20 世纪 30 年代才用上了液压传动，而且还因为各搞一套而无法进行经验交流。第二次世界大战期间，在一些兵器上用上了功率大、反应快、动作准的液压传动和控制装置，它大大提高了兵器的性能，也大大促进了液压技术的发展。战后，液压技术迅速转向民用，并随着各种标准的不断制订和完善，各类元件的标准化、规格化、系列化在机械制造、工程机械、农业机械、汽车制造等行业中推广开来。20 世纪 60 年代后，原子能技术、空间技术、计算机技术、微电子技术等的发展再次将液压技术推向前进，使它发展成为包括传动、控制、检测在内的一门完整的自动化技术，使它在国民经济的各方面都得到了应用。液压传动在某些领域内甚至已占有压倒性的优势，例如，国外生产的 95% 的工程机械、90%的数控加工中心、95% 以上的自动线都采用了液压传动。因此采用液压传动的程度现在已成为衡量一个国家工业水平的重要标志之一。

当前，液压技术在实现高压、高速、大功率、高效率、低噪声、经久耐用、高度集成化、微型化、智能化等各项要求方面都取得了重大的进展，在完善比例控制、伺服控制、数字控制等技术上也有许多新成就。此外，在液压元件和液压系统的计算机辅助设计、计算机仿真和优化以及计算机控制等开发性研究方面，更日益显示出显著的成绩。

2

　　我国的液压工业开始于20世纪50年代，其产品最初只用于机床和锻压设备，后来才用到拖拉机和工程机械上。自1964年从国外引进一些液压元件生产技术、同时进行自行设计液压产品以来，我国的液压件生产已从低压到高压形成系列，并在各种机械设备上得到了广泛的使用。20世纪80年代起更加速了对国外先进液压产品和技术的有计划引进、消化、吸收和国产化工作，以确保我国的液压技术能在产品质量、经济效益、人才培训、研究开发等各个方面全方位地赶上世界水平。

　　今天，为了和最新技术的发展保持同步，液压技术必须不断创新，不断地提高和改进元件和系统的性能，以满足日益变化的市场需求。液压技术的持续发展体现在如下一些比较重要的特征上：

　　1）提高元件性能，创新新型元件，不断小型化和微型化。

　　2）高度的组合化、集成化和模块化。

　　3）和微电子技术相结合，走向智能化。

　　4）研究和开发特殊传动介质，推进工作介质多元化。

第二节　液压传动的工作原理及其组成部分

一、液压传动的工作原理

　　图1-1所示为一种驱动机床工作台的液压系统，它由油箱1、过滤器2、液压泵4、溢流阀7、开停阀9、节流阀13、换向阀15、液压缸18以及连接这些元件的油管组成。它的工

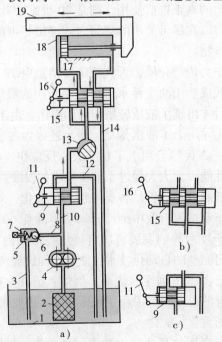

图1-1　机床工作台液压系统的工作原理图

1—油箱　2—过滤器　3、12、14—回油管　4—液压泵　5—弹簧
6—钢球　7—溢流阀　8—压力支管　9—开停阀　10—压力管　11—开停手柄
13—节流阀　15—换向阀　16—换向手柄　17—活塞　18—液压缸　19—工作台

作原理如下：液压泵 4 由电动机带动旋转后，从油箱 1 中吸油。油液经过滤器 2 进入液压泵，当它从泵中输出进入压力管 10 后，在图 1-1a 所示的状态下，通过开停阀 9、节流阀 13、换向阀 15 进入液压缸 18 左腔，推动活塞 17 和工作台 19 向右移动。这时，液压缸 18 右腔的油经换向阀 15 和回油管 14 排回油箱。

如果将换向阀手柄 16 转换成图 1-1b 所示的状态，则压力管 10 中的油将经过开停阀 9、节流阀 13 和换向阀 15 进入液压缸 18 右腔，推动活塞 17 和工作台 19 向左移动，并使液压缸左腔的油经换向阀和回油管 14 排回油箱。

工作台 19 的移动速度是由节流阀 13 来调节的。当节流阀开大时，进入液压缸 18 的油液增多，工作台的移动速度增大；当节流阀关小时，工作台的移动速度减小。

为了克服移动工作台时所受到的各种阻力，液压缸必须产生一个足够大的推力，这个推力是由液压缸中的油液压力产生的。要克服的阻力越大，缸中的油液压力越高；反之压力就越低。输入液压缸的油液是通过节流阀调节的，液压泵 4 输出的多余的油液须经溢流阀 7 和回油管 3 排回油箱，这只有在压力支管 8 中的油液压力对溢流阀钢球 6 的作用力等于或略大于溢流阀中弹簧 5 的预紧力时，油液才能顶开溢流阀中的钢球流回油箱。所以，在图示系统中液压泵出口处的油液压力是由溢流阀决定的，它和缸中的油液压力不一样大。

如果将开停手柄 11 转换成图 1-1c 所示的状态，压力管中的油液将经开停阀 9 和回油管 12 排回油箱，不输到液压缸中去，这时工作台就停止运动。

从上面这个简单的例子中可以看到：

1）液压传动是以液体作为工作介质来传递动力的。

2）液压传动用液体的压力能来传递动力，它与利用液体动能的液力传动是不同的。

3）液压传动中的工作介质是在受控制、受调节的状态下进行工作的，因此液压传动和液压控制常常难以截然分开。

二、液压传动的组成部分

液压传动装置主要由以下四部分组成：

1）能源装置——把机械能转换成油液液压能的装置。最常见的形式就是液压泵，它给液压系统提供压力油。

2）执行装置——把油液的液压能转换成机械能的装置。它可以是作直线运动的液压缸，也可以是作旋转运动的液压马达。

3）控制调节装置——对系统中油液压力、流量或流动方向进行控制或调节的装置。例如上例中的溢流阀、节流阀、换向阀、开停阀等。这些元件的不同组合形成了不同功能的液压系统。

4）辅助装置——上述三部分以外的其他装置，例如上例中的油箱、过滤器、油管等。它们对保证系统正常工作也起重要作用。

三、液压系统图的图形符号

图 1-1a 所示的液压系统图是一种半结构式的

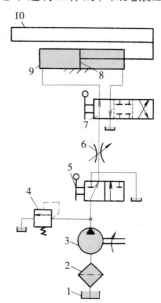

图 1-2 机床工作台液压系统的图形符号图

1—油箱 2—过滤器 3—液压泵

4—溢流阀 5—开停阀 6—节流阀

7—换向阀 8—活塞 9—液压缸 10—工作台

工作原理图,直观性强,容易理解,但绘制起来比较麻烦,系统中元件数量多时更是如此。图 1-2 所示为同一个液压系统用液压图形符号绘制成的工作原理图。使用这些图形符号可以使液压系统图简单明了,便于绘制。

我国制定的液压图形符号标准为 GB/T 786.1—2001。

第三节　液压传动的控制方式

所谓液压传动的"控制方式"有两种不同的含义:一种是指对传动部分的操纵调节方式;另一种是指控制部分本身的结构组成形式。

液压传动的操纵调节方式可以概略地归成手动式、半自动式和全自动式三种。凡需由人拨动手柄或按下按钮才能使系统实现其动作或状态的,便是手动式的,图 1-1 所示的系统就属于这一类。凡由人起动之后系统的各种动作或状态都能在机械的、电气的、电子的或其他机构操纵下顺序地实现出来,并在全部工作完成后自动停车的,便是半自动式的,图 10-2 所示的系统就属于这一类。如果连起动这一步操作也不需由人来参与,它便是全自动式的。

液压系统中控制部分的结构组成形式有开环式和闭环式两种,它们的概念和定义与"控制理论"中的描述完全相同。图 1-1 所示的液压系统就是开环式的(它的框图见图1-3)。在这里,节流阀 13 上那个控制液压缸进油量多少的通口是事先调整好的,无法在工作过程中进行更改。开环控制的质量受工作条件(如油温、负载等)变化的影响很大,严重时甚至无法达到既定的目标。

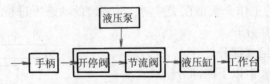

图 1-3　开环控制系统的框图

图 1-4 所示为一个简单的液压伺服系统的工作原理图,它是手动控制式闭环液压系统的例子。这里的伺服阀 5(它在结构上有些像图 1-1 中的换向阀 15)起着开停和节流双重作用。当将手柄 6 的球头从图 1-4b 中①处向左拨到①′处,手柄绕点③转动,将阀杆上的点②移到②′处,使阀口打开。这时压力油就经伺服阀进入液压缸 8 左腔,推动活塞 7 和工作台 9 向右移动,液压缸右腔的油经伺服阀排回油箱 1。活塞移动时点③亦被带着向右移动,这时手柄通过绕点①′的转动,又将点②′不断移向右边。当点③移动到③′时,点②′正好返回到它原来的位置②处,把阀口关闭,使活塞的运动停下来。很明显,活塞移动过程中阀口不断关小,活塞移动速度不断减慢,这正是控制机制中负反馈作用的体现。这个系统的最终状态如图 1-4c 所示:阀口虽然关闭,但手柄球头和活塞的位置都和图 1-4a 不一样了。如果将手柄向右拨动,活塞亦会相应地向左移过一段距离后再停下来。这种系统的框图如图 1-5 所示。

图 1-4 所示的液压伺服系统,能在工作过程中自动调节,其控制质量受工作条件(如油温、负载等)的影响较小,可以进行较精确的控制。

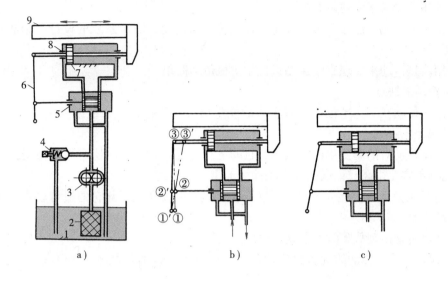

图 1-4 液压伺服系统工作原理图
1—油箱 2—过滤器 3—液压泵 4—溢流阀
5—伺服阀 6—操纵手柄 7—活塞 8—液压缸 9—工作台

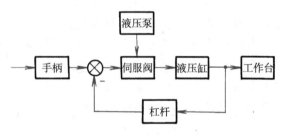

图 1-5 闭环控制系统的框图

第四节 液压传动的优缺点

液压传动有以下一些优点：

1）在同等的体积下，液压装置能比电气装置产生更大的动力。在同等的功率下，液压装置的体积和质量小，即其功率密度大，结构紧凑。液压马达的体积和质量只有同等功率电动机的 12% 左右。

2）液压装置工作比较平稳。由于质量和惯性小、反应快，液压装置易于实现快速起动、制动和频繁的换向。液压装置的换向频率，在实现往复回转运动时可达 500 次/min，实现往复直线运动时可达 1000 次/min。

3）液压装置能在大范围内实现无级调速（调速范围可达 2000），它还可以在运行的过程中进行调速。

4）液压传动易于对液体压力、流量或流动方向进行调节或控制。当将液压控制和电气控制、电子控制或气动控制结合起来使用时，整个传动装置能实现很复杂的顺序动作，也能方便地实现远程控制和自动化。

5）液压装置易于实现过载保护。

6）由于液压元件已实现了标准化、系列化和通用化，液压系统的设计、制造和使用都比较方便。

7）用液压传动来实现直线运动远比用机械传动简单。

液压传动的缺点是：

1）液压传动在工作过程中常有较多的能量损失（摩擦损失、泄漏损失等），长距离传动时更是如此。

2）液压传动对油温变化比较敏感，它的运动速度和系统工作稳定性很易受到温度的影响，因此它不宜在很高或很低的温度条件下工作。

3）为了减少泄漏，液压元件在制造精度上的要求较高，因此它的造价较贵，而且对油液的污染比较敏感。

4）液压传动出现故障时不易找出原因。

总的说来，液压传动的优点是突出的，它的缺点可以通过技术进步不断得到克服或改善。

第五节　液压传动在机械工业中的应用

机械工业各部门使用液压传动的出发点是不尽相同的：有的是利用它在传递动力上的长处，如工程机械、压力机械和航空工业采用液压传动的主要原因是取其结构简单、体积小、质量小、输出功率大；有的是利用它在操纵控制上的优点，如机床上采用液压传动是取其能在工作过程中实现无级变速、易于实现频繁的换向、易于实现自动化；等等。此外，不同精度要求的主机也会选用不同控制形式的液压传动装置，其概况如图1-6所示。

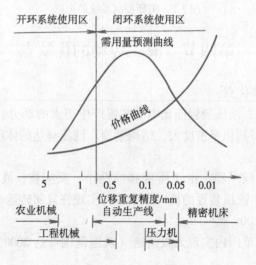

图1-6　不同精度的液压传动装置的应用场合

液压传动在各类机械行业中的应用实例如表1-1所示。

表 1-1 液压传动在各类机械行业中的应用实例

行 业 名 称	应用场所举例
工程机械	挖掘机，装载机，推土机，沥青混凝土摊铺机，压路机，铲运机等
起重运输机械	汽车吊，港口龙门吊，叉车，装卸机械，带式运输机，液压无级变速装置等
矿山机械	凿岩机，开掘机，开采机，破碎机，提升机，液压支架等
建筑机械	压桩机，液压千斤顶，平地机，混凝土输送泵车等
农业机械	联合收割机，拖拉机，农具悬挂系统等
冶金机械	高炉开铁口机，电炉炉顶及电极升降机，轧钢机，压力机等
轻工机械	打包机，注射机，校直机，橡胶硫化机，造纸机等
机床工业	半自动车床，刨床，龙门铣床，磨床，仿形加工机床，组合机床及加工自动线，数控机床及加工中心，机床辅助装置等
汽车工业	自卸式汽车，平板车，高空作业车，汽车中的 ABS 系统、转向器、减振器等
智能机械	折臂式小汽车装卸器，数字式体育锻炼机，模拟驾驶舱，机器人等

习 题

1-1 液压千斤顶如图 1-7 所示。千斤顶的小活塞直径为 15mm，行程 10mm，大活塞直径为 60mm，重物 W 为 48000N，杠杆比为 $L:l=750:25$，试求：

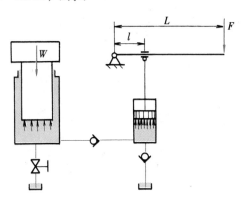

图 1-7 题 1-1 图

1）杠杆端施加多少力才能举起重物 W?

2）此时密封容积中的液体压力等于多少？

3）杠杆上下动作一次，重物的上升量。

又如小活塞上有摩擦力 175N，大活塞上有摩擦力 2000N，并且杠杆每上下一次，密封容积中液体外泄 0.2cm³ 到油箱，重复上述计算。

1-2 图 1-8 所示两液压缸的结构和尺寸均相同，无杆腔和有杆腔的面积各为 A_1 和 A_2，$A_1=2A_2$，两缸承受负载 F_1 和 F_2，且 $F_1=2F_2$，液压泵流量为 q，试求两缸并联和串联时，活塞移动速度和缸内的压力。

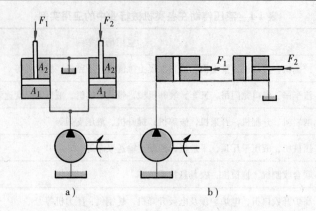

图 1-8 题 1-2 图

a）两液压缸并联 b）两液压缸串联

1-3 液压传动系统有液压泵、液压阀、液压缸、油箱、管路等元件和辅件，还得有驱动泵的电动机，而电气驱动系统似乎只需要一台电动机就行了，那么为什么说液压传动系统的体积和质量小呢？

1-4 液压传动系统中，要经过两次能量的转换，一次是电动机的机械能转换成为液压泵输出的液体的压力能，另一次是输入执行元件的液体的压力能转换成为执行元件输出的机械能。经过能量转换是要损失能量的，那么为什么还要使用液压传动系统呢？

第二章

液 压 液

在液压系统中，液压液是传递动力和信号的工作介质，有的还起到润滑、冷却和防锈的作用。液压系统能否可靠、有效地工作，在很大程度上取决于系统中所用的液压液。因此，在掌握液压系统之前，必须先对液压液有一清晰的了解。

第一节　液压液的特性和选择

一、液压液的分类

液压系统中使用的液压液按国际标准 ISO6743-4：1999 的分类（我国国家标准 GB/T 7631.2—2003 与此等效）如表 2-1 所示。目前 90% 以上的液压设备采用石油基液压液。基油为精制的石油润滑油馏分。为了改善液压液的性能，以满足液压设备的不同要求，往往在基油中加入各种添加剂。添加剂有两类：一类是改善油液化学性能的，如抗氧化剂、防腐剂、防锈剂等；另一类是改善油液物理性能的，如增粘剂、抗磨剂、防爬剂等。

表 2-1　液压液的分类

组别符号	应用范围	特殊应用	更具体应用	组成和特性	产品符号 ISO-L	典型应用	备　注
H	液压系统	流体静压系统		无抑制剂的精制矿油	HH		
				精制矿油，并改善其防锈和抗氧性	HL		
				HL 油，并改善其抗磨性	HM	有高负荷部件的一般液压系统	
				HL 油，并改善其粘温性	HR		
				HM 油，并改善其粘温性	HV	建筑和船舶设备	
				无特定难燃性的合成液	HS		特殊性能

（续）

组别符号	应用范围	特殊应用	更具体应用	组成和特性	产品符号 ISO-L	典型应用	备注
H	液压系统	流体静压系统	用于要求使用环境可接受液压液的场合	甘油三酸酯	HETG	一般液压系统（可移动式）	每个品种的基础液的最小含量应不少于70%（质量分数）
				聚乙二醇	HEPG		
				合成酯	HEES		
				聚α烯烃和相关烃类产品	HEPR		
			液压导轨系统	HM油，并具有抗粘-滑性	HG	液压和滑动轴承导轨润滑系统合用的机床在低速下使振动或间断滑动（粘-滑）减为最小	这种液体具有多种用途，但非在所有液压应用中皆有效
			用于使用难燃液压液的场合	水包油型乳化液	HFAE		通常含水量大于80%（质量分数）
				化学水溶液	HFAS		通常含水量大于80%（质量分数）
				油包水乳化液	HFB		
				含聚合物水溶液①	HFC		通常含水量大于35%（质量分数）
				磷酸酯无水合成液①	HFDR		
				其他成分的无水合成液①	HFDU		

①这类液体也可以满足 HE 品种规定的生物降解性和毒性要求。

但是，为了军事目的，近年来在某些舰船液压系统中，也有以海水或淡水作为液压液的，而且正在逐渐向水下作业、河道工程、海洋开发、核能动力、冶金热轧、食品药品等领域延伸，并显示出极为突出的优越性。

二、液压液的物理性质

液压液的基本性质有多项，现择其与液压传动性能密切相关的三项作一介绍。

（一）密度

单位体积液体所具有的质量称为该液体的密度，即

$$\rho = \frac{m}{V} \tag{2-1}$$

式中　ρ——液体的密度；

　　　V——液体的体积；

　　　m——液体的质量。

常用液压传动液压液的密度值如表 2-2 所示。

表 2-2　常用液压传动液压液的密度（20℃）

液 压 液	密度/（kg·m⁻³）	液 压 液	密度/（kg·m⁻³）
抗磨液压液 L-HM32	0.87×10^3	水-乙二醇液压液 L-HFC	1.06×10^3
抗磨液压液 L-HM46	0.875×10^3	通用磷酸酯液压液 L-HFDR	1.15×10^3
油包水乳化液 L-HFB	0.932×10^3	飞机用磷酸酯液压液 L-HFDR	1.05×10^3
水包油乳化液 L-HFAE	0.9977×10^3	10 号航空液压油	0.85×10^3

液体的密度随着压力或温度的变化而发生变化，但其变化量一般很小，在工程计算中可以忽略不计。

（二）可压缩性

液体因所受压力增高而发生体积缩小的性质称为可压缩性。若压力为 p_0 时液体的体积为 V_0，压力增加 Δp，液体的体积减小 ΔV，则液体在单位压力变化下的体积相对变化量为

$$\kappa = -\frac{1}{\Delta p}\frac{\Delta V}{V_0} \tag{2-2}$$

式中，κ 称为液体压缩率。由于压力增加时液体的体积减小，两者变化方向相反，为使 κ 成为正值，在上式右边须加一负号。

液体压缩率 κ 的倒数，称为液体体积弹性模量（以下简称体积模量），即

$$K = \frac{1}{\kappa} = -\frac{\Delta p}{\Delta V}V_0 \tag{2-3}$$

表 2-3 所示为各种液压液的体积模量。由表中石油基液压油体积模量的数值可知，它的可压缩性是钢的 $100 \sim 150$ 倍（钢的弹性模量为 2.1×10^5 MPa）。

表 2-3　各种液压液的体积模量（20℃，大气压）

液 压 液	体积模量 K/MPa	液 压 液	体积模量 K/MPa
石油基液压油	$(1.4 \sim 2) \times 10^3$	水-乙二醇液压液	3.45×10^3
水包油乳化液	1.95×10^3	磷酸酯液压液	2.65×10^3
油包水乳化液	2.3×10^3	水	2.4×10^3

封闭在容器内的液体在外力作用下的情况极像一个弹簧：外力增大，体积减小；外力减小，体积增大。这种弹簧的刚度 k_h，在液体承压面积 A 不变时（图 2-1），可以通过压力变化 $\Delta p = \Delta F/A$、体积变化 $\Delta V = A\Delta l$（Δl 为液柱长度变化）和式（2-3）求出，即

$$k_h = -\frac{\Delta F}{\Delta l} = \frac{A^2 K}{V} \tag{2-4}$$

一般情况下，液压液的可压缩性对液压系统性能影响不大，但在高压下或研究系统动态性能及计算远距离操纵的液压机构时，则必须予以考虑。

石油基液压油的体积模量与温度、压力有关：温度升高时，K 值减小，在液压油正常工作温度范围内，K 值会有 $5\% \sim 25\%$ 的变化；压力增加时，K 值增大，但这种变化不呈线性关系，当 $p \geqslant 3$ MPa 时，K 值基本上不再增大。

由于空气的可压缩性很大，因此当液压液中有游离气泡时，K 值将大大减小，且起始压力的影响明显增大。但是在液体内游离气泡不可能完全避免，因此，一般建议石油基液压油 K 的取值为 $(0.7 \sim 1.4) \times 10^3$ MPa，且应采取措施尽量减少液压系统液压液中的游离空气的含量。

石油基液压油的体积膨胀系数和比热容分别为 $(6.3 \sim 7.8) \times 10^{-4}$ K^{-1} 和 $(1.7 \sim 2.1) \times 10^3$ J/（kg·K）。

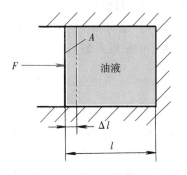

图 2-1　油液弹簧的刚度计算简图

（三）粘性

1. 粘性的表现

液体在外力作用下流动时，分子间内聚力的存在使其流动受到牵制，从而沿其界面产生内摩擦力，这一特性称为液体的粘性。

现以图 2-2 为例说明液体的粘性。若距离为 h 的两平行平板间充满液体，下平板固定，而上平板以速度 u_0 向右平动。由于液体和固体壁面间的附着力及液体的粘性，会使流动液体内部各液层的速度大小不等：紧靠着下平板的液层速度为零，紧靠着上平板的液层速度为 u_0，而中间各层液体的速度当层间距离 h 较小时，从上到下近似呈线性递减规律分布。其中速度快的液层带动速度慢的；而速度慢的液层对速度快的起阻滞作用。

实验测定表明，流动液体相邻液层间的内摩擦力 F_f 与液层接触面积 A、液层间的速度梯度 du/dy 成正比，即

$$F_f = \mu A \frac{du}{dy} \qquad (2\text{-}5)$$

式中，比例系数 μ 称为绝对粘度或动力粘度。

若以 τ 表示液层间的切应力，即单位面积上的内摩擦力，则上式可表示为

$$\tau = \frac{F_f}{A} = \mu \frac{du}{dy} \qquad (2\text{-}6)$$

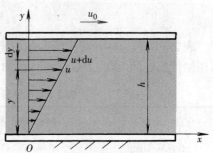

图 2-2　液体粘性示意图

这就是牛顿液体内摩擦定律。

由上式可知，在静止液体中，速度梯度 $du/dy = 0$，故其内摩擦力为零，因此静止液体不呈现粘性，液体只在流动时才显示其粘性。

2. 粘性的度量

度量粘性大小的物理量称为粘度。常用的粘度有三种，即绝对粘度（动力粘度）、运动粘度、相对粘度。

（1）绝对粘度（动力粘度）μ　由式（2-6）可知，绝对粘度 μ 是表征流动液体内摩擦力大小的粘性系数。其量值等于液体在以单位速度梯度流动时，单位面积上的内摩擦力，即

$$\mu = \tau \left/ \frac{du}{dy} \right. \qquad (2\text{-}7)$$

在我国法定计量单位制及 SI 制中，绝对粘度 μ 的单位是 Pa·s（帕·秒）或用 N·s/m²（牛·秒/米²）表示。

如果绝对粘度只与液体种类有关而与速度梯度无关，那么这种液体称为牛顿液体，否则为非牛顿液体。石油基液压油一般为牛顿液体。

（2）运动粘度 ν　液体绝对粘度与其密度之比称为该液体的运动粘度 ν，即

$$\nu = \frac{\mu}{\rho} \qquad (2\text{-}8)$$

在我国法定计量单位制及 SI 制中，运动粘度 ν 的单位是 m²/s（米²/秒）。因其中只有长度和时间的量纲，故得名为运动粘度。国际标准 ISO 按运动粘度值对油液的粘度等级（VG）进行划分，如表 2-4 所示。

表 2-4　常用液压油运动粘度等级　　　　　　（×10⁻⁶ m²/s）

粘度等级	40℃时粘度平均值	40℃时粘度范围	粘度等级	40℃时粘度平均值	40℃时粘度范围
VG10	10	9.00 ~ 11.0	VG46	46	41.4 ~ 50.6
VG15	15	13.5 ~ 16.5	VG68	68	61.2 ~ 74.8
VG22	22	19.8 ~ 24.2	VG100	100	90.0 ~ 110
VG32	32	28.8 ~ 35.2	VG150	150	135 ~ 165

注：其中最主要的为 VG15 ~ VG68。

（3）相对粘度　相对粘度是根据特定测量条件制定的，故又称条件粘度。测量条件不同，采用的相对粘度单位也不同。如恩氏粘度°E（欧洲一些国家）、通用赛氏秒 SUS（美国、英国）、商用雷氏秒 R_1S（英、美等国）和巴氏度°B（法国）等。

国际标准化组织 ISO 已规定统一采用运动粘度来表示油的粘度。

3. 温度对粘度的影响

温度变化使液体内聚力发生变化，因此液体的粘度对温度的变化十分敏感：温度升高，粘度下降（见图 2-3）。这一特性称为液体的粘-温特性。粘-温特性常用粘度指数 VI 来度量。VI 表示该液体的粘度随温度变化的程度与标准液的粘度变化程度之比。通常在各种液压液的质量指标中都给出粘度指数。粘度指数高，说明粘度随温度变化小，其粘-温特性好。

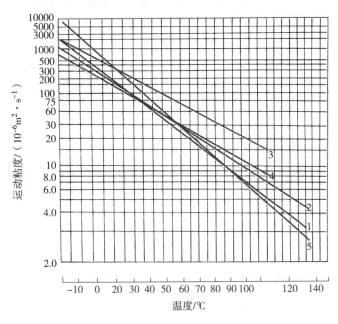

图 2-3　粘度和温度间的关系
1—石油基普通液压油　2—石油基高粘度指数液压油
3—水包油乳化液　4—水-乙二醇液　5—磷酸酯液

一般要求液压液的粘度指数应在 90 以上，优异的在 100 以上。当液压系统的工作温度范围较大时，应选用粘度指数高的介质。几种典型液压液的粘度指数列于表 2-5。

表 2-5　典型液压液的粘度指数 VI

液压液种类	粘度指数 VI	液压液种类	粘度指数 VI
石油基液压油 L-HM	≥95	油包水乳化液 L-HFB	130 ~ 170
石油基液压油 L-HR	≥160	水-乙二醇液 L-HFC	140 ~ 170
石油基液压油 L-HG	≥90	磷酸酯液 L-HFDR	−31 ~ 170

4. 压力对粘度的影响

压力增大时，液体分子间距离缩小，内聚力增加，粘度也会有所变大。但是这种影响在低压时并不明显，可以忽略不计。当压力大于 50MPa 时，其影响才趋于显著。压力对粘度的影响可用下式计算

$$\nu_p = \nu_a e^{cp} \approx \nu_a(1 + cp) \tag{2-9}$$

式中　p——液体的压力，单位为 MPa；

ν_p——压力为 p 时液体的运动粘度，单位为 m^2/s；

ν_a——大气压力下液体的运动粘度，单位为 m^2/s；

e——自然对数的底；

c——系数，对于石油基液压油，$c = 0.015 \sim 0.035 MPa^{-1}$。

5. 气泡对粘度的影响

液体中混入直径为 0.25 ~ 0.5mm 悬浮状态气泡时，对液体的粘度有一定影响，其值可按下式计算

$$\nu_b = \nu_0(1 + 0.015b) \tag{2-10}$$

式中　b——混入空气的体积分数；

ν_b——混入 b 空气时液体的运动粘度，单位为 m^2/s；

ν_0——不含空气时液体的运动粘度，单位为 m^2/s。

（四）其他性质

液压液还有其他一些性质，如稳定性（热稳定性、氧化稳定性、水解稳定性、剪切稳定性等）、抗泡沫性、抗乳化性、防锈性、润滑性以及相容性（对所接触的金属、密封材料、涂料等不起作用便是相容性好，否则便是不好）等，都对它的选择和使用有重要影响。

三、对液压液的要求

不同的工作机械、不同的使用情况对液压液的要求有很大的不同，为了很好地传递运动和动力，液压系统使用的液压液应具备如下性能：

1）合适的粘度，$\nu = (11.5 \sim 41.3) \times 10^{-6} m^2/s$，较好的粘-温特性。

2）润滑性能好。

3）质地纯净，杂质少。

4）对金属和密封件有良好的相容性。

5）对热、氧化、水解和剪切都有良好的稳定性。温度低于 57℃ 时，油液的氧化进程缓慢，之后，温度每增加 10℃，氧化的程度增加一倍，所以控制液压液的温度特别重要。

6）抗泡沫性好，抗乳化性好，腐蚀性小，防锈性好。

7）体积膨胀系数小，比热容大。

8）流动点和凝固点低，闪点（明火能使油面上油蒸气闪燃，但油本身不燃烧时的温

度）和燃点高。

9）对人体无害，成本低。

另外，对轧钢机、压铸机、挤压机、飞机等处则须突出耐高温、热稳定、不腐蚀、无毒、不挥发、防火等项要求。

四、液压液的选择和使用

正确而合理地选用和维护液压液对于液压系统达到设计要求、保障工作能力、满足环境条件、延长使用寿命、提高运行可靠性、防止事故发生等方面都有重要影响。

（一）液压液的选择

液压液的选择包含两个方面：品种和粘度。选择液压液时要考虑的因素如表2-6所示。

表2-6 选择液压液时考虑的因素

考虑方面	内 容
系统工作环境	要否阻燃（闪点、燃点） 抑制噪声的能力（空气溶解度、消泡性） 废液再生处理及环保要求
系统工作条件	压力范围（润滑性、承载能力） 温度范围（粘度、粘-温特性、剪切损失、热稳定性、挥发度、低温流动性） 转速（气蚀、对支承面浸润能力）
液压液的品质	物理化学指标 对金属和密封件等的相容性 过滤性能、吸气情况、去垢能力 锈蚀性 抗氧化稳定性 剪切稳定性
经济性	价格及使用寿命 货源情况 维护、更换的难易程度

在众多的考虑因素中，最重要的因素是液压液的粘度。粘度太大，液流的压力损失和发热大，使系统效率下降；粘度太小，泄漏增大也影响系统效率。因此应选择使系统能正常、高效和可靠工作的液压液粘度。

在液压系统所有元件中，液压泵的工作条件最为严峻，不但压力高、转速高和温度高，而且液压液在被液压泵吸入和由液压泵压出时要受到剪切作用，所以一般根据液压泵的要求来确定液压液的粘度。表2-7给出了各种液压泵用油的粘度范围及推荐牌号。

表2-7 液压泵用油的粘度范围及推荐牌号

名 称	运动粘度/（$10^{-6}\mathrm{m}^2 \cdot \mathrm{s}^{-1}$）		工作压力/MPa	工作温度/℃	推荐用油
	允许	最佳			
叶片泵 1200r/min 叶片泵 1800r/min	16～220 20～220	26～54 25～64	7	5～40	L-HH32，L-HH46
				40～80	L-HH46，L-HH68
			14 以上	5～40	L-HL32，L-HL46
				40～80	L-HL46，L-HL68

（续）

名　　称	运动粘度/ ($10^{-6}\text{m}^2 \cdot \text{s}^{-1}$)		工作压力/MPa	工作温度/℃	推 荐 用 油
	允许	最佳			
齿轮泵	4 ~ 220	25 ~ 54	12.5 以下	5 ~ 40	L-HL32，L-HL46
				40 ~ 80	L-HL46，L-HL68
			10 ~ 20	5 ~ 40	L-HL46，L-HL68
				40 ~ 80	L-HM46，L-HM68
			16 ~ 32	5 ~ 40	L-HM32，L-HM68
				40 ~ 80	L-HM46，L-HM68
径向柱塞泵	10 ~ 65	16 ~ 48	14 ~ 35	5 ~ 40	L-HM32，L-HM46
轴向柱塞泵	4 ~ 76	16 ~ 47		40 ~ 80	L-HM46，L-HM68
			35 以上	5 ~ 40	L-HM32，L-HM68
				40 ~ 80	L-HM68，L-HM100
螺杆泵	19 ~ 49		10.5 以上	5 ~ 40	L-HL32，L-HL46
				40 ~ 80	L-HL46，L-HL68

此外，选择液压液的粘度时，还应考虑环境温度、系统工作压力、执行元件运动类型和速度以及泄漏量等因素：当环境温度高、压力高，往复运动速度低或旋转运动时，或泄漏量大，而运动速度不高时，宜采用粘度较高的液压液，以减少系统泄漏；当环境温度低、压力低，往复运动或旋转运动速度高时，宜采用粘度低的液压液，以减少液流功率损失。

液压液的选择通常要经历下述四个基本步骤：

1）列出液压系统对液压液以下性能变化范围的要求：粘度、密度、体积模量、饱和蒸气压、空气溶解度、温度界限、压力界限、阻燃性、润滑性、相容性、污染性等。

2）查阅产品说明书，选出符合或基本符合上述各项要求的液压液品种。

3）进行综合权衡，调整各方面的要求和参数。

4）与供货厂商联系，最终决定所采用的合适液压液。

（二）液压液的使用

根据一定的要求来选择或配制液压液之后，不能认为液压系统液压液的问题已全部解决了。事实上，使用不当还是会使液压液的性质发生变化。例如，通常以为液压液在某一温度和压力下的粘度是一定值，与流动情况无关，实际上液压液被过度剪切后，粘度会显著减小，因此在使用液压液时，应注意如下几点：

1）对长期使用的液压液，氧化、热稳定性是决定温度界限的因素，因此，应使液压液长期处在低于它开始氧化的温度下工作。

2）在贮存、搬运及加注过程中，应防止液压液被污染。

3）对液压液定期抽样检验，并建立定期更换制度。

4）油箱的贮液量应充分，以利于系统的散热。

5）保持系统的密封，一旦有泄漏，就应立即排除。

一般说来，只要对使用石油基液压油的液压系统进行彻底清洗以及更换某些密封件和油箱涂料后，便可更换成高水基液压液。但是，由于高水基液压液的粘度低、泄漏大、润滑性差、易蒸发和气蚀等一系列缺点，因此在实际使用高水基液压液的液压系统时，还必须注意下述几点：

1）由于粘度低、泄漏大，系统的最高压力不要超过 14MPa。

2）要防止气蚀现象，可用高置油箱使液压泵进口处压力增大，泵的转速不要超过1200r/min。

3）在系统浸渍不到液体的部位，金属的气相锈蚀较为严重，因此应使系统尽量地充满液压液。

4）由于高水基液压液的 pH 值高，容易发生由金属电位差引起的腐蚀，因此应避免使用镁合金、锌、镉之类金属。

5）定期检查高水基液压液的 pH 值、浓度、霉菌生长情况，并对其进行控制。

6）滤网的通流能力须 4 倍于泵的流量，而不是常规的 2 倍。

第二节 液压液的污染及其控制

实践证明，液压液的污染是系统发生故障的主要原因之一，它严重影响着液压系统的可靠性及元件的寿命。由于液压液被污染，液压元件的实际使用寿命往往比设计寿命低得多。因此液压液的正确使用、管理以及污染控制，是提高系统可靠性及延长元件使用寿命的重要手段。

一、污染物的种类及危害

液压系统中的污染物，是指包含在液压液中的固体颗粒、水、空气、化学物质和微生物等杂物以及污染能量。液压液被污染后，将对系统及元件产生下述不良后果：

1）固体颗粒加速元件磨损，堵塞元件中的小孔、缝隙及过滤器，使泵、阀性能下降，产生噪声。

2）水的侵入会加速油液的氧化，并和添加剂起作用产生粘性胶质，使滤心堵塞。

3）空气的混入会降低液压液的体积模量，引起气蚀，降低润滑性。

4）溶剂、表面活性化合物化学物质会使金属腐蚀。

5）微生物的生成使液压液变质，降低润滑性能，加速元件腐蚀。对高水基液压液的危害更大。

此外，不正常的热能、静电能、磁场能及放射能等也是对液压液有危害的污染能量，它们有的使温升超过规定限度，导致液压液粘度下降甚至变质，有的则可能招致火灾。

二、污染的原因

液压液遭受污染的原因是很复杂的，污染物的来源如表 2-8 所示。表中的液压装置组装时残留下来的污染物主要是指切屑、毛刺、型砂、磨粒、焊渣、铁锈等；从周围环境混入的污染物主要是指空气、尘埃、水滴等；在工作过程中产生的污染物主要是指金属微粒、锈斑、涂料和密封件的剥离片、水分、气泡以及液压液变质后的胶状生成物等。

表 2-8　液压液中的污染物

外界侵入的污染物			工作过程中产生的污染物	
液压液运输过程中带来的污染物	液压装置组装时残留下来的污染物	从周围环境混入的污染物	液压装置中相对运动件磨损时产生的污染物	液压液物理化学性能变化时产生的污染物

三、污染的测定

下面仅讨论油液中固体颗粒污染物的测定问题。油液污染测定方法有质量测定法和颗粒计数法两种。

（一）质量测定法

把 100mL 的油液样品进行真空过滤并烘干后，在精密天平上称出颗粒的质量，然后依标准定出污染等级。这种方法只能表示油液中颗粒污染物的总量，不能反映颗粒尺寸的大小及其分布情况。这种方法设备简单，操作方便，重复精度高，适用于液压油日常性的质量管理，但有逐渐被颗粒计数法所取代的趋势。

（二）颗粒计数法

颗粒计数法是测定液压油液样品单位体积中不同尺寸范围内颗粒污染物的颗粒数，借以查明其区间颗粒浓度（指单位体积油液中含有某给定尺寸范围的颗粒数）或累计颗粒浓度（指单位体积油液中含有大于某给定尺寸的颗粒数）。目前，用得较普遍的有显微镜计数法和自动颗粒计数法。

显微镜计数法也是将 100mL 油液样品进行真空过滤，并把得到的颗粒进行溶剂处理后，放在显微镜下，找出其尺寸大小及数量，然后依标准确定油液的污染等级。这种方法的优点是能够直接看到颗粒的种类、大小及数量，从而可推测污染的原因；缺点是时间长，劳动强度大，精度低，重复性较差，且要求熟练的操作技术。

自动颗粒计数法是利用光源照射油液样品时，油液中颗粒在光电传感器上投影所发出的脉冲信号来测定油液的污染等级的。由于信号的强弱和多少分别与颗粒的大小和数量有关，将测得的信号与标准颗粒产生的信号相比较，就可以算出油液样品中颗粒的大小与数量。这种方法能自动计数，测定简便、迅速、精确，可以及时从高压管道中抽样测定，因此得到了广泛的应用。

四、污染的等级

液压液的污染等级是按单位体积液压液中固体颗粒污染物的含量，即液压液中所含固体颗粒的浓度来划分的。为了定量地描述和评定液压液的污染程度，以便对它实施控制，我国制定了国家标准 GB/T 14039—2002《液压传动　油液　固体颗粒污染等级代号》（ISO 4406：1999，MOD）。

油液固体颗粒污染等级代号的组成视所用计数方法而分两种情况：使用自动颗粒计数器计数所报告的污染等级代号由三个代码组成，分别代表每毫升油液中颗粒尺寸 $\geq 4\mu m$（c）、$\geq 6\mu m$（c）和 $\geq 14\mu m$（c）的颗粒数；而用显微镜计数所报告的污染等级代号，则由 $\geq 5\mu m$ 和 $\geq 15\mu m$ 两个颗粒尺寸范围的颗粒浓度代码组成。代码是根据每毫升液样中的颗粒数确定的（见表 2-9）。代码应按次序书写，相互间用一条斜线分隔。

例如，用自动颗粒计数器计数的污染等级代号为 22/18/13 的液压油，表示它每毫升中所含 $\geq 4\mu m$（c）的颗粒数在大于 20000～40000 之间（包括 40000 在内），$\geq 6\mu m$（c）的颗粒数在大于 1300 ~ 2500 之间（包括 2500 在内），≥14μm（c）的颗粒数在大于 40 ~ 80 之间（包括 80 在内）。

又如，用显微镜计数的污染等级代号为-/18/13 的液压油，表示该油每毫升中所含≥5μm 的颗粒数在大于 1300 ~ 2500 之间（包括 2500 在内），≥15μm 的颗粒数在大于 40 ~ 80 之间（包括 80 在内）。

表 2-9　液压传动　油液　固体颗粒污染等级代码

每毫升的颗粒数		代　码
大　于	小于等于	
2 500 000		>28
1 300 000	2 500 000	28
640 000	1 300 000	27
320 000	640 000	26
160 000	320 000	25
80 000	160 000	24
40 000	80 000	23
20 000	40 000	22
10 000	20 000	21
5 000	10 000	20
2 500	5 000	19
1 300	2 500	18
640	1 300	17
320	640	16
160	320	15
80	160	14
40	80	13
20	40	12
10	20	11
5	10	10
2.5	5	9
1.3	2.5	8
0.64	1.3	7
0.32	0.64	6
0.16	0.32	5
0.08	0.16	4
0.04	0.08	3
0.02	0.04	2
0.01	0.02	1
0.00	0.01	0

注：代码小于 8 时，重复性受液样中所测的实际颗粒数的影响。原始计数值应大于 20 个颗粒，如果不可能，则该尺寸范围的代码前应标注 "≥" 符号。

五、液压液的污染控制

为了有效地控制液压系统的污染，以保证液压系统的工作可靠性和元件的使用寿命，需要制定必要的管理规范和实施细则。表 2-10 为我国制定的典型液压系统清洁度等级。国家标准 GB/T 20110—2006 提供了对液压元件污染物（清洁度）进行分析、评价的基本方法和准则，机械行业标准 JB/T 7858—2006 规定了液压元件清洁度评定方法及液压元件清洁度指标。

表 2-10　典型液压系统清洁度等级

液压系统类型	清洁度等级										
	-/12/9	-/13/10	-/14/11	-/15/12	-/16/13	-/17/14	-/18/15	-/19/16	-/20/17	-/21/18	-/22/19
对污染极敏感的系统											
伺服系统											
高压系统											
中压系统											
低压系统											
低敏感系统											
数控机床液压系统											
机床液压系统											
一般机构液压系统											
行走机械液压系统											
重型机械液压系统											
重型和行走设备传动系统											
冶金轧钢设备液压系统											

常用的控制液压液污染的措施有：

1）严格清洗元件和系统。液压元件在加工的每道工序后都应净化，装配后再仔细清洗，以清除在加工和组装过程中残留的污染物。系统在组装前，先清洗油箱和管道，组装后再进行全面彻底的冲洗。

2）防止污染物从外界侵入。在贮存、搬运及加注的各个阶段都应防止液压液被污染。液压液必须经过过滤器注入系统。设计时可在油箱呼吸孔上装设空气过滤器或采用密封油箱，防止运行时尘土、磨料和冷却物侵入系统。另外，在液压缸活塞杆端部应装防尘密封，并经常检查定期更换。

3）采用高性能的过滤器。这是控制液压液污染等级的重要手段，它可使系统在工作中不断滤除内部产生的和外部侵入的污染物。过滤器必须定期检查、清洗和更换滤心。

4）控制液压液的温度。液压液的抗氧化、热稳定性决定了其工作温度的界限。因此，液压装置必须具备良好的散热条件，使液压液长期处在低于它开始氧化的温度下工作。一般液压系统的工作温度最好控制在 65℃ 以下，机床液压系统还应更低一些。

5）保持系统所有部位良好的密封性。空气侵入系统将直接影响液压液的物理化学性能。因此，一旦发生泄漏，应立即排除。

6）定期检查和更换液压液并形成制度。每隔一定时间，对系统中的液压液进行抽样分析。如发现污染等级已超过标准，必须立即更换。在更换新液压液前，整个系统必须先清洗一次。

<h1 style="text-align:center">习　　题</h1>

2-1　有密闭于液压缸中的一段直径 $d = 150mm$、长 $L = 400mm$ 的液压油，它的体积膨胀系数 $\beta_t = 6.5 \times 10^{-4}K^{-1}$，此密闭容积一端的活塞可以移动。如活塞上的外负载力不变，油温从 $-20℃$ 上升到 $25℃$，试求活塞移动的距离。

2-2　同题 2-1，如果活塞不能移动，液压缸又是刚性的，试问由于温度的变化，油液的膨胀使液压缸中的液压油的压力上升多少？

2-3　某液压液在大气压下的体积是 $50 \times 10^{-3}m^3$，当压力升高后，其体积减少到 $49.9 \times 10^{-3}m^3$，取液压液的体积模量为 $K = 700.0MPa$，试求压力升高值。

2-4　图 2-4 所示为标准压力表检验一般压力表的活塞式压力计。机内充满油液，其液体压缩率 $\kappa = 4.75 \times 10^{-10}m^2/N$。机内的压力由手轮丝杠和活塞产生。活塞直径 $d = 10mm$，丝杠螺距 $P = 2mm$。当压力为 $0.1MPa$ 时，机内油液体积 $V = 200mL$。试求为在压力计内形成 $20MPa$ 的压力，手轮要摇多少转？

2-5　如图 2-5 所示一液压缸，其缸筒内径 $D = 120mm$，活塞直径 $d = 119.6mm$，活塞长度 $L = 140mm$，若油的动力粘度 $\mu = 0.065Pa \cdot s$，活塞回程要求的稳定速度为 $v = 0.5m/s$，试求个计油液压力时拉回活塞所需的力 F。

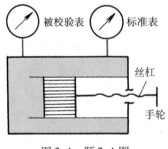

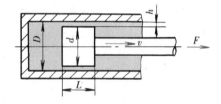

图 2-4　题 2-4 图　　　　　　　　　　图 2-5　题 2-5 图

2-6　一滑动轴承由外径 $d = 98mm$ 的轴和内径 $D = 100mm$、长度 $l = 120mm$ 的轴套所组成，如图 2-6 所示。在均匀的缝隙中充满了动力粘度 $\mu = 0.051Pa \cdot s$ 的润滑油（油膜厚度为 $0.2mm$）。试求使轴以转速 $n = 480r/min$ 旋转所需的转矩。

2-7　图 2-7 所示一直径为 $200mm$ 的圆盘，与固定圆盘端面间的间隙为 $0.02mm$，其间充满润滑油，油的运动粘度 $\nu = 3 \times 10^{-5}m^2/s$，密度为 $900kg/m^3$，转盘以 $1500r/min$ 转速旋转时，试求驱动转盘所需的转矩。

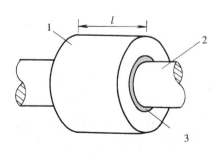

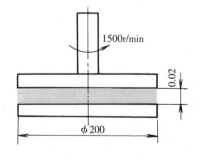

图 2-6　题 2-6 图　　　　　　　　　　图 2-7　题 2-7 图

1—固定轴套　2—旋转轴　3—油膜

2-8 动力粘度 $\mu = 0.2\text{Pa} \cdot \text{s}$ 的油液充满在厚度为 h 的缝隙中，如图 2-8 所示。若忽略作用在截锥体上下表面的流体压力，试求将截锥体以恒速 n 旋转所需的功率。已知：$\varphi = 45°$，$a = 45\text{mm}$，$b = 60\text{mm}$，$h = 0.2\text{mm}$，$n = 90\text{r/min}$。

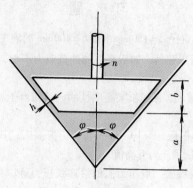

图 2-8 题 2-8 图

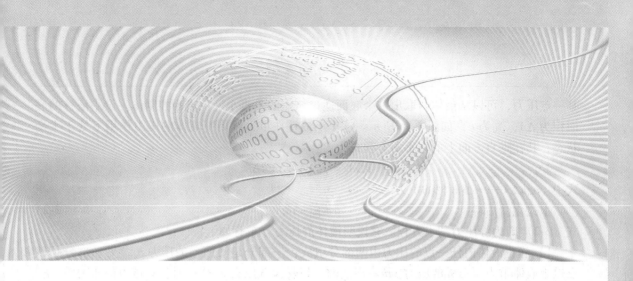

第三章

液压流体力学基础

流体力学是研究液体平衡和运动规律的一门学科。本章主要叙述与液压传动有关的流体力学的基本内容，为以后分析、设计以至使用液压传动系统打下必要的理论基础。

第一节　液体静力学

本节主要讨论液体的平衡规律以及这些规律的应用。所谓"液体是静止的"，指的是液体内部质点间没有相对运动而言，至于盛装液体的容器，不论它是静止的或是运动的，都没有关系。

一、压力及其性质

作用在液体上的力有两种，即质量力和表面力。单位质量液体所受的质量力称为单位质量力，在数值上就等于加速度。单位面积上作用的表面力称为应力，它有法向应力和切向应力之分。当液体静止时，液体质点间没有相对运动，不存在摩擦力，所以静止液体的表面力只有法向力。由于液体质点间的凝聚力很小，不能受拉，所以法向力总是向着液体表面的内法线方向作用的。习惯上把液体在单位面积上所受的内法线方向的法向应力称为压力，例如当 ΔA 面积上作用有法向力 ΔF 时，液体内某点处的压力即定义为

$$p = \lim_{\Delta A \to 0} \frac{\Delta F}{\Delta A} \qquad (3-1)$$

液体的压力有如下重要性质：静止液体内任意点处的压力在各个方向上都相等。

二、重力作用下静止液体中的压力分布

（一）静压力基本方程

在重力作用下的静止液体，其受力情况如图 3-1a 所示，除了液体重力，还有液面上的压力和容器壁面作用在液体上的压力。如要求出液体内离液面深度为 h 的

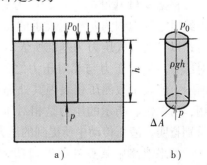

图 3-1　重力作用下的静止液体

某一点压力，可以从液体内取出一个底面通过该点的垂直小液柱作为控制体。设小液柱的底面积为 ΔA，高为 h，如图 3-1b 所示。这个小液柱在重力及周围液体的压力作用下处于平衡状态，其在垂直方向上的力平衡方程式为

$$p\Delta A = p_0\Delta A + \rho g h \Delta A$$

式中 $\rho g h \Delta A$——小液柱的重力。

上式化简后得 $\qquad\qquad p = p_0 + \rho g h \qquad\qquad\qquad\qquad (3\text{-}2)$

式（3-2）即为静压力基本方程。它说明液体静压力分布有如下特征：

1）静止液体内任一点的压力由两部分组成：一部分是液面上的压力 p_0，另一部分是该点以上液体重力所形成的压力 $\rho g h$。当液面上只受大气压力 p_a 作用时，则该点的压力为

$$p = p_a + \rho g h \qquad\qquad\qquad\qquad (3\text{-}3)$$

2）静止液体内的压力随液体深度呈线性规律递增。

3）同一液体中，离液面深度相等的各点压力相等。由压力相等的点组成的面称为等压面。在重力作用下静止液体中的等压面是一个水平面。

（二）静压力基本方程的物理意义

将图 3-1 所示盛有液体的密闭容器放在基准水平面（O—x）上加以考察，如图 3-2 所示，则静压力基本方程可改写成

$$p = p_0 + \rho g h = p_0 + \rho g(z_0 - z)$$

式中 z_0——液面与基准水平面之间的距离；

$\qquad z$——深度为 h 的点与基准水平面之间的距离。

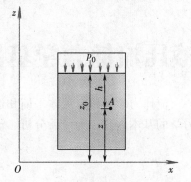

图 3-2 静压力基本方程的物理意义

上式整理后可得

$$\frac{p}{\rho g} + z = \frac{p_0}{\rho g} + z_0 = 常数 \qquad\qquad (3\text{-}4)$$

式（3-4）是静压力基本方程的另一形式。式中 $\dfrac{p}{\rho g}$ 表示了单位重力液体的压力能，故又常称为压力头；z 表示了单位重力液体的位能，也常称为静力头。因此，静压力基本方程的物理意义是：静止液体内任何一点具有压力能和位能两种能量形式，且其总和保持不变，即能量守恒。但是两种能量形式之间可以相互转换。

三、压力的表示方法及单位

根据度量基准的不同，压力有两种表示方法：以绝对零压力作为基准所表示的压力，称为绝对压力；以当地大气压力为基准所表示的压力，称为相对压力。绝对压力与相对压力之间的关系如图 3-3 所示。绝大多数测压仪表因其外部均受大气压力作用，所以仪表指示的压力是相对压力。今后，如不特别指明，液压传动中所提到的压力均为相对压力。

如果液体中某点处的绝对压力小于大气压力，这时该点的绝对压力比大气压力小的那部分压力值，

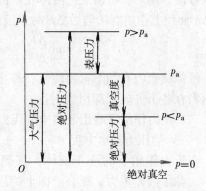

图 3-3 绝对压力与相对压力间的关系

称为真空度。所以

$$真空度 = 大气压力 - 绝对压力 \tag{3-5}$$

我国采用法定计量单位 Pa 来计量压力，$1Pa = 1N/m^2$。液压技术中习惯用 MPa，$1MPa = 10^6 Pa$。因为液体内某一点处的表压力与它所在位置的深度 h 成正比，因此工程上亦有用液柱高度来表示表压力大小的，称为能头。

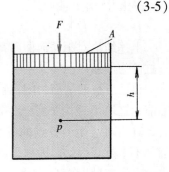

图 3-4　液体内压力计算图

例 3-1　图 3-4 所示为一充满油液的容器，如作用在活塞上的力为 $F = 1000N$，活塞面积 $A = 1 \times 10^{-3} m^2$，忽略活塞的质量。试问活塞下方深度为 $h = 0.5m$ 处的压力等于多少？油液的密度 $\rho = 900kg/m^3$。

解　依据式（3-2），$p = p_0 + \rho g h$，活塞和液面接触处的压力 $p_0 = F/A = 1000/(1 \times 10^{-3})N/m^2 = 10^6 N/m^2$，因此，深度为 $h = 0.5m$ 处的液体压力为

$$p = p_0 + \rho g h = (10^6 + 900 \times 9.8 \times 0.5)N/m^2$$

$$= 1.0044 \times 10^6 N/m^2 \approx 10^6 Pa = 1MPa$$

由这个例子可以看到，液体在受压情况下，其液柱高度所引起的那部分压力 $\rho g h$ 相当小，可以忽略不计，并认为整个静止液体内部的压力是近乎相等的。下面在分析液压系统时，就采用了这种假定。

四、帕斯卡原理

按式（3-2），盛放在密闭容器内的液体，其外加压力 p_0 发生变化时，只要液体仍保持其原来的静止状态不变，液体中任一点的压力均将发生同样大小的变化。也就是说，在密闭容器内，施加于静止液体上的压力将以等值传递到液体中所有各点。这就是帕斯卡原理，或称静压传递原理。帕斯卡原理是液压传动的一个基本原理。

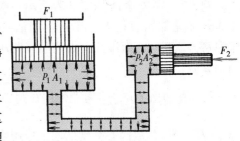

图 3-5　帕斯卡原理应用实例

图 3-5 是运用帕斯卡原理寻找推力和负载间关系的实例。图中垂直液压缸、水平液压缸的截面积分别为 A_1、A_2；活塞上作用的负载为 F_1、F_2。由于两缸互相连通，构成一个密闭容器，因此按帕斯卡原理，缸内压力到处相等，$p_1 = p_2$，于是

$$F_2 = F_1 \frac{A_2}{A_1} \tag{3-6}$$

如果垂直液压缸的活塞上没有负载，则在略去活塞质量及其他阻力时，不论怎样推动水平液压缸的活塞，也不能在液体中形成压力，说明液压系统中的压力是由外界负载决定的，这是液压传动中的一个基本概念。

五、静压力对固体壁面的作用力

静止液体和固体壁面相接触时，固体壁面将受到由液体静压力所产生的作用力。

当固体壁面为一平面时，作用在该面上压力的方向是相互平行的，故静压力作用在固体壁面上的总力 F 等于压力 p 与承压面积 A 的乘积，且作用方向垂直于承压表面，即

$$F = pA \tag{3-7}$$

当固体壁面为一曲面时，情况就不同了：作用在曲面上各点处的压力方向是不平行的，因此，静压力作用在曲面某一方向 x 上的总力 F_x 等于压力与曲面在该方向投影面积 A_x 的乘积，即

$$F_x = pA_x \qquad (3-8)$$

上述结论对于任何曲面都是适用的。下面以液压缸缸筒为例加以证实。

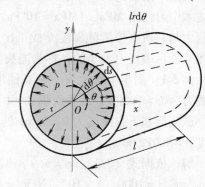

设液压缸两端面封闭，缸筒内充满着压力为 p 的油液，缸筒半径为 r，长度为 l，如图 3-6 所示。这时，缸筒内壁面上各点的静压力大小相等，都为 p，但并不平行。因此，为求得油液作用于缸筒右半壁内表面在 x 方向上的总力 F_x，需在壁面上取一微小面积 $dA = lds = lrd\theta$，则油液作用在 dA 上的力 dF 的水平分量 dF_x 为

$$dF_x = dF\cos\theta = pdA\cos\theta = plr\cos\theta d\theta$$

图 3-6　静压力作用在液压缸内壁面上的力

上式积分后则得

$$F_x = \int_{-\frac{\pi}{2}}^{\frac{\pi}{2}} dF_x = \int_{-\frac{\pi}{2}}^{\frac{\pi}{2}} plr\cos\theta d\theta = 2lrp = pA_x$$

即 F_x 等于压力 p 与缸筒右半壁面在 x 方向上投影面积 A_x 的乘积。

例 3-2　某安全阀如图 3-7 所示。阀心为圆锥形，阀座孔径 $d = 10mm$，阀心最大直径 $D = 15mm$。当油液压力 $p_1 = 8MPa$ 时，压力油克服弹簧力顶开阀心而溢油，出油腔有背压 $p_2 = 0.4MPa$。试求阀内弹簧的预紧力。

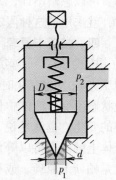

解　1）压力 p_1、p_2 向上作用在阀心锥面上的投影面积分别为 $\frac{\pi}{4}d^2$ 和 $\frac{\pi}{4}(D^2 - d^2)$，故阀心受到的向上作用力为

$$F_1 = \frac{\pi}{4}d^2 p_1 + \frac{\pi}{4}(D^2 - d^2)p_2$$

图 3-7　安全阀示意图

2）压力 p_2 向下作用在阀心平面上的面积为 $\frac{\pi}{4}D^2$，则阀心受到的向下作用力为

$$F_2 = \frac{\pi}{4}D^2 p_2$$

3）阀心受力平衡方程式

$$F_1 = F_2 + F_s$$

式中　F_s——弹簧预紧力。

将 F_1、F_2 代入上式得

$$\frac{\pi}{4}d^2 p_1 + \frac{\pi}{4}(D^2 - d^2)p_2 = \frac{\pi}{4}D^2 p_2 + F_s$$

整理后有

$$F_s = \frac{\pi}{4}d^2(p_1 - p_2) = \frac{\pi \times (0.01)^2}{4} \times (8 - 0.4) \times 10^6 N = 597N$$

第二节 液体动力学

本节主要讨论液体流动时的运动规律、能量转换和流动液体对固体壁面的作用力等问题，具体要介绍三个基本方程——连续方程、能量方程和动量方程。

液体流动时，由于重力、惯性力、粘性摩擦力等的影响，其内部各处质点的运动状态是各不相同的。这些质点在不同时间、不同空间处的运动变化对液体的能量损耗有所影响，但对液压技术来说，使人感兴趣的只是整个液体在空间某特定点处或特定区域内的平均运动情况。此外，流动液体的状态还与液体的温度、粘度等参数有关。为了简化条件便于分析起见，一般都假定在等温的条件下（因而可把粘度看作是常量，密度只与压力有关）来讨论液体的流动情况。

一、基本概念

在推导液体流动的三个基本方程之前，必须弄清有关液体流动时的一些主要基本概念。

（一）理想液体、恒定流动和一维流动

实际液体具有粘性，研究液体流动时必须考虑粘性的影响。但由于这个问题非常复杂，所以开始分析时可以假设液体没有粘性，然后再考虑粘性的作用并通过实验验证等办法对理想化的结论进行补充或修正。这种方法同样可以用来处理液体的可压缩性问题。一般把既无粘性又不可压缩的假想液体称为理想液体。

液体流动时，如液体中任何一点的压力、速度和密度都不随时间而变化，便称液体是在作恒定流动；反之，只要压力、速度或密度中有一个参数随时间变化，则液体的流动被称为非恒定流动。研究液压系统稳态性能时，可以认为液体作恒定流动；但在研究其动态性能时，则必须按非恒定流动来考虑。

当液体整个作线形流动时，称为一维流动；当作平面或空间流动时，称为二维或三维流动。一维流动最简单，但是严格意义上的一维流动要求液流截面上各点处的速度矢量完全相同，这种情况在现实中极为少见。通常把封闭容器内液体的流动按一维流动处理，再用实验数据来修正其结果，液压传动中对工作介质流动的分析讨论就是这样进行的。

（二）流线、流管和流束

流线是流场中的一条条曲线，它表示在同一瞬时流场中各质点的运动状态。流线上每一质点的速度向量与这条曲线相切，因此，流线代表了某一瞬时一群流体质点的流速方向，如图3-8a所示。在非恒定流动时，由于液流通过空间点的速度随时间变化，因而流线形状也随时间变化；在恒定流动时，流线形状不随时间变化。由于流场中每一质点在每一瞬时只能有一个速度，所以流线之间不可能相交，流线也不可能突然转折，它只能是一条光滑的曲线。

在流场中画一不属于流线的任意封闭曲线，沿该封闭曲线上的每一点作流线，由这些流线组成的表面称为

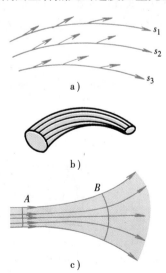

图3-8 流线、流管、流束和通流截面
a）流线 b）流管 c）流束和通流截面

流管（见图 3-8b）。流管内的流线群称为流束。根据流线不会相交的性质，流管内外的流线均不会穿越流管，故流管与真实管道相似。将流管截面无限缩小趋近于零，便获得微小流管或微小流束。微小流束截面上各点处的流速可以认为是相等的。

流线彼此平行的流动称为平行流动；流线间夹角很小，或流线曲率半径很大的流动称为缓变流动。平行流动和缓变流动都可以算是一维流动。

（三）通流截面、流量和平均流速

流束中与所有流线正交的截面称为通流截面，如图 3-8c 中的 A 面和 B 面，通流截面上每点处的流动速度都垂直于这个面。

单位时间内流过某通流截面的液体体积称为流量，常用 q 表示，即

$$q = \frac{V}{t} \qquad (3-9)$$

式中　q——流量，在液压传动中流量常用单位为 L/min；

　　　V——液体的体积；

　　　t——流过液体体积 V 所需的时间。

由于实际液体具有粘性，因此液体在管道内流动时，通流截面上各点的流速是不相等的。管壁处的流速为零，管道中心处流速最大，流速分布如图 3-9b 所示。若欲求得流经整个通流截面 A 的流量，可在通流截面 A 上取一微小流束的截面 dA（图 3-9a），则通过 dA 的微小流量为

$$dq = udA$$

对上式进行积分，便可得到流经整个通流截面 A 的流量

$$q = \int_A udA \qquad (3-10)$$

可见，要求得 q 的值，必须先知道流速 u 在整个通流截面 A 上的分布规律。实际上这是比较困难的，因为粘性液体流速 u 在管道中的分布规律是很复杂的。所以，为方便起见，在液压传动中常采用一个假想的平均流速 v（图 3-9b）来求流量，并认为液体以平均流速 v 流经通流截面的流量等于以实际流速流过的流量，即

$$q = \int_A udA = vA$$

由此得出通流截面上的平均流速为

$$v = \frac{q}{A} \qquad (3-11)$$

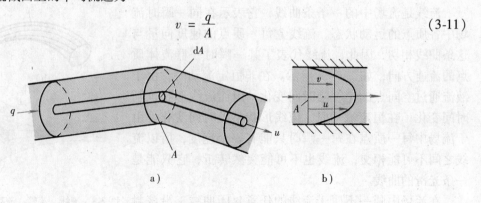

a)　　　　　　　　　　　　　　　b)

图 3-9　流量和平均流速

流量也可以用单位时间内流过某通流截面的液体质量来表示，即 $dq_m = \rho u dA$ 及 $q_m = \int_A \rho u dA$ ，q_m 称为质量流量。

（四）流动液体的压力

静止液体内任意点处的压力在各个方向上都是相等的；可是在流动液体内，由于惯性力和粘性力的影响，任意点处在各个方向上的压力并不相等，但在数值上相差甚微。当惯性力很小，且把液体当作理想液体时，流动液体内任意点处的压力在各个方向上的数值仍可以看作是相等的。

二、连续方程

连续方程是流量连续性方程的简称，它是流体运动学方程，其实质是质量守恒定律的另一种表示形式。设在流动的液体中取一控制体 V（见图 3-10），它内部液体的质量为 m，单位时间内流入、流出的质量流量为 q_{m1}、q_{m2}，根据质量守恒定律，$q_{m1} - q_{m2}$ 应等于该时间内控制体 V 中液体质量的变化率 dm/dt。由于 $q_{m1} = \rho_1 q_1$、$q_{m2} = \rho_2 q_2$、$m = \rho V$，因此

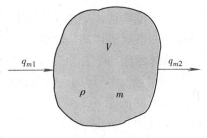

图 3-10 通过控制体的液流

$$\rho_1 q_1 - \rho_2 q_2 = \frac{d(\rho V)}{dt} = V\frac{d\rho}{dt} + \rho\frac{dV}{dt} \tag{3-12}$$

式（3-12）就是流体流过具有固定边界控制体时通用的连续方程。这个方程说明，流进控制体的净质量流量等于控制体内质量的增加率。式中右端第一项是控制体中液体因压力 p 变化引起密度 ρ 变化，使液体受压缩而增补的液体质量；第二项则是因控制体体积 V 的变化而增补的液体质量。

在流体作恒定流动的流场中任取一流管，其两端通流截面面积为 A_1、A_2，如图 3-11 所示。在流管中取一微小流束，并设微小流束两端的截面积为 dA_1、dA_2，液体流经这两个微小截面的流速和密度分别为 u_1、ρ_1 和 u_2、ρ_2，根据质量守恒定律，单位时间内经截面 dA_1 流入微小流束的液体质量应与从截面 dA_2 流出微小流束的液体质量相等，即

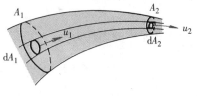

图 3-11 流管中的液流

$$\rho_1 u_1 dA_1 = \rho_2 u_2 dA_2$$

如忽略液体的可压缩性，即 $\rho_1 = \rho_2$，则有

$$u_1 dA_1 = u_2 dA_2$$

对上式进行积分，便得经过截面 A_1、A_2 流入、流出整个流管的流量

$$\int_{A_1} u_1 dA_1 = \int_{A_2} u_2 dA_2$$

根据式（3-10）和式（3-11），上式可写成

$$q_1 = q_2$$

或

$$v_1 A_1 = v_2 A_2 \tag{3-13}$$

式中 q_1、q_2——流经通流截面 A_1、A_2 的流量；

v_1、v_2——流体在通流截面 A_1、A_2 上的平均流速。

由于两通流截面是任意取的，故有

$$q = vA = 常数 \tag{3-14}$$

式（3-14）就是液流的流量连续性方程，它说明在恒定流动中，通过流管各截面的不可压缩液体的流量是相等的。换句话说，液体是以同一个流量在流管中连续地流动着；而液体的流速则与流通截面面积成反比。

三、能量方程

能量方程又常称伯努利方程，它实际上是流动液体的能量守恒定律。

由于流动液体的能量问题比较复杂，所以在讨论时先从理想液体的流动情况着手，然后再展开到实际液体的流动上去。

（一）理想液体的运动微分方程

在液流的微小流束上取出一段通流截面积为 dA、长度为 ds 的微元体，如图 3-12 所示。在一维流动情况下，对理想液体来说，作用在微元体上的外力有以下两种：

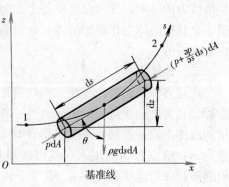

图 3-12　理想液体的一维流动

1）压力在两端截面上所产生的作用力

$$pdA - \left(p + \frac{\partial p}{\partial s}ds\right)dA = -\frac{\partial p}{\partial s}dsdA$$

式中　$\dfrac{\partial p}{\partial s}$——沿流线方向的压力梯度。

2）作用在微元体上的重力

$$-\rho g ds dA$$

这一微元体的惯性力为

$$ma = \rho dAds\frac{du}{dt} = \rho dAds\left(\frac{\partial u}{\partial s}\frac{ds}{dt} + \frac{\partial u}{\partial t}\right) = \rho dAds\left(u\frac{\partial u}{\partial s} + \frac{\partial u}{\partial t}\right)$$

式中　u——微元体沿流线的运动速度，$u = \dfrac{ds}{dt}$。

根据牛顿第二定律 $\sum F = ma$ 有

$$-\frac{\partial p}{\partial s}dsdA - \rho g ds dA \cos\theta = \rho ds dA\left(u\frac{\partial u}{\partial s} + \frac{\partial u}{\partial t}\right)$$

由于 $\cos\theta = \dfrac{\partial z}{\partial s}$，代入上式，整理后可得

$$-\frac{1}{\rho}\frac{\partial p}{\partial s} - g\frac{\partial z}{\partial s} = u\frac{\partial u}{\partial s} + \frac{\partial u}{\partial t} \tag{3-15}$$

式（3-15）就是理想液体的运动微分方程，亦称液流的欧拉方程。它表示了单位质量液体的力平衡方程。

（二）理想液体的能量方程

将式（3-15）沿流线 s 从截面 1 积分到截面 2（见图 3-12），便可得到微元体流动时的能量关系式，即

$$\int_1^2 \left(-\frac{1}{\rho}\frac{\partial p}{\partial s} - g\frac{\partial z}{\partial s} \right)\mathrm{d}s = \int_1^2 \frac{\partial}{\partial s}\left(\frac{u^2}{2}\right)\mathrm{d}s + \int_1^2 \frac{\partial u}{\partial t}\mathrm{d}s$$

上式两边同除以 g，移项后整理得

$$\frac{p_1}{\rho g} + z_1 + \frac{u_1^2}{2g} = \frac{p_2}{\rho g} + z_2 + \frac{u_2^2}{2g} + \frac{1}{g}\int_1^2 \frac{\partial u}{\partial t}\mathrm{d}s \qquad (3-16)$$

对于恒定流动来说，$\dfrac{\partial u}{\partial t}=0$，故上式变为

$$\frac{p_1}{\rho g} + z_1 + \frac{u_1^2}{2g} = \frac{p_2}{\rho g} + z_2 + \frac{u_2^2}{2g} \qquad (3-17)$$

式(3-16)、式(3-17)分别为理想液体微小流束作非恒定流动和恒定流动时的能量方程。

　　由于截面 1、2 是任意取的，因此式（3-17）也可写成

$$\frac{p}{\rho g} + z + \frac{u^2}{2g} = 常数 \qquad (3-18)$$

式(3-18)与液体静压力基本方程式(3-4)相比多了一项单位重力液体的动能 $u^2/2g$（常称速度头）。

　　因此，理想液体能量方程的物理意义是：理想液体作恒定流动时具有压力能、位能和动能三种能量形式，在任一截面上这三种能量形式之间可以相互转换，但三者之和为一定值，即能量守恒。

（三）实际液体的能量方程

　　实际液体流动时还需克服由于粘性所产生的摩擦阻力，故存在能量损耗。设图 3-12 中微元体从截面 1 到截面 2 因粘性而损耗的能量为 h_w'，则实际液体微小流束作恒定流动时的能量方程为

$$\frac{p_1}{\rho g} + z_1 + \frac{u_1^2}{2g} = \frac{p_2}{\rho g} + z_2 + \frac{u_2^2}{2g} + h_w' \qquad (3-19)$$

为了求得实际液体的能量方程，图 3-13 示出了一段流管中的液流，两端的通流截面积各为 A_1、A_2。在此液流中取出一微小流束，两端的通流截面积各为 $\mathrm{d}A_1$ 和 $\mathrm{d}A_2$，其相应的压力、流速和高度分别为 p_1、u_1、z_1 和 p_2、u_2、z_2。这一微小流束的能量方程是式（3-19）。将式（3-19）的两端乘以相应的微小流量 $\mathrm{d}q$（$\mathrm{d}q = u_1\mathrm{d}A_1 = u_2\mathrm{d}A_2$），然后各自对液流的通流截面积 A_1 和 A_2 进行积分，得

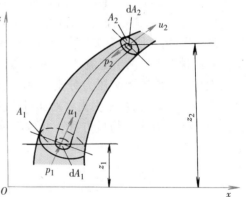

图 3-13　流管内液流能量方程推导简图

$$\int_{A_1}\left(\frac{p_1}{\rho g} + z_1\right)u_1\mathrm{d}A_1 + \int_{A_1}\frac{u_1^2}{2g}u_1\mathrm{d}A_1$$

$$= \int_{A_2}\left(\frac{p_2}{\rho g} + z_2\right)u_2\mathrm{d}A_2 + \int_{A_2}\frac{u_2^2}{2g}u_2\mathrm{d}A_2 + \int_q h_w'\mathrm{d}q \qquad (3-20)$$

上式左端及右端前两项积分分别表示单位时间内流过 A_1 和 A_2 的流量所具有的总能量，而右端最后一项则表示流管内的液体从 A_1 流到 A_2 因粘性摩擦而损耗的能量。

　　为使式（3-20）便于实用，首先将图 3-13 中截面 A_1 和 A_2 处的流动限于平行流动（或

缓变流动），这样，通流截面 A_1、A_2 可视作平面，在通流截面上除重力外无其他质量力，因而通流截面上各点处的压力具有与液体静压力相同的分布规律，即 $p/(\rho g) + z =$ 常数。

其次，用平均流速 v 代替通流截面 A_1 或 A_2 上各点处不等的速度 u，且令单位时间内截面 A 处液流的实际动能和按平均流速计算出的动能之比为动能修正系数 α，即

$$\alpha = \frac{\int_A \rho \frac{u^2}{2} u \mathrm{d}A}{\frac{1}{2}\rho A v v^2} = \frac{\int_A u^3 \mathrm{d}A}{v^3 A} \tag{3-21}$$

此外，对液体在流管中流动时因粘性摩擦而产生的能量损耗，也用平均能量损耗的概念来处理，即令

$$h_{\mathrm{w}} = \frac{\int_q h'_{\mathrm{w}} \mathrm{d}q}{q}$$

将上述关系式代入式（3-20），整理后可得

$$\frac{p_1}{\rho g} + z_1 + \frac{\alpha_1 v_1^2}{2g} = \frac{p_2}{\rho g} + z_2 + \frac{\alpha_2 v_2^2}{2g} + h_{\mathrm{w}} \tag{3-22}$$

式中 α_1、α_2——截面 A_1、A_2 上的动能修正系数。

式（3-22）就是仅受重力作用的实际液体在流管中作平行（或缓变）流动时的能量方程。它的物理意义是单位重力实际液体的能量守恒。其中 h_{w} 为单位重力液体从截面 A_1 流到截面 A_2 过程中的能量损耗。

在应用上式时，必须注意 p 和 z 应为通流截面的同一点上的两个参数，为方便起见，通常把这两个参数都取在通流截面的轴心处。

例 3-3 推导文丘利流量计的流量公式。

解 图 3-14 所示为文丘利流量计原理图。在文丘利流量计上取两个通流截面 1—1 和 2—2，它们的面积、平均流速和压力分别为 A_1、v_1、p_1 和 A_2、v_2、p_2。如不计能量损失，对通过此流量计的液流采用理想液体的能量方程，并取动能修正系数 $\alpha = 1$，则有

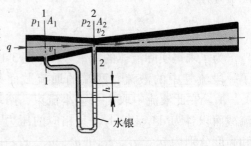

图 3-14 文丘利流量计

$$\frac{p_1}{\rho g} + \frac{v_1^2}{2g} = \frac{p_2}{\rho g} + \frac{v_2^2}{2g}$$

根据连续方程，又有

$$v_1 A_1 = v_2 A_2 = q$$

U 形管内的压力平衡方程为

$$p_1 + \rho g h = p_2 + \rho' g h$$

式中 ρ、ρ'——液体和水银的密度。

将上述三个方程联立求解，则可得

$$q = v_2 A_2 = \frac{A_2}{\sqrt{1 - \left(\frac{A_2}{A_1}\right)^2}} \sqrt{\frac{2}{\rho}(p_1 - p_2)} = \frac{A_2}{\sqrt{1 - \left(\frac{A_2}{A_1}\right)^2}} \sqrt{\frac{2g(\rho' - \rho)}{\rho}h} = C\sqrt{h} \tag{3-23}$$

即流量可以直接按水银压差计的读数 h 换算得到。

例 3-4　计算液压泵吸油口处的真空度。

液压泵吸油装置如图 3-15 所示。设油箱液面压力为 p_1，液压泵吸油口处的绝对压力为 p_2，泵吸油口距油箱液面的高度为 h。

解　以油箱液面为基准，并定为 1—1 截面，泵的吸油口处为 2—2 截面。取动能修正系数 $\alpha_1 = \alpha_2 = 1$，对 1—1 和 2—2 截面建立实际液体的能量方程，则有

$$\frac{p_1}{\rho g} + \frac{v_1^2}{2g} = \frac{p_2}{\rho g} + h + \frac{v_2^2}{2g} + h_w$$

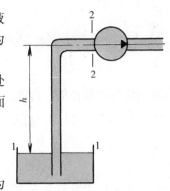

图 3-15　液压泵吸油装置

图示油箱液面与大气接触，故 p_1 为大气压力，即 $p_1 = p_a$；v_1 为油箱液面下降速度，由于 $v_1 \ll v_2$，故 v_1 可近似为零；v_2 为泵吸油口处液体的流速，它等于流体在吸油管内的流速；h_w 为吸油管路的能量损失。因此，上式可简化为

$$\frac{p_a}{\rho g} = \frac{p_2}{\rho g} + h + \frac{v_2^2}{2g} + h_w$$

所以液压泵吸油口处的真空度为

$$p_a - p_2 = \rho g h + \frac{1}{2}\rho v_2^2 + \rho g h_w = \rho g h + \frac{1}{2}\rho v_2^2 + \Delta p$$

由此可见，液压泵吸油口处的真空度由三部分组成：把油液提升到高度 h 所需的压力、将静止液体加速到 v_2 所需的压力和吸油管路的压力损失。

四、动量方程

动量方程是动量定理在流体力学中的具体应用。用动量方程来计算液流作用在固体壁面上的力，比较方便。动量定理指出：作用在物体上的合外力的大小等于物体在力作用方向上的动量的变化率，即

$$\sum F = \frac{\mathrm{d}I}{\mathrm{d}t} = \frac{\mathrm{d}(mv)}{\mathrm{d}t} \tag{3-24}$$

将动量定理应用于液体时，须在任意时刻 t 时从流管中取出一个由通流截面 A_1 和 A_2 围起来的液体控制体，如图3-16所示。这里，截面 A_1 和 A_2 便是控制表面。在此控制体内取一微小流束，其在 A_1、A_2 上的通流截面为 $\mathrm{d}A_1$、$\mathrm{d}A_2$，流速为 u_1、u_2。假定控制体经过 $\mathrm{d}t$ 后流到新的位置 A_1'—A_2'，则在 $\mathrm{d}t$ 时间内控制体中液体质量的动量变化为

$$\mathrm{d}(\sum I) = I_{\mathrm{III}_{t+\mathrm{d}t}} - I_{\mathrm{III}_t} + I_{\mathrm{II}_{t+\mathrm{d}t}} - I_{\mathrm{I}_t} \tag{3-25}$$

体积 V_{II} 中液体在 $t + \mathrm{d}t$ 时的动量为

$$I_{\mathrm{II}_{t+\mathrm{d}t}} = \int_{V_{\mathrm{II}}} \rho u_2 \mathrm{d}V_{\mathrm{II}} = \int_{A_2} \rho u_2 \mathrm{d}A_2 u_2 \mathrm{d}t$$

式中　ρ——液体的密度。

同样可推得体积 V_{I} 中液体在 t 时的动量为

$$I_{\mathrm{I}_t} = \int_{V_{\mathrm{I}}} \rho u_1 \mathrm{d}V_{\mathrm{I}} = \int_{A_1} \rho u_1 \mathrm{d}A_1 u_1 \mathrm{d}t$$

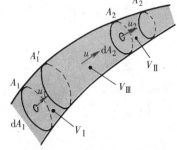

图 3-16　流管内液流动量
定理推导简图

33

另外，式（3-25）中等号右边的第一、二项为

$$I_{\mathrm{III}_{t+\mathrm{d}t}} - I_{\mathrm{III}_t} = \frac{\mathrm{d}}{\mathrm{d}t}\Big[\int_{V_{\mathrm{III}}} \rho u \mathrm{d}V_{\mathrm{III}}\Big]\mathrm{d}t$$

当 $\mathrm{d}t \to 0$ 时，体积 $V_{\mathrm{III}} \approx V$，将以上关系代入式（3-24）和式（3-25），得

$$\sum F = \frac{\mathrm{d}}{\mathrm{d}t}\Big[\int_V \rho u \mathrm{d}V\Big] + \int_{A_2} \rho u_2 u_2 \mathrm{d}A_2 - \int_{A_1} \rho u_1 u_1 \mathrm{d}A_1$$

若用流管内液体的平均流速 v 代替截面上的实际流速 u，其误差用一动量修正系数 β 予以修正，且不考虑液体的可压缩性，即 $A_1 v_1 = A_2 v_2 = q \left(\text{而 } q = \int_A u \mathrm{d}A\right)$，则上式经整理后可写成

$$\sum F = \frac{\mathrm{d}}{\mathrm{d}t}\Big[\int_V \rho u \mathrm{d}V\Big] + \rho q(\beta_2 v_2 - \beta_1 v_1) \tag{3-26}$$

式中动量修正系数 β 等于实际动量与按平均流速计算出的动量之比，即

$$\beta = \frac{\int_A u \mathrm{d}m}{mv} = \frac{\int_A u(\rho u \mathrm{d}A)}{(\rho v A)v} = \frac{\int_A u^2 \mathrm{d}A}{v^2 A} \tag{3-27}$$

式（3-26）即为流体力学中的动量定理。等式左边 $\sum F$ 为作用于控制体内液体上外力的矢量和；而等式右边第一项是使控制体内的液体加速（或减速）所需的力，称为瞬态力，等式右边第二项是由于液体在不同控制表面上具有不同速度所引起的力，称为稳态力。

对于作恒定流动的液体，式（3-26）等号右边第一项等于零，于是有

$$\sum F = \rho q(\beta_2 v_2 - \beta_1 v_1) \tag{3-28}$$

必须注意，式（3-26）和式（3-28）均为矢量方程式，在应用时可根据具体要求向指定方向投影，列出该方向上的动量方程，然后再进行求解。

若控制体内的液体在所讨论的方向上只有与固体壁面间的相互作用力，则这两种力大小相等，方向相反。

例 3-5　图 3-17 所示为一锥阀，锥阀的锥角为 2φ。当液体在压力 p 下以流量 q 流经锥阀时，液流通过阀口处的流速为 v_2，出口压力为 $p_2 = 0$。试求作用在锥阀上的力的大小和方向。

解　在图示情况下，取双点画线内部的液体为控制体。设锥阀作用在控制体上的力为 F，沿液流方向对控制体列出动量方程，在图 3-17a 情况下为

$$p\frac{\pi}{4}d^2 - F = \rho q(\beta_2 v_2 \cos\varphi - \beta_1 v_1)$$

取 $\beta_1 = \beta_2 \approx 1$（详见后叙），因 $v_1 \ll v_2$，忽略 v_1，故得

$$F = p\frac{\pi}{4}d^2 - \rho q v_2 \cos\varphi$$

在图 3-17b 情况下，则有

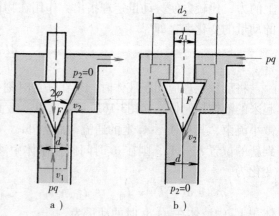

图 3-17　锥阀上的液动力

$$p \frac{\pi}{4}(d_2^2 - d_1^2) - p \frac{\pi}{4}(d_2^2 - d^2) - F = \rho q(\beta_2 v_2 \cos\varphi - \beta_1 v_1)$$

同样，取 $\beta_1 = \beta_2 = 1$，而 $v_1 \ll v_2$，可以忽略 v_1，于是得

$$F = p \frac{\pi}{4}(d^2 - d_1^2) - \rho q v_2 \cos\varphi$$

在上述两种情况下，液流对锥阀作用力的大小都等于 F，而其作用方向各自与图示方向相反。

由上述两个 F 的计算式可以看出，其中作用在锥阀上的液动力项 $\rho q v_2 \cos\varphi$ 均为负值，也即此力的作用方向应与图示方向一致。因此，在图 3-17a 情况下，液动力欲使锥阀关闭；可是在图 3-17b 情况下，却欲使之打开。所以，不能笼统地认为，阀上稳态液动力的作用方向是固定不变的，必须对具体情况作具体分析。

第三节　管道中液流的特性

本节讨论液体流经圆管和各种接头时的流动情况，进而分析流动时所产生的能量损失，即压力损失。液体在管中的流动状态直接影响液流的各种特性，所以先要介绍液流的两种流态。

一、流态与雷诺数

（一）层流和湍流

19 世纪末，英国物理学家雷诺首先通过实验观察了水在圆管内的流动情况，发现液体有两种流动状态：层流和湍流。实验结果表明，在层流时，液体质点互不干扰，液体的流动呈线性或层状，且平行于管道轴线；而在湍流时，液体质点的运动杂乱无章，除了平行于管道轴线的运动外，还存在着剧烈的横向运动。

层流和湍流是两种不同性质的流态。层流时，液体流速较低，质点受粘性制约，不能随意运动，粘性力起主导作用；湍流时，液体流速较高，粘性的制约作用减弱，惯性力起主导作用。

在层流状态下流动时，液体的能量主要消耗在摩擦损失上，它直接转化成热能，一部分被液体带走，一部分传给管壁。相反，在湍流状态下，液体的能量主要消耗在动能损失上，这部分损失使液体搅动混和，产生旋涡、尾流，造成气穴（详见第五节），撞击管壁，引起振动，形成液体噪声。这种噪声虽然会受到种种抑制而衰减，并在最后化作热能消散掉，但在其辐射传递过程中，还会激起其他形式的噪声。

（二）雷诺数

液体的流动状态可用雷诺数来判别。

实验证明，液体在圆管中的流动状态不仅与管内的平均流速 v 有关，还和管径 d、液体的运动粘度 ν 有关。而用来判别液流状态的是由这三个参数所组成的一个称为雷诺数 Re 的无量纲数

$$Re = \frac{vd}{\nu} \tag{3-29}$$

液流由层流转变为湍流时的雷诺数和由湍流转变为层流时的雷诺数是不同的，后者数值小。所以一般都用后者作为判别流动状态的依据，称为临界雷诺数，记作 Re_{cr}。当雷诺数 Re 小于临界雷诺数 Re_{cr} 时，液流为层流；反之，液流大多为湍流。常见的液流管道的临界雷诺数由实验求得，示于表 3-1 中。

表 3-1　常见液流管道的临界雷诺数

管道的形状	Re_{cr}	管道的形状	Re_{cr}
光滑的金属圆管	2000 ~ 2320	带环槽的同心环状缝隙	700
橡胶软管	1600 ~ 2000	带环槽的偏心环状缝隙	400
光滑的同心环状缝隙	1100	圆柱形滑阀阀口	260
光滑的偏心环状缝隙	1000	锥阀阀口	20 ~ 100

对于非圆截面的管道来说，雷诺数 Re 应用下式计算

$$Re = \frac{vd_H}{\nu} \quad \text{或} \quad Re = \frac{4vR_H}{\nu} \tag{3-30}$$

式中　d_H——通流截面的水力直径，$d_H = 4R_H$；

R_H——通流截面的水力半径，等于液流的有效截面积 A 和它的湿周（液体与固体壁面相接触的周界长度）χ 之比，即

$$R_H = \frac{A}{\chi} \tag{3-31}$$

直径为 d 的圆截面管道的水力半径为 $R_H = A/\chi = \frac{1}{4}\pi d^2 / (\pi d) = d/4$。

表 3-2 所示为面积相等但形状不同的通流截面，它们的水力半径是不同的：圆形的最大，长方形缝隙的最小。水力半径大，意味着液流和管壁接触少，阻力小，通流能力大，即使通流截面积小时也不易堵塞。

表 3-2　各种通流截面水力半径的比较

截面形状	图　示	水力半径 R_H	截面形状	图　示	水力半径 R_H
正方形	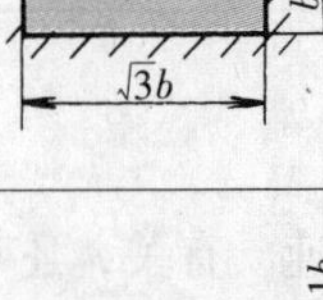	$\frac{b}{4}$	正三角形	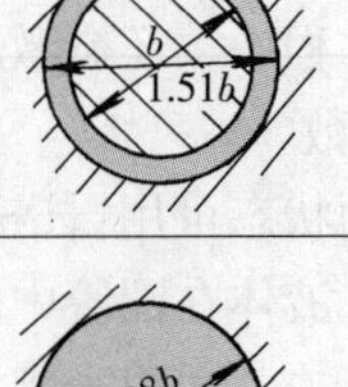 1.52b	$\frac{b}{4.56}$
长方形	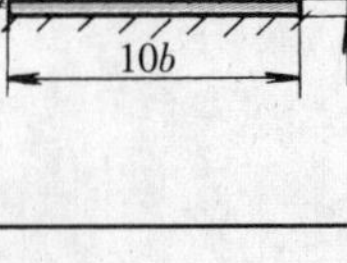 $\sqrt{3}b$	$\frac{b}{4.62}$	同心圆环	 1.51b	$\frac{b}{7.84}$
长方形缝隙	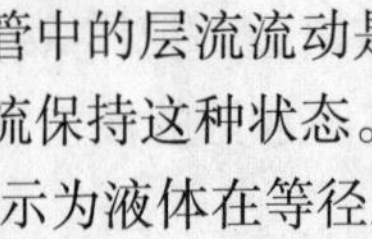 10b	$\frac{b}{20.2}$	圆形	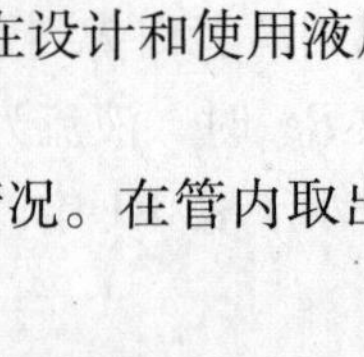 1.128b	$\frac{b}{3.55}$

二、圆管层流

液体在圆管中的层流流动是液压传动中的最常见现象，在设计和使用液压系统时，就希望管道中的液流保持这种状态。

图 3-18 所示为液体在等径水平圆管中作恒定层流时的情况。在管内取出一段半径为 r、

长度为 l、中心与管轴相重合的小圆柱体，作用在其两端面上的压力为 p_1 和 p_2，作用在其侧面上的内摩擦力为 F_f。液体等速流动时，小圆柱体受力平衡，有

$$(p_1 - p_2)\pi r^2 = F_f$$

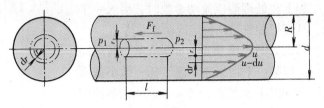

图 3-18　圆管中的层流

由式（2-5）知，内摩擦力 $F_f = -2\pi rl\mu\, du/dr$（因管中流速 u 随 r 增大而减小，故 du/dr 为负值，为使 F_f 为正值，所以加一负号）。令 $\Delta p_\lambda = p_1 - p_2$，并将 F_f 代入上式，则得

$$\frac{du}{dr} = -\frac{\Delta p_\lambda}{2\mu l}r \quad 即 \quad du = -\frac{\Delta p_\lambda}{2\mu l}r dr$$

对此式进行积分，并利用边界条件，当 $r = R$ 时，$u = 0$，得

$$u = \frac{\Delta p_\lambda}{4\mu l}(R^2 - r^2) \tag{3-32}$$

可见管内流速随半径按抛物线规律分布。最大流速发生在轴线上，此处 $r = 0$，$u_{max} = \Delta p_\lambda R^2/4\mu l$；最小流速在管壁上，此处 $r = R$，$u_{min} = 0$。

在半径 r 处取出一厚 dr 的微小圆环面积（图 3-18）$dA = 2\pi r dr$，通过此环形面积的流量为 $dq = u dA = 2\pi u r dr$，对此式积分得

$$q = \int_0^R dq = \int_0^R 2\pi u r dr = \int_0^R 2\pi \frac{\Delta p_\lambda}{4\mu l}(R^2 - r^2)r dr$$

$$= \frac{\pi R^4}{8\mu l}\Delta p_\lambda = \frac{\pi d^4}{128\mu l}\Delta p_\lambda \tag{3-33}$$

或

$$\frac{\Delta p_\lambda}{l} = \frac{8\mu q}{\pi R^4} = \frac{128\mu q}{\pi d^4} \tag{3-34}$$

这就是泊肃叶公式。由式（3-33）可知流量与管径的四次方成正比；压差（压力损失）则与管径的四次方成反比，所以管径对流量或压力损失的影响是很大的。

式（3-33）表明，如欲将粘度为 μ 的液体在直径为 d、长度为 l 的直管中以流量 q 流过，则其管端必须有 Δp_λ 值的压力降；反之，若该管两端有压差 Δp_λ，则流过这种液体的流量必等于 q。这个公式在液压传动中很重要，以后会经常用到。

根据通流截面上平均流速的定义，可得

$$v = \frac{q}{A} = \frac{R^2}{8\mu l}\Delta p_\lambda = \frac{d^2}{32\mu l}\Delta p_\lambda \tag{3-35}$$

将 v 与 u_{max} 比较可知，平均流速为最大流速的一半。

此外，将式（3-32）和式（3-35）分别代入式（3-21）和式（3-27）可求出层流时的动能修正系数 $\alpha = 2$ 和动量修正系数 $\beta = 4/3$。

三、圆管湍流

液体作湍流流动时，其空间任一点处流体质点速度的大小和方向都是随时间变化的，本质上是非恒定流动。为了讨论问题方便起见，工程上在处理湍流流动参数时，引入一个时均流速 $\bar{u}$ 的概念，从而把湍流当作恒定流动来看待。

湍流时流速变化情况如图 3-19 所示。如果在某一时间间隔 T（时均周期）内，以某一平均流速 $\bar{u}$ 流经任一微小截面 dA 的液体量等于同一时间内以真实的流速 u 流经同一截面的液体量，即 $\bar{u}TdA = \int_0^T udAdt$，则湍流的时均流速便是

$$\bar{u} = \frac{1}{T}\int_0^T udt$$

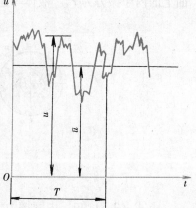

图 3-19 湍流时的流速

对于充分的湍流流动，其流通截面上的流速分布图形如图 3-20 所示。由图可见，湍流中的流速分布是比较均匀的。其最大流速 $\bar{u}_{max} \approx (1 \sim 1.3)v$，动能修正系数 $\alpha \approx 1.05$，动量修正系数 $\beta \approx 1.04$，因而湍流时这两个系数均可近似地取为 1。

靠近管壁处有极薄一层惯性力不足以克服粘性力的液体在作层流流动，称为层流边界层。层流边界层的厚度将随液流雷诺数的增大而减小。

由半经验公式可知，对于光滑圆管内的湍流来说，在雷诺数 $3 \times 10^3 \sim 1 \times 10^5$ 范围内，其截面上的流速分布遵循 1/7 次方的规律，即

$$\bar{u} = \bar{u}_{max}\left(\frac{y}{R}\right)^{1/7} \tag{3-36}$$

式中符号的意义如图 3-20 所示。

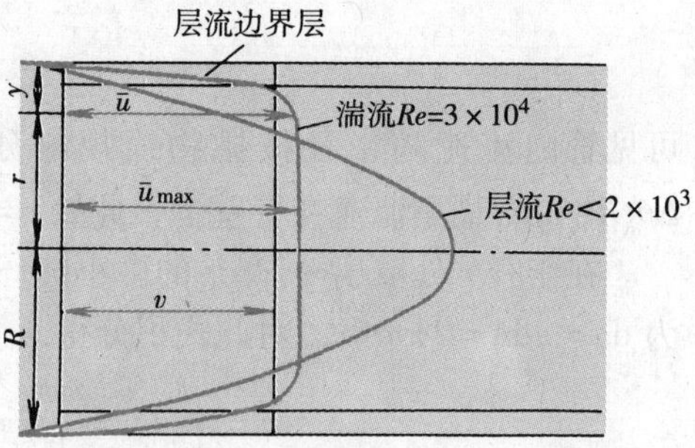

图 3-20 湍流时圆管中的流速分布

四、压力损失

实际液体是有粘性的，所以流动时粘性阻力要损耗一定能量，这种能量损耗表现为压力损失。损耗的能量转变为热量，使液压系统温度升高，甚至性能变差。因此在设计液压系统时，应考虑尽量减小压力损失。

液体在流动时产生的压力损失分为两种：一种是液体在等径直管内流动时因摩擦而产生的压力损失，称为沿程压力损失；另一种是液体流经管道的弯头、接头、阀口以及突然变化的截面等处时，因流速或流向发生急剧变化而在局部区域产生流动阻力所造成的压力损失，称为局部压力损失。

（一）沿程压力损失

由圆管层流的流量公式(3-33)可求得 Δp_λ，即为沿程压力损失

$$\Delta p_\lambda = \frac{128\mu l}{\pi d^4}q \tag{3-37}$$

将 $\mu = \nu\rho$、$Re = \frac{vd}{\nu}$、$q = \frac{\pi}{4}d^2v$ 代入上式并整理后得

$$\Delta p_\lambda = \frac{64}{Re}\frac{l}{d}\frac{\rho v^2}{2} = \lambda\frac{l}{d}\frac{\rho v^2}{2} \tag{3-38}$$

式中 ρ——液体的密度；

λ——沿程阻力系数，理论值 $\lambda = 64/Re$。考虑到实际流动时还存在温度变化等问题，因此液体在金属管道中流动时宜取 $\lambda = 75/Re$，在橡胶软管中流动时则取 $\lambda = 80/Re$。

液体在直管中作湍流流动时，其沿程压力损失的计算公式与层流时相同，即仍为

$$\Delta p_\lambda = \lambda \frac{l}{d} \frac{\rho v^2}{2}$$

不过式中的沿程阻力系数 λ 有所不同。由于湍流时管壁附近有一层层流边界层，它在 Re 较低时厚度较大，把管壁的表面粗糙度掩盖住，使之不影响液体的流动，像让液体流过一根光滑管一样（称为水力光滑管）。这时的 λ 仅和 Re 有关，和表面粗糙度无关，即 $\lambda = f(Re)$。当 Re 增大时，层流边界层厚度减薄。当它小于管壁表面粗糙度时，管壁表面粗糙度就突出在层流边界层之外（称为水力粗糙管），对液体的压力损失产生影响。这时的 λ 将和 Re 以及管壁的相对表面粗糙度 Δ/d（Δ 为管壁的绝对表面粗糙度，d 为管子内径）有关，即 $\lambda = f(Re, \Delta/d)$。当管流的 Re 再进一步增大时，λ 将仅与相对表面粗糙度 Δ/d 有关，即 $\lambda = f(\Delta/d)$，这时就称管流进入了它的阻力平方区。

圆管的沿程阻力系数 λ 的计算公式列于表3-3中，其值也可从图3-21中查得。

表3-3　圆管的沿程阻力系数 λ 的计算公式

流动区域		雷诺数范围		λ 计算公式
层流		$Re < 2320$		$\lambda = \dfrac{75}{Re}$（油）；$\lambda = \dfrac{64}{Re}$（水）
湍流	水力光滑管	$Re < 22\left(\dfrac{d}{\Delta}\right)^{\frac{8}{7}}$	$3000 < Re < 10^5$	$\lambda = 0.3164 Re^{-0.25}$
			$10^5 \leqslant Re \leqslant 10^8$	$\lambda = 0.308\ (0.842 - \lg Re)^{-2}$
	水力粗糙管	$22\left(\dfrac{d}{\Delta}\right)^{\frac{8}{7}} < Re \leqslant 597\left(\dfrac{d}{\Delta}\right)^{\frac{9}{8}}$		$\lambda = \left[1.14 - 2\lg\left(\dfrac{\Delta}{d} + \dfrac{21.25}{Re^{0.9}}\right)\right]^{-2}$
	阻力平方区	$Re > 597\left(\dfrac{d}{\Delta}\right)^{\frac{9}{8}}$		$\lambda = 0.11\left(\dfrac{\Delta}{d}\right)^{0.25}$

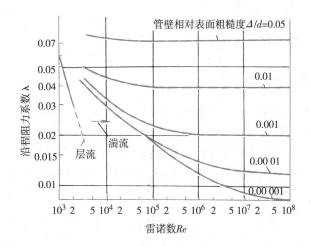

图3-21　沿程阻力系数 λ

管壁绝对表面粗糙度 Δ 的值，在粗估时，钢管取 0.04mm，铜管取 $0.0015 \sim 0.01\text{mm}$，铝管取 $0.0015 \sim 0.06\text{mm}$，橡胶软管取 0.03mm，铸铁管取 0.25mm。

（二）局部压力损失

局部压力损失 Δp_ζ 与液流的动能直接有关，一般可按下式计算

$$\Delta p_\zeta = \zeta \frac{\rho v^2}{2} \tag{3-39}$$

式中 ρ——液体的密度；

       v——液体的平均流速，一般情况下均指局部阻力下游处的流速；

       ζ——局部阻力系数。由于液体流经局部阻力区域的流动情况非常复杂，所以 ζ 的值仅在个别场合可用理论求得（见例3-6），一般都必须通过实验来确定。ζ 的具体数值可从有关手册查到。几个典型的局部阻力系数示于附录 A 中，以供参考。

例 3-6   推导液流流经截面突然扩大处的压力损失。

解   对图 3-22 中的 1—1 和 2—2 截面，列出伯努利方程

$$\frac{p_1}{\rho g} + \frac{\alpha_1 v_1^2}{2g} = \frac{p_2}{\rho g} + \frac{\alpha_2 v_2^2}{2g} + h_\zeta + h_\lambda$$

式中 h_ζ——单位重力液体的局部压力损失；

       h_λ——单位重力液体的沿程压力损失，由于这里距离很短，h_λ 可略去不计。

另将截面 1—1 和 2—2 间的液体取为控制体，根据动量方程，有

$$p_1 A_1 + p_0 (A_2 - A_1) - p_2 A_2 = \rho q (\beta_2 v_2 - \beta_1 v_1)$$

式中符号见图 3-22 所示。由于 $q = A_1 v_1 = A_2 v_2$，且由实验得知 $p_0 = p_1$，根据这两式可推得

$$h_\zeta = \frac{v_2}{g}(\beta_2 v_2 - \beta_1 v_1) + \frac{\alpha_1 v_1^2 - \alpha_2 v_2^2}{2g} \tag{3-40}$$

对于湍流来说，$\alpha_1 = \alpha_2 \approx 1$，$\beta_1 = \beta_2 \approx 1$，因此式 (3-40) 变成 $h_\zeta = \zeta v_2^2/(2g)$，亦即

$$\Delta p_\zeta = \zeta \frac{\rho v_2^2}{2} \tag{3-41}$$

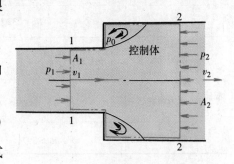

图 3-22   突然扩大处的局部损失

式中 ζ——局部阻力系数，$\zeta = \left(\dfrac{A_2}{A_1} - 1\right)^2$。

当 $A_2 \gg A_1$ 时，$\zeta \approx (A_2/A_1)^2$，因此突然扩大截面处的局部能量损失为 $v_1^2/(2g)$，这说明进入突然扩大截面处液体的全部动能会因液流扰动而全部损失掉，变为热能而散失。

上述结果是在湍流的情况下作出的，其理论 ζ 值与实验结果基本相符。但是，通流截面突然扩大处是否倒圆则对压力损失有重大影响，可用一个入口系数 C_i 来修正，这时

$$\Delta p_\zeta = C_i \left(\frac{A_2}{A_1} - 1\right)^2 \frac{\rho v_2^2}{2} \tag{3-42}$$

C_i 的值示于表 3-4 中。

表 3-4　C_1 的值

入口形状			
极好地倒圆	稍好地倒圆	倒角	后伸的管子
0.04	0.23	0.485 ~ 0.56	0.62 ~ 0.93

（三）波纹管中的压力损失

液体在波纹管中流动时所引起的压力损失，可以按照"把波纹管看作是排列着的一连串均匀孔口"的假定（见图 3-23），由一连串单个液流扩大损失之和推算出来。这个概念已得到了实验的证实。

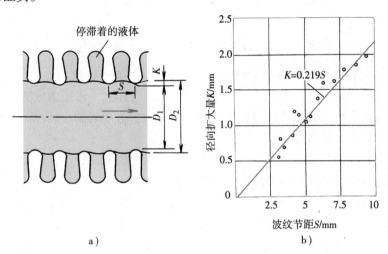

a）

b）

图 3-23　波纹管的压力损失

a）波纹管结构　b）实验得出的 $K-S$ 关系曲线

由式（3-41）可知，每节波纹管的局部阻力系数 ζ 应为

$$\zeta = \left(\frac{D_2^2}{D_1^2} - 1 \right)^2 = \left[\left(\frac{D_1 + 2K}{D_1} \right)^2 - 1 \right]^2$$

式中　D_1——波纹管的内径；

$\quad\quad D_2$——波纹管的圆弧内径；

$\quad\quad K$——波纹管在半径方向的扩大量。

实验结果表明，K 与波纹管节距 S 之间存在着如下的关系式，$K = 0.219S$。因此波纹数为 n 的波纹直管的局部压力损失为

$$\Delta p_\zeta = n \left[\left(\frac{D_1 + 0.438S}{D_1} \right)^2 - 1 \right]^2 \frac{\rho v^2}{2} \quad (3-43)$$

式中　S——波纹管的波纹节距；

$\quad\quad v$——波纹管中液流的平均流速。

波纹管因弯曲而引起的额外局部压力损失，对 90°的波纹弯管来说也可表达成 $\Delta p_{90°} = \zeta_{90°} \frac{\rho v^2}{2}$ 的式子，$\zeta_{90°}$ 按管

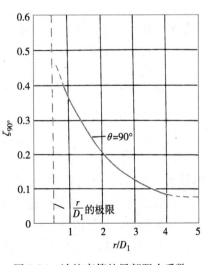

图 3-24　波纹弯管的局部阻力系数

道弯曲半径 r 的不同由图 3-24 查得。对于非 90° 弯转的波纹管来说，实验证明，可按下式求出其相应的局部阻力系数 ζ_θ 的值

$$\zeta_\theta = \zeta_{90°}\left(\frac{\theta}{90}\right)^{\frac{1}{2}} \qquad 0° < \theta < 90°$$

$$\zeta_\theta = \zeta_{90°}\left(\frac{\theta}{90}\right) \qquad 90° < \theta < 180°$$

(3-44)

（四）液压系统管路的总压力损失

液压系统的管路一般由若干段管道和一些阀、过滤器、管接头、弯头等组成，因此管路总的压力损失就等于所有直管中的沿程压力损失 Δp_λ 和所有这些元件的局部压力损失 Δp_ζ 之总和，即

$$\Delta p = \sum \Delta p_\lambda + \sum \Delta p_\zeta = \sum \lambda \frac{l}{d} \frac{\rho v^2}{2} + \sum \zeta \frac{\rho v^2}{2} \qquad (3-45)$$

必须指出，上式仅在两相邻局部压力损失之间的距离大于管道内径 10～20 倍时才是正确的。因为液流经过局部阻力区域后受到很大的干扰，要经过一段距离才能稳定下来。如果距离太短，液流还未稳定就又要经历后一个局部阻力，它所受到的扰动将更为严重，这时的阻力系数可能会比正常值大好几倍。

通常情况下，液压系统的管路并不长，所以沿程压力损失比较小，而阀等元件的局部压力损失却较大。因此管路总的压力损失一般以局部损失为主。

对于阀和过滤器等液压元件往往并不应用式（3-39）来计算其局部压力损失，因为液流情况比较复杂，难以计算。它们的压力损失数值可从产品样本提供的曲线中直接查到。但是有的产品样本提供的是元件在额定流量 q_r 下的压力损失 Δp_r。当实际通过的流量 q 不等于额定流量 q_r 时，可依据局部压力损失 Δp_ζ 与速度 v^2 成正比的关系按下式计算

$$\Delta p_\zeta = \Delta p_r \left(\frac{q}{q_r}\right)^2 \qquad (3-46)$$

第四节 孔口和缝隙液流

在液压系统中，液流流经小孔或缝隙的现象是普遍存在的，它们有的用来调节流量，有的造成泄漏而影响效率。不管是哪一种，都涉及到小孔或缝隙的流量问题。

一、薄壁小孔

薄壁小孔是指小孔的长度和直径之比 $l/d < 0.5$ 的孔，一般孔口边缘做成刃口形式，如图 3-25 所示。各种结构形式的阀口就是薄壁小孔的实际例子。

当液流流经薄壁小孔时，由于液流的惯性作用，使通过小孔后的液流形成一个收缩截面 A_c（见图 3-25），然后再扩大，这一收缩和扩大过程便产生了局部能量损失。当管道直径与小孔直径之比 $d/d_0 \geq 7$ 时，液流的收缩作用不受孔前管道内壁的影响，这时称液流完全收缩；当 $d/d_0 < 7$ 时，孔前管道内壁对液流进入小孔有导向作用，这时称液流不完全收缩。

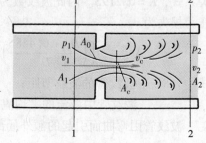

图 3-25 通过薄壁小孔的液流

列出图 3-25 中截面 1—1 和 2—2 的能量方程，并设动能修正系数 $\alpha = 1$，有

$$\frac{p_1}{\rho g} + \frac{v_1^2}{2g} = \frac{p_2}{\rho g} + \frac{v_2^2}{2g} + \sum h_\zeta$$

式中 $\sum h_\zeta$——液流流经小孔的局部能量损失，包括两部分：液流流经截面突然缩小时的 $h_{\zeta 1}$ 和突然扩大时的 $h_{\zeta 2}$。

由前知

$$h_{\zeta 1} = \zeta \frac{v_c^2}{2g}$$

$$h_{\zeta 2} = \left(\frac{A_2}{A_c} - 1\right)^2 \frac{v_2^2}{2g} = \left(1 - \frac{A_c}{A_2}\right)^2 \frac{v_c^2}{2g}$$

由于 $A_c \ll A_2$，所以

$$\sum h_\zeta = h_{\zeta 1} + h_{\zeta 2} = (\zeta + 1) \frac{v_c^2}{2g}$$

将上式代入能量方程，并注意到 $A_1 = A_2$ 时，$v_1 = v_2$，则得

$$v_c = \frac{1}{\sqrt{\zeta + 1}} \sqrt{\frac{2}{\rho}(p_1 - p_2)} = C_v \sqrt{\frac{2\Delta p}{\rho}} \qquad (3\text{-}47)$$

式中 C_v——小孔速度系数，$C_v = 1/\sqrt{\zeta + 1}$；

Δp——小孔前后的压差，$\Delta p = p_1 - p_2$。

由此得流经小孔的流量为

$$q = A_c v_c = C_c C_v A_0 \sqrt{\frac{2\Delta p}{\rho}} = C_d A_0 \sqrt{\frac{2\Delta p}{\rho}} \qquad (3\text{-}48)$$

式中 A_0——小孔的截面积；

C_c——截面收缩系数，$C_c = A_c/A_0$；

C_d——流量系数，$C_d = C_c C_v$。

流量系数 C_d 的值由实验确实。在液流完全收缩的情况下，当 $Re \leq 10^5$ 时，C_d 及 C_v、C_c 与 Re 之间的关系如图 3-26 所示，或按下式计算

$$C_d = 0.964 Re^{-0.05} \quad (Re = 800 \sim 5000)$$

$$(3\text{-}49)$$

当 $Re > 10^5$ 时，C_d 可以认为是不变的常数，计算时取平均值 $C_d = 0.60 \sim 0.61$。图 3-26 中的雷诺数按下式计算

$$Re = \frac{d_0}{\nu} \sqrt{\frac{2}{\rho}\Delta p} \qquad (3\text{-}50)$$

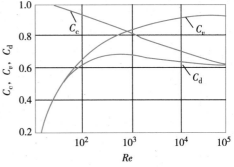

图 3-26 薄壁小孔的 C_d-Re、C_v-Re 和 C_c-Re 曲线

在液流不完全收缩时，流量系数 C_d 可增大至 $0.7 \sim 0.8$，具体数值见表 3-5。当小孔不是刃口形式而是带棱边或小倒角的孔时，C_d 值将更大。

表3-5 不完全收缩时流量系数 C_d 的值

A_0/A	0.1	0.2	0.3	0.4	0.5	0.6	0.7
C_d	0.602	0.615	0.634	0.661	0.696	0.742	0.804

由式（3-48）可知，流经薄壁小孔的流量 q 与小孔前后的压差 Δp 的平方根以及小孔面积 A_0 成正比，而与粘度无关。由于薄壁小孔具有沿程压力损失小、通过小孔的流量对工作介质温度的变化不敏感等特性，所以常被用作调节流量的器件。正因为如此，在液压传动中，常采用一些与薄壁小孔流动特性相近的阀口作为可调节孔口，如锥阀、滑阀、喷嘴挡板阀等。液流流过这些阀口的流量公式仍满足式（3-48），但其流量系数 C_d 则随着孔口形式的不同而有较大的区别，在精确控制中尤其要进行认真的分析。详细内容如表 3-6 所示。

表 3-6   液压阀的流量系数

类型	图 形	流量系数 C_d
有座面的锥阀	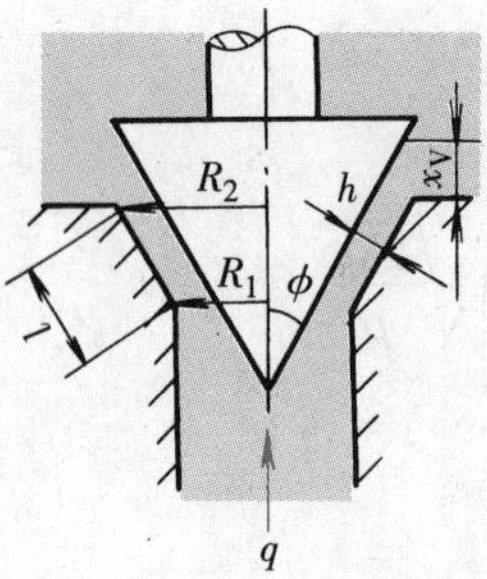	由下图查出 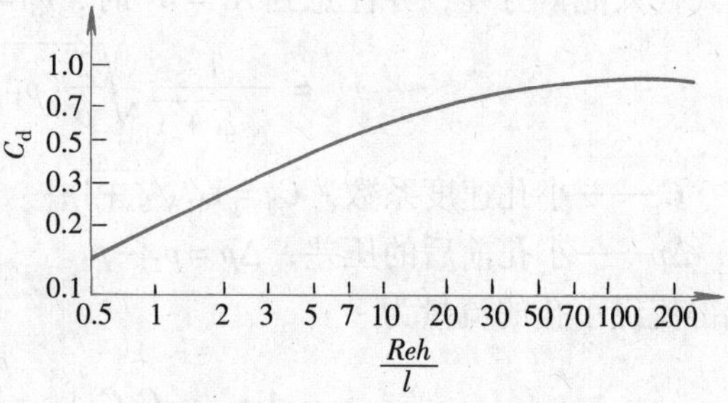 由下式算出： $$C_d = \left[\frac{24R_m}{hRe\sin\phi}\ln\frac{R_1}{R_2} + \zeta_1\left(\frac{R_m}{R_1}\right)^2 + \zeta_2\left(\frac{R_m}{R_2}\right)^2 \right]^{-\frac{1}{2}}$$ 式中，$Re = \dfrac{q}{2\pi R_m \nu}$ 为雷诺数；R_m 为平均半径，$R_m = \dfrac{R_1 + R_2}{2}$；$q$ 为流量；ζ_1 为入口处的压力损失系数，一般取 $\zeta_1 = 0.17$；ζ_2 为出口处的压力损失系数，一般取 $\zeta_2 = 1 \sim 1.58$ 当 $Re > 100 \dfrac{l}{x_V\sin\phi}$ 时 $$C_d = \left[0.18\left(\frac{R_m}{R_1}\right)^2 + 1.54\left(\frac{R_m}{R_2}\right)^2 \right]^{-\frac{1}{2}}$$
直角棱边滑阀	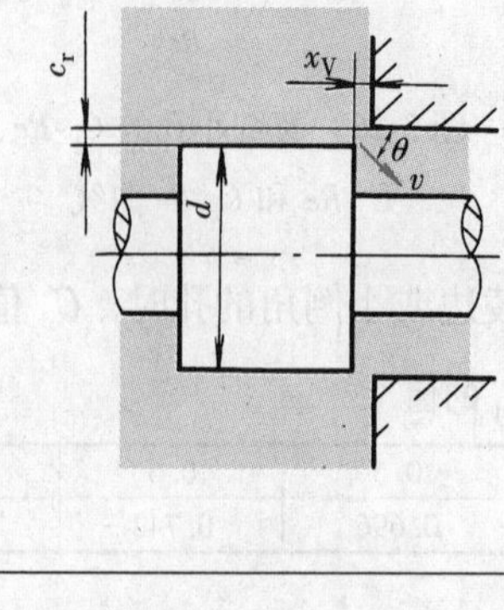	液流流经阀口时，不论是流入还是流出，其流速与滑阀轴线间总保持着一个射流角度 θ（见左图）。对于理想的滑阀阀口来说，$c_r = 0$，$\theta = 69°$；对于 $c_r \neq 0$ 的滑阀阀口来说，θ 值随 x_V/c_r 而变化，当 $x_V \gg c_r$ 时，θ 趋向于 $69°$ 当 $Re = \dfrac{2v\sqrt{x_V^2 + c_r^2}}{\nu} > 260$ 时 $C_d = 0.6 \sim 0.65$，基本恒定 当阀口棱边圆滑或有很小倒角时 $C_d = 0.8 \sim 0.9$

（续）

类型	图　形	流量系数 C_d
喷嘴挡板阀	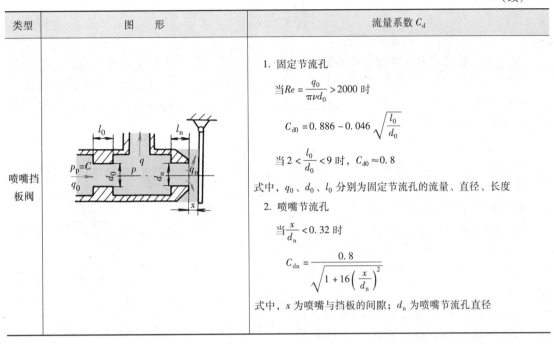	1. 固定节流孔 当 $Re = \dfrac{q_0}{\pi \nu d_0} > 2000$ 时 $$C_{d0} = 0.886 - 0.046 \sqrt{\dfrac{l_0}{d_0}}$$ 当 $2 < \dfrac{l_0}{d_0} < 9$ 时，$C_{d0} \approx 0.8$ 式中，q_0、d_0、l_0 分别为固定节流孔的流量、直径、长度 2. 喷嘴节流孔 当 $\dfrac{x}{d_n} < 0.32$ 时 $$C_{dn} = \dfrac{0.8}{\sqrt{1 + 16\left(\dfrac{x}{d_n}\right)^2}}$$ 式中，x 为喷嘴与挡板的间隙；d_n 为喷嘴节流孔直径

表 3-6 说明，液流流经孔口或喷嘴时的流量系数是随 Re 和孔口棱边情况而变化的。没有一种标准的孔口能保持流量系数不变，这就使"用孔口来对流量进行控制"的问题变得复杂起来。有一种解决的办法是把锐边孔口与圆边孔口（或锥孔、喷嘴）通过串联或并联的形式结合起来，以便尽可能在实际上减小流量系数的变化，如图 3-27 所示。流量系数的关系式在串联时为

$$\frac{1}{C_{d\Sigma}^2} = \sum \frac{1}{C_{di}^2} \tag{3-51}$$

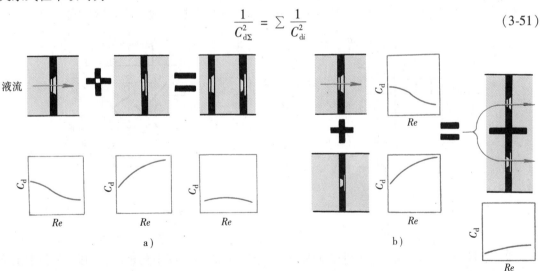

图 3-27　使 C_d 保持不变的方法

a）串联　b）并联

而在并联时为

$$C_{d\Sigma}^2 = \sum C_{di}^2 \tag{3-52}$$

式中　C_{di}——单个孔口的流量系数；

　　　$C_{d\Sigma}$——孔口组合的综合流量系数。

当然，采用上述串、并联结构时孔口相对于管道的尺寸比例也要合适。如果孔径与管径之比大于 1/2，在同样的 Re 值下，C_d 值也会增大。所以为了确保 C_d 值恒定起见，孔径与管径之比不要超过 1/3。

二、短孔和细长孔

当孔的长度和直径之比 $0.5 < l/d \leqslant 4$ 时，称为短孔，短孔加工比薄壁小孔容易，因此特别适合于作固定节流器使用。

短孔的流量公式依然是式（3-48），但其流量系数 C_d 应由图 3-28 查出。由图中可知，当 $Re > 2000$ 时，C_d 基本保持在 0.8 左右。

当孔的长度和直径之比 $l/d > 4$ 时，称为细长孔。流经细长孔的液流一般都是层流，所以细长孔的流量公式可以应用前面推

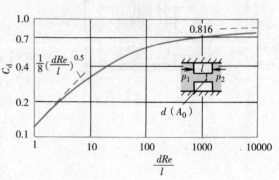

图 3-28　液体流经短孔的流量系数

导的圆管层流流量公式（3-33），即 $q = \dfrac{\pi d^4}{128\mu l}\Delta p$。式中，液体流经细长孔的流量和孔前后压差 Δp 成正比，而和液体绝对粘度 μ 成反比。因此流量受液体温度变化的影响较大。这一点是和薄壁小孔的特性明显不同的。

例 3-7　试分别推导图 3-29 和图 3-30 所示的流经滑阀和锥阀阀口的流量公式。

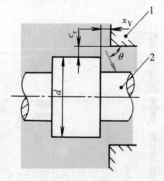

图 3-29　滑阀阀口
1—阀套　2—阀心

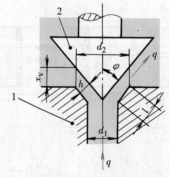

图 3-30　锥阀阀口
1—阀座　2—阀心

解　当阀的开口较小时，滑阀和锥阀阀口的流动特性与薄壁小孔相近，因此仍可利用薄壁小孔的流量公式（3-48），即 $q = C_d A_0 \sqrt{\dfrac{2\Delta p}{\rho}}$ 来计算流体流经滑阀和锥阀阀口的流量。不过式中的通流截面积 A_0 有所不同，应具体分析。

对于滑阀阀口（图 3-29），当阀心 2 相对于阀套 1 左移 x_V 时，阀套中原先被阀心隔开的左右

46

两腔便沟通。设阀心的直径为 d，阀心与阀套间半径向的间隙为 c_r，则阀口的有效宽度为 $\sqrt{x_V^2 + c_r^2}$，如令 w 为阀口的周向长度（亦称面积梯度，它是阀口通流截面积相对于阀口开度的变化率），则 $w = \pi d$，所以阀口的通流截面积 $A_0 = w \sqrt{x_V^2 + c_r^2}$，由此求得通过滑阀阀口的流量为

$$q = C_d w \sqrt{x_V^2 + c_r^2} \sqrt{\frac{2\Delta p}{\rho}} \qquad (3\text{-}53)$$

当 c_r 值很小，且 $x_V \gg c_r$ 时，可略去 c_r 不计，便有

$$q = C_d w x_V \sqrt{\frac{2\Delta p}{\rho}} \qquad (3\text{-}54)$$

对于锥阀阀口（图 3-30），当阀心 2 向上移动 x_V 距离时，阀的上下腔即被打通，阀座 1 平均直径 $d_m = (d_1 + d_2)/2$ 处的通流截面积近似为 $A_0 = \pi d_m x_V \sin\varphi$，如锥阀前后压差 $\Delta p = p_1 - p_2$，则当阀座 1 棱边 $l \ll h$ 时，通过锥阀阀口的流量为

$$q = C_d \pi d_m x_V \sin\varphi \sqrt{\frac{2\Delta p}{\rho}} \qquad (3\text{-}55)$$

式（3-54）和式（3-55）中的流量系数 C_d 值，需根据具体情况从表 3-6 中分别选取。

三、缝隙液流

（一）平行平板缝隙

图 3-31 所示为在两块平行平板所形成的缝隙间充满了液体，缝隙高度为 h，缝隙宽度和长度为 b 和 l，且一般恒有 $b \gg h$ 和 $l \gg h$。若缝隙两端存在压差 $\Delta p = p_1 - p_2$，液体就会产生流动；即使没有压差 Δp 的作用，如果两块平板有相对运动，由于液体粘性的作用，液体也会被平板带着产生流动。

现分析液体在平行平板缝隙中最一般的流动情况，即既有压差的作用，又受平板相对运动的作用。

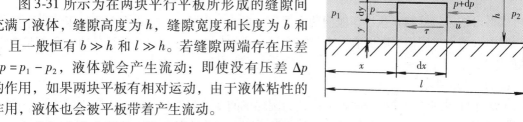

图 3-31　平行平板缝隙间的液流

在液流中取一个微元体 $dxdy$（宽度方向取单位长），作用在其左右两端面上的压力为 p 和 $p + dp$，上下两面所受到的切应力为 $\tau + d\tau$ 和 τ，因此微元体的受力平衡方程为

$$pdy + (\tau + d\tau)dx = (p + dp)dy + \tau dx$$

经过整理并将 $\tau = \mu \dfrac{du}{dy}$ 代入后有

$$\frac{d^2 u}{dy^2} = \frac{1}{\mu} \frac{dp}{dx}$$

对上式积分两次得

$$u = \frac{1}{2\mu} \frac{dp}{dx} y^2 + C_1 y + C_2 \qquad (3\text{-}56)$$

式中，C_1、C_2 为积分常数，可利用边界条件求出：当平行平板间的相对运动速度为 u_0 时，在 $y = 0$ 处，$u = 0$，在 $y = h$ 处，$u = u_0$，则得 $C_1 = \dfrac{u_0}{h} - \dfrac{1}{2\mu} \dfrac{dp}{dx} h$，$C_2 = 0$；此外，液流作层流时 p 只是 x 的线性函数，即 $dp/dx = (p_2 - p_1)/l = -\Delta p/l$，把这些关系式代入上式并整理后有

$$u = \frac{y(h - y)}{2\mu l} \Delta p + \frac{u_0}{h} y \qquad (3\text{-}57)$$

由此得通过平行平板缝隙的流量为

$$q = \int_0^h ub\mathrm{d}y = \int_0^h \left[\frac{y(h-y)}{2\mu l}\Delta p + \frac{u_0}{h}y \right] b\mathrm{d}y$$

$$= \frac{bh^3}{12\mu l}\Delta p + \frac{bh}{2}u_0 \tag{3-58}$$

当平行平板间没有相对运动，即 $u_0 = 0$ 时，通过的液流纯由压差引起，称为压差流动，其值为

$$q' = \frac{bh^3}{12\mu l}\Delta p \tag{3-59}$$

当平行平板两端不存在压差，通过的液流纯由平板相对运动引起时，称为剪切流动，其值为

$$q'' = \frac{bh}{2}u_0 \tag{3-60}$$

如果将上面的这些流量理解为元件缝隙中的泄漏量，那么从式（3-59）可以看到，在压差作用下，通过缝隙的流量与缝隙值的三次方成正比，这说明元件内缝隙的大小对其泄漏量的影响是很大的。此外，如果将泄漏所造成的功率损失写成

$$P_1 = \Delta pq = \Delta p\left(\frac{bh^3}{12\mu l}\Delta p + \frac{bh}{2}u_0 \right) \tag{3-61}$$

便可以得出结论：缝隙 h 愈小，泄漏功率损失也愈小。但是，h 的减小会使液压元件中的摩擦功率损失增大，因而缝隙 h 有一个使这两种功率损失之和达到最小的最佳值，并不是愈小愈好。

（二）环形缝隙

液压元件各零件间的配合间隙大多数为圆环形间隙，如滑阀与阀套之间、活塞与缸筒之间等等。理想情况下为同心环形缝隙；但实际上，一般多为偏心环形缝隙。

1. 流经同心环形缝隙的流量

图 3-32 所示为液体在同心环形缝隙间的流动。图 3-32a 中圆柱体直径为 d，缝隙大小为 h，缝隙长度为 l。当缝隙 h 较小时，可将环形缝隙沿圆周方向展开，把它近似地看作是平行平板缝隙间的流动，这样只要将 $b = \pi d$ 代入式（3-58），就可得同心环形缝隙的流量公式

$$q_0 = \frac{\pi dh^3}{12\mu l}\Delta p + \frac{\pi dh}{2}u_0 \tag{3-62}$$

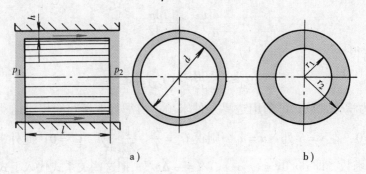

a)   b)

图 3-32　同心环形缝隙间的液流

当圆柱体移动方向与压差方向相反时，上式第二项应取负号。

若圆柱体和内孔之间没有相对运动，即 $u_0 = 0$，则此时的同心环形缝隙流量公式为

$$q_0' = \frac{\pi d h^3}{12 \mu l} \Delta p \qquad (3-63)$$

当缝隙较大时（见图 3-32b），必须精确计算。经推导其流量公式为

$$q_0'' = \frac{\pi}{8 \mu l} \left[(r_2^4 - r_1^4) - \frac{(r_2^2 - r_1^2)^2}{\ln \frac{r_2}{r_1}} \right] \Delta p \qquad (3-64)$$

式中符号意义见图 3-32b 所示。

2. 流经偏心环形缝隙的流量

图 3-33 所示为液体在偏心环形缝隙间的流动。设内外圆间的偏心量为 e，在任意角度 θ 处的缝隙为 h。因缝隙很小，$r_1 \approx r_2 \approx r$，可把微元圆弧 db 所对应的环形缝隙间的流动近似地看作是平行平板缝隙间的流动。将 $db = r d\theta$ 代入式（3-58）得

$$dq = \frac{r h^3 d\theta}{12 \mu l} \Delta p + h \frac{r d\theta}{2} u_0$$

由图 3-33 的几何关系，可以看到

$$h \approx h_0 - e\cos\theta = h_0(1 - \varepsilon\cos\theta)$$

式中 h_0——内外圆同心时半径方向的缝隙值；

ε——相对偏心率，$\varepsilon = e/h_0$。

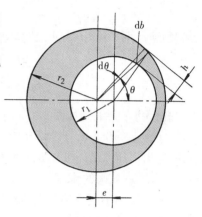

图 3-33 偏心环形缝隙间的液流

将 h 值代入上式并积分后，便得偏心环形缝隙的流量公式为

$$q_\varepsilon = (1 + 1.5\varepsilon^2) \frac{\pi d h_0^3}{12 \mu l} \Delta p + \frac{\pi d h_0}{2} u_0 \qquad (3-65)$$

当内外圆之间没有轴向相对移动，即 $u_0 = 0$ 时，其流量公式为

$$q_\varepsilon' = (1 + 1.5\varepsilon^2) \frac{\pi d h_0^3}{12 \mu l} \Delta p \qquad (3-66)$$

由上式可以看出，当 $\varepsilon = 0$ 时，它就是同心环形缝隙的流量公式；当 $\varepsilon = 1$，即有最大偏心量时，其流量为同心环形缝隙流量的 2.5 倍。因此在液压元件中，为了减小缝隙泄漏量，应采取措施，尽量使其配合件处于同心状态。

（三）圆环平面缝隙

图 3-34 所示为液体在圆环平面缝隙间的流动。这里，圆环与平面之间无相对运动，液体自圆环中心向外辐射流出。设圆环的大、小半径为 r_2 和 r_1，它与平面间的缝隙值为 h，则由式（3-57），并令 $u_0 = 0$，可得在半径为 r、离下平面 z 处的径向速度为

$$u_r = -\frac{1}{2\mu}(h - z)z \frac{dp}{dr}$$

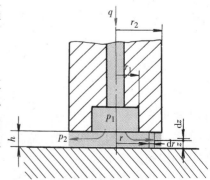

图 3-34 圆环平面缝隙间的液流

流过的流量为

$$q = \int_0^h u_r 2\pi r dz = -\frac{\pi r h^3}{6\mu}\frac{dp}{dr}$$

即

$$\frac{dp}{dr} = -\frac{6\mu q}{\pi r h^3}$$

对上式积分，有

$$p = -\frac{6\mu q}{\pi h^3}\ln r + C$$

当 $r = r_2$ 时，$p = p_2$，求出 C，代入上式得

$$p = \frac{6\mu q}{\pi h^3}\ln\frac{r_2}{r} + p_2$$

又当 $r = r_1$ 时，$p = p_1$，所以圆环平面缝隙的流量公式为

$$q = \frac{\pi h^3}{6\mu\ln\dfrac{r_2}{r_1}}\Delta p \qquad (3\text{-}67)$$

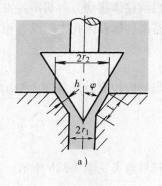

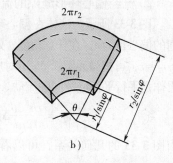

例 3-8 某锥阀如图 3-35a 所示。已知锥阀半锥角 $\varphi = 20°$，$r_1 = 2\times10^{-3}\,\mathrm{m}$，$r_2 = 7\times10^{-3}\,\mathrm{m}$，缝隙 $h = 1\times10^{-4}\,\mathrm{m}$，阀的进出口压差 $\Delta p = 1\,\mathrm{MPa}$，液体的绝对粘度 $\mu = 0.1\,\mathrm{Pa\cdot s}$。试求通过该阀的流量。

图 3-35　例 3-8 图

解 本题中阀座的长度 l 较长而缝隙 h 很小，致使在锥阀缝隙中的液流呈现层流状态，因此不能把它当作前述的薄壁小孔来对待，而可以借鉴圆环平面缝隙的流量公式 (3-67)，并设想将圆锥缝隙展开变成不完整的环形平面缝隙，如图 3-35b 所示。这样将式中的 π 代之以 $\pi\sin\varphi$，便可求得流经锥阀缝隙的流量，即

$$q = \frac{\pi\sin\varphi h^3}{6\mu\ln\dfrac{r_2}{r_1}}\Delta p$$

将已知数据代入上式，有

$$q = \frac{\pi\times\sin20°\times(1\times10^{-4})^3}{6\times0.1\times\ln(7/2)}\times1\times10^6\,\mathrm{m^3/s}$$

$$= 1.43\times10^{-6}\,\mathrm{m^3/s}$$

第五节　气穴现象

在液压系统中，当流动液体某处的压力低于空气分离压时，原先溶解在液体中的空气就会游离出来，使液体中产生大量气泡，这种现象称为气穴现象。气穴现象使液压装置产生噪声和振动，使金属表面受到腐蚀。为了说明气穴现象的机理，必须先介绍一下液体的空气分离压和饱和蒸气压。

一、空气分离压和饱和蒸气压

液体不可避免地会含有一定量的空气。液体中所含空气体积的分数称为它的含气量。空气可溶解在液体中，也可以气泡的形式混合在液体之中。空气在液体中的溶解度与液体的绝

对压力成正比，如图 3-36a 所示。在常温常压下，石油基液压油的空气溶解度约等于 6% ~ 12%。溶解在液体中的空气对液体的体积模量没有影响，但当液体的压力降低时，这些气体就会从液体中分离出来，如图 3-36b 所示。

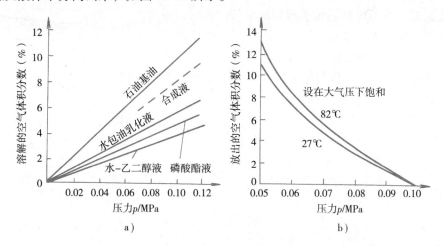

图 3-36　气体溶解度以及从油液中放出的气体体积与压力间的关系

a）溶解度与压力间的关系　b）油液中放出气体体积与压力间的关系

在一定温度下，当液体压力低于某值时，溶解在液体中的空气将会突然地迅速从液体中分离出来，产生大量气泡，这个压力称为液体在该温度下的空气分离压。混有气泡的液体其体积模量将明显减小。气泡越多，液体的体积模量越小。

石油基液压油在静止状态下空气的溶解度与时间的关系如图 3-37 所示，它反映了溶解速度。一般说来，溶解过程并不很快，因此要想通过系统高压区来全部溶解混入液压液中的气泡是不太可能的。

当液体在某一温度下其压力继续下降而低于一定数值时，液体本身便迅速汽化，产生大量蒸气，这时的压力称为液体在该温度下的饱和蒸气压。一般说来，液体的饱和蒸气压比空气分离压要小得多。几种液压液的饱和蒸气压与温度的关系如图 3-38 所示。

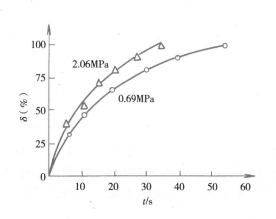

图 3-37　空气在液压油中的溶解度与时间的关系

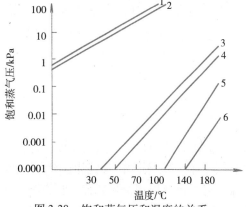

图 3-38　饱和蒸气压和温度的关系

1—水包油乳化液　2—水-乙二醇液　3—合成液

4—石油基油液　5—硅酸酯液　6—磷酸酯液

由此可见，要使液压液不产生大量气泡，它的最低压力不得低于液压液所在温度下的空气分离压。

二、节流口处的气穴现象

当液流流到图 3-39 所示的节流口的喉部位置时，根据能量方程，该处的压力要降低。如该处压力低于液压液工作温度下的空气分离压，溶解在液压液中的空气将迅速地大量分离出来，变成气泡，产生气穴。表征薄壁孔口气穴的相似判据为气穴系数 c

$$c = \frac{p_2 - p_g}{p_1 - p_2} \tag{3-68}$$

式中　p_1、p_2——薄壁孔口前、后的压力；

　　　　p_g——液压液的空气分离压。

薄壁孔口的无气穴条件为 $c < 3.5$。

气穴发生时，液流的流动特性变坏，造成流量不稳，噪声骤增。特别是当带有气泡的液压油液被带到下

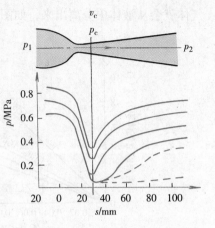

图 3-39　节流口的气穴现象

游高压部位时，周围的高压使气泡绝热压缩，迅速崩溃，局部可达到非常高的温度和冲击压力。例如在 38℃ 下工作的液压泵，当泵的输出压力分别为 6.8、13.6、20.4MPa 时，气泡崩溃处的局部温度可达 766℃、993℃、1149℃，冲击压力可以达到几百兆帕。这样的局部高温和冲击压力，一方面使那里的金属疲劳，另一方面又使液压油液变质，对金属产生化学腐蚀作用，因而使元件表面受到侵蚀、剥落，或出现海绵状的小洞穴。这种因气穴而对金属表面产生腐蚀的现象称为气蚀。气蚀会严重损伤元件表面质量，大大缩短其使用寿命，因而必须加以防范。

关于液压泵的气穴问题将在第四章中进行叙述。

三、减小气穴现象的措施

在液压系统中，哪里压力低于空气分离压，那里就会产生气穴现象。为了防止气穴现象的发生，最根本的一条是避免液压系统中的压力过分降低。具体措施有：

1）减小阀孔口前后的压差，一般希望其压力比 $p_1/p_2 < 3.5$。

2）正确设计和使用液压泵站（详见第四章第七节）。

3）液压系统各元部件的连接处要密封可靠，严防空气侵入。

4）采用抗腐蚀能力强的金属材料，提高零件的机械强度，减小零件表面粗糙度值。

第六节　液压冲击

在液压系统中，当突然关闭或开启液流通道时，在通道内液体压力发生急剧交替升降的波动过程称为液压冲击。出现液压冲击时，液体中的瞬时峰值压力往往比正常工作压力高好几倍，它不仅会损坏密封装置、管道和液压元件，而且还会引起振动和噪声；有时使某些压力控制的液压元件产生误动作，造成事故。

一、管内液流速度突变引起的液压冲击

有一液位恒定并能保持液面压力不变的容器如图 3- 40 所示。容器底部连一管道，在管道的输出端装有一个阀门。管道内的液体经阀门 B 出流。若将阀门突然关闭，则紧靠阀门的这部分液体立刻停止运动，液体的动能瞬时转变为压力能，产生冲击压力，接着后面的液体依次停止运动，依次将动能转变为压力能，在管道内形成压力冲击波，并以速度 c 由 B 向 A 传播。

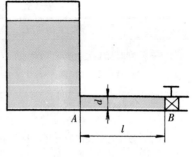

图 3- 40 液流速度突变
引起的液压冲击

设图 3- 40 中管道的截面积和长度分别为 A 和 l，管道中液体的流速为 v，密度为 ρ，则根据能量守恒定律，液体的动能转化成液体的压力能，即

$$\frac{1}{2}\rho Alv^2 = \frac{1}{2}\frac{Al}{K'}\Delta p_{\text{rmax}}^2$$

所以

$$\Delta p_{\text{rmax}} = \rho\sqrt{\frac{K'}{\rho}}v = \rho cv \tag{3-69}$$

式中 Δp_{rmax}——液压冲击时压力的升高值；

K'——计及管壁弹性后的液体等效体积模量；

c——压力冲击波在管道中的传播速度，$c = \sqrt{K'/\rho}$。

压力冲击波在管道中的传播速度可按下式计算

$$c = \sqrt{\frac{K'}{\rho}} = \frac{\sqrt{\dfrac{K}{\rho}}}{\sqrt{1 + \dfrac{d}{\delta}\dfrac{K}{E}}} \tag{3-70}$$

式中 K——液体的体积模量；

d——管道的内径；

δ——管道的壁厚；

E——管道材料的弹性模量。

压力冲击波在管道中液压液内的传播速度 c 一般在 $890\sim1420\text{m/s}$ 范围内。

如果阀门不是全部关闭，而是部分关闭，使液体的流速从 v 降到 v'，则只要在式(3-69)中以 $(v-v')$ 代替 v，便可求得这种情况下的压力升高值，即

$$\Delta p_{\text{r}} = \rho c(v - v') = \rho c\Delta v \tag{3-71}$$

一般，依阀门关闭时间常把液压冲击分为两种：

当阀门关闭时间 $t < t_{\text{c}} = \dfrac{2l}{c}$ 时，称为直接液压冲击（又称完全冲击）。

当阀门关闭时间 $t > t_{\text{c}} = \dfrac{2l}{c}$ 时，称为间接液压冲击（又称不完全冲击）。此时压力升高值比直接冲击时小，它可近似地按下式计算

$$\Delta p_{\text{rmax}}' = \rho cv\frac{t_{\text{c}}}{t} \tag{3-72}$$

这样，可以把各种情况下关闭液流通道时管内液压冲击的压力升高值归纳于表 3-7。

表 3-7　关闭液流通道时管内液压冲击的压力升高值

阀门关闭情况	液压冲击的压力升高值 Δp
瞬时全部关闭液流 （$t \leqslant t_{\mathrm{c}}$）（$v' = 0$） 瞬时部分关闭液流 （$t \leqslant t_{\mathrm{c}}$）（$v' \neq 0$）	$\Delta p_{\mathrm{rmax}} = \rho c v$ $\Delta p_{\mathrm{r}} = \rho c (v - v')$
逐渐全部关闭液流 （$t > t_{\mathrm{c}}$）（$v' = 0$） 逐渐部分关闭液流 （$t > t_{\mathrm{c}}$）（$v' \neq 0$）	$\Delta p'_{\mathrm{rmax}} = \rho c v \dfrac{t_{\mathrm{c}}}{t}$ $\Delta p'_{\mathrm{r}} = \rho c (v - v') \dfrac{t_{\mathrm{c}}}{t}$

不论是哪一种情况，知道了液压冲击的压力升高值 Δp 后，便可求得出现冲击时管道中的最高压力

$$p_{\max} = p + \Delta p \tag{3-73}$$

式中　p——正常工作压力。

等径直管末端阀门开启时，出现的管内压力下降值列于表 3-8。

表 3-8　等径直管末端阀门开启时管内压力下降值

阀门开启情况	压力下降值 Δp_{d}
突然开启	$\Delta p_{\mathrm{dmax}} = \sqrt{\Delta p_{\mathrm{rmax}}^2 \left(1 + \dfrac{\Delta p_{\mathrm{rmax}}^2}{4p^2}\right)} - \dfrac{\Delta p_{\mathrm{rmax}}^2}{2p}$
缓慢开启	$\Delta p_{\mathrm{d}} = \dfrac{2vl\rho}{t} \sqrt{1 + \dfrac{1}{p^2}\left(\dfrac{vl\rho}{t}\right)^2} - \dfrac{2}{p}\left(\dfrac{vl\rho}{t}\right)^2$

注：表中，Δp_{rmax} 为液压冲击时压力升高值；p 为管内原来的工作压力；v 为管内液体流速；l 为管长；t 为阀门开启时间；ρ 为液体密度。

二、运动部件制动所产生的液压冲击

如图 3-41 所示，活塞以速度 v 驱动负载 m 向左运动，活塞和负载的总质量为 $\sum m$。当突然关闭出口通道时，液体被封闭在左腔中。但由于运动部件的惯性而使腔内液体受压，引起液体压力急剧上升。运动部件则因受到左腔内液体压力产生的阻力而制动。

设运动部件在制动时的减速时间为 Δt，速度的减小值为 Δv，则根据动量定律可近似地求得左腔内的冲击压力 Δp，由于

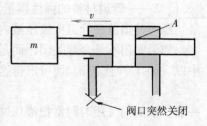

图 3-41　运动部件制动引起的液压冲击

$$\Delta p A \Delta t = \sum m \Delta v$$

故有

$$\Delta p = \frac{\sum m \Delta v}{A \Delta t} \tag{3-74}$$

式中　$\sum m$——运动部件(包括活塞和负载)的总质量;

　　　A——液压缸的有效工作面积;

　　　Δt——运动部件制动时间;

　　　Δv——运动部件速度的变化值, $\Delta v = v - v'$;

　　　v——运动部件制动前的速度;

　　　v'——运动部件经过 Δt 时间后的速度。

上式的计算忽略了阻尼、泄漏等因素,其值比实际的要大些,因而是偏安全的。

三、减小液压冲击的措施

针对上述各式中影响冲击压力 Δp 的因素,可采取以下措施来减小液压冲击:

1)适当加大管径,限制管道流速 v,一般在液压系统中把 v 控制在 4.5m/s 以内,使 Δp_{rmax} 不超过 5MPa 就可以认为是安全的。

2)正确设计阀口或设置制动装置,使运动部件制动时速度变化比较均匀。

3)延长阀门关闭和运动部件制动换向的时间,可采用换向时间可调的换向阀。

4)尽可能缩短管长,以减小压力冲击波的传播时间,变直接冲击为间接冲击。

5)在容易发生液压冲击的部位采用橡胶软管或设置蓄能器,以吸收冲击压力;也可以在这些部位安装安全阀,以限制压力升高。

例3-9　已知图3-40所示装置中管道的内径为 $d = 20 \times 10^{-3}$m,管壁厚 $\delta = 2 \times 10^{-3}$m,管长 $l = 0.8$m,管壁材料的弹性模量 $E = 2 \times 10^5$MPa,液体的体积模量 $K = 1.4 \times 10^3$MPa,液体的密度 $\rho = 900$kg/m³,液体在管中初始流速 $v = 4$m/s,压力 $p = 2$MPa。试求当阀门关闭时间 $t = 1 \times 10^{-3}$s 时,管内的最大压力 p_{max}。

解　先计算压力冲击波的传播速度 c。由式(3-70)可得

$$c = \frac{\sqrt{\dfrac{K}{\rho}}}{\sqrt{1 + \dfrac{d}{\delta}\dfrac{K}{E}}} = \frac{\sqrt{\dfrac{1.4 \times 10^9}{900}}}{\sqrt{1 + \dfrac{20 \times 10^{-3}}{2 \times 10^{-3}}\dfrac{1.4 \times 10^9}{2 \times 10^{11}}}}\text{m/s} = 1205.7\text{m/s}$$

再算出 t_c

$$t_c = \frac{2l}{c} = \frac{2 \times 0.8}{1205.7}\text{s} = 1.33 \times 10^{-3}\text{s}$$

由于　$t = 1 \times 10^{-3}$s, 所以 $t < t_c$,属于直接冲击,根据式(1-69),有

$$\Delta p_{rmax} = \rho c v = 900 \times 1205.7 \times 4\text{Pa} = 4.34 \times 10^6\text{Pa} = 4.34\text{MPa}$$

因此,管内的最大压力

$$p_{max} = p + \Delta p_{rmax} = (2 + 4.34)\text{MPa} = 6.34\text{MPa}$$

习　　题

3-1　如图3-42所示,一具有一定真空度的容器用一根管子倒置于一液面与大气相通的水槽中,液体在管中上升的高度 $h = 1$m,设液体的密度为 $\rho = 1000$kg/m³,试求容器内的真空度。

3-2　如图3-43所示,有一直径为 d、质量为 m 的活塞浸在液体中,并在力 F 的作用下处于静止状态。若液体的密度为 ρ,活塞浸入深度为 h,试确定液体在测压管内的上升高度 x。

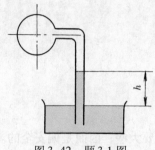

图 3-42 题 3-1 图

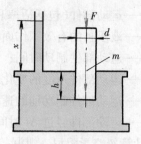

图 3-43 题 3-2 图

3-3 如图 3-44 所示容器 A 中液体的密度 $\rho_A = 900\text{kg/m}^3$，B 中液体的密度为 $\rho_B = 1200\text{kg/m}^3$，$z_A = 200\text{mm}$，$z_B = 180\text{mm}$，$h = 60\text{mm}$，U 形管中的测压介质为汞，试求 A、B 之间的压力差。

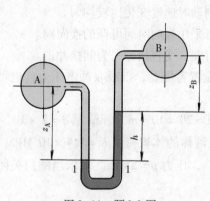

图 3-44 题 3-3 图

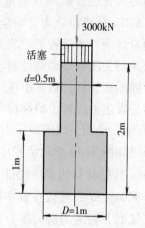

图 3-45 题 3-4 图

3-4 水平截面是圆形的容器如图 3-45 所示，上端开口，试求作用在容器底的作用力。如在开口端加一活塞，连活塞重力在内，作用力为 3000kN，问容器底的总作用力是多少？

3-5 如图 3-46 所示，密度 $\rho = 1260\text{kg/m}^3$ 的油液在某工厂的管道中以流量 $q = 0.7\text{m}^3/\text{s}$ 流动着。在直径 $d_1 = 600\text{mm}$ 的管道点（1）处，压力为 0.3MPa。试求点（2）处的压力 p_2，该点管直径 $d_2 = 300\text{mm}$，位置比点（1）低 $h = 1\text{m}$，点（1）至点（2）管长 $l = 1.26\text{m}$。不计一切损失。

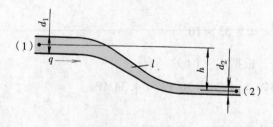

图 3-46 题 3-5 图

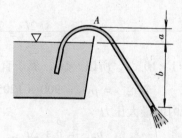

图 3-47 题 3-6 图

3-6 如图 3-47 所示，一虹吸管从油箱中吸油。给定管子的直径为 150mm，且是均匀的。图中 $a = 1\text{m}$，$b = 4\text{m}$。试求吸油流量及 A 点处压力。忽略一切损失。

3-7 液压缸直径 $D = 150\text{mm}$，柱塞直径 $d = 100\text{mm}$，液压缸中充满油液。如果柱塞上作用着 $F = 50000\text{N}$ 的力，不计油液的质量，试求如图 3-48 所示两种情况下液压缸中压力分别等于多少？

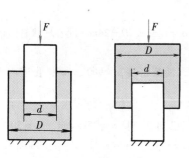

图 3-48 题 3-7 图

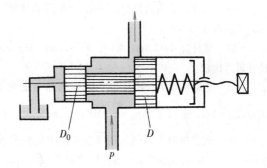

图 3-49 题 3-8 图

57

3-8 试确定安全阀（图 3-49）上弹簧的预压缩量 x_0，设压力 $p = 3\text{MPa}$ 时阀开启，弹簧刚度为 8N/mm，$D = 22\text{mm}$，$D_0 = 20\text{mm}$。

3-9 如图 3-50 所示，已知水深 $H = 10\text{m}$，截面 $A_1 = 0.02\text{m}^2$，截面 $A_2 = 0.04\text{m}^2$，试求孔口的出流流量以及点 2 处的表压力（取 $\alpha = 1$，不计损失）。

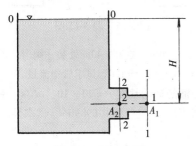

图 3-50 题 3-9 图

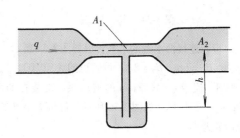

图 3-51 题 3-10 图

3-10 如图 3-51 所示一抽吸设备水平放置，其出口和大气相通，细管处截面积 $A_1 = 3.2 \times 10^{-4}\text{m}^2$，出口处管道截面积 $A_2 = 4A_1$，$h = 1\text{m}$，试求开始抽吸时，水平管中所必须通过的流量 q（液体为理想液体，不计损失）。

3-11 如图 3-52 所示，内流式锥阀的阀座孔无倒角，阀座孔直径 $d = 27\text{mm}$，主阀心直径 $D = 28\text{mm}$，锥阀半锥角 $\alpha = 15°$。当阀心的开口量 $x = 6.4\text{mm}$ 时，阀进口压力 $p_1 = 0.4\text{MPa}$，出口压力 $p_2 = 0$，流量系数 $C_d = 0.8$，速度系数 $C_v = 1$，试求液流对阀心的作用力。

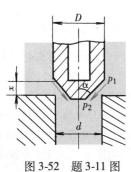

图 3-52 题 3-11 图

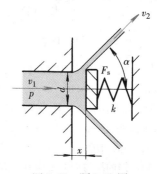

图 3-53 题 3-12 图

3-12 图 3-53 所示的液压系统的安全阀，阀座直径 $d = 25\text{mm}$，当系统压力为 5.0MPa 时，阀的开度为 $x = 5\text{mm}$，通过的流量 $q = 600\text{L/min}$，若阀的开启压力为 4.3MPa，油液的密度 $\rho = 900\text{kg/m}^3$，弹簧刚度 $k = 20\text{N/mm}$，试求油液出流角 α。

3-13 已知一管道直径为50mm，油的运动粘度为$20 \times 10^{-6} m^2/s$，如果液流为层流状态，试问可通过的最大流量等于多少？

3-14 试计算$d = 12mm$圆管，$d = 12mm$、$D = 20mm$以及$d = 12mm$、$D = 24mm$同心环状管道的水力直径并进行比较。

3-15 运动粘度$\nu = 40 \times 10^{-6} m^2/s$的油液通过水平管道，油液密度$\rho = 900 kg/m^3$，管道内径为$d = 10mm$，$l = 5m$，进口压力$p_1 = 4.0 MPa$，试问平均流速为3m/s时，出口压力$p_2$为多少？$\left(取 \lambda = \dfrac{64}{Re} \right)$。

3-16 试求如图3-54所示两并联管路中的流量各为多少？已知总流量$q = 25 L/min$，$d_1 = 50mm$，$d_2 = 100mm$，$l_1 = 30m$，$l_2 = 50m$。假设沿程阻力系数$\lambda_1 = 0.04$及$\lambda_2 = 0.03$，并取油液密度$\rho = 900 kg/m^3$，则并联管路中的总压力损失等于多少？

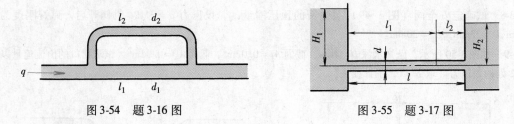

图3-54 题3-16图   图3-55 题3-17图

3-17 连接两水池的水平管道如图3-55所示，$d = 150mm$，$l = 50m$，在$l_1 = 40m$处装一阀门，水流作恒定流动。$H_1 = 6m$，$H_2 = 2m$，设管道的$\lambda = 0.03$，$\zeta_{进} = 0.5$，$\zeta_{阀} = 4.0$，$\zeta_{出} = 1.0$，试求管中流量。

3-18 流量$q = 16 L/min$的液压泵，安装在油面以下，油液的运动粘度$\nu = 20 \times 10^{-6} m^2/s$，密度$\rho = 900 kg/m^3$，其他尺寸如图3-56所示。仅考虑吸油管沿程损失，并取大气压为0.098MPa，试求泵入口处绝对压力的大小。

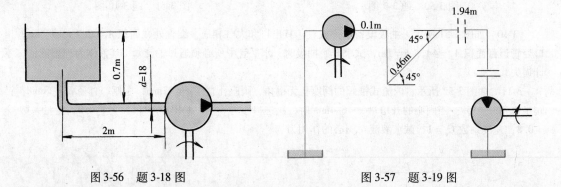

图3-56 题3-18图   图3-57 题3-19图

3-19 某系统由液压泵到液压马达的管路如图3-57所示。已知$d = 16mm$，管总长$l = 3.84m$，油的密度$\rho = 900 kg/m^3$，$\nu = 18.7 \times 10^{-6} m^2/s$，$v = 5 m/s$，在45°处$\zeta_1 = 2$，90°处$\zeta_2 = 1.12$，135°处$\zeta_3 = 0.3$，试求由泵到马达的全部压力损失（位置高度及损失之间的扰动均不计，管道看作光滑管）。

3-20 如图3-58所示，液压泵从一个大的油池中抽吸油液，流量为$q = 150 L/min$，油液的运动粘度$\nu = 34 \times 10^{-6} m^2/s$，油液密度$\rho = 900 kg/m^3$。吸油管直径$d = 60mm$，并设泵的吸油管弯头处局部阻力系数$\zeta = 0.2$，吸油口粗滤网的压力损失$\Delta p = 0.0178 MPa$。如希望泵入口处的真空度$p_b$不大于0.04MPa，试求泵的吸油高度$H$（液面到滤网之间的管路沿程损失可忽略不计）。

3-21 圆柱形滑阀如图3-59所示，已知阀心直径$d = 20mm$，进口压力$p_1 = 9.8 MPa$，出口压力$p_2 = 0.9 MPa$，油的密度$\rho = 900 kg/m^3$，阀口的流量系数$C_d = 0.65$，阀口开度$x = 2mm$，试求通过阀口的流量。

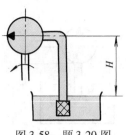

图 3-58 题 3-20 图

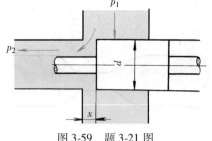

图 3-59 题 3-21 图

3-22 如图 3-60 所示，已知液压泵的供油压力为 $p_P = 3.2\text{MPa}$，薄壁小孔节流阀 I 的开口面积为 $A_{V1} = 2\text{mm}^2$，薄壁小孔节流阀 II 的开口面积为 $A_{V2} = 1\text{mm}^2$，试求活塞向右运动的速度等于多少？活塞面积 $A = 1 \times 10^{-2}\text{m}^2$，油的密度 $\rho = 900\text{kg/m}^3$，负载 $F = 16000\text{N}$，节流阀的流量系数 $C_d = 0.6$。

3-23 如图 3-61 所示，柱塞直径 $d = 19.9\text{mm}$，缸套直径 $D = 20\text{mm}$，长 $l = 70\text{mm}$，柱塞在力 $F = 40\text{N}$ 作用下向下运动，

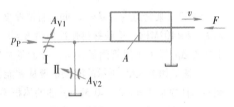

图 3-60 题 3-22 图

并将油液从缝隙中挤出，若柱塞与缸套同心，油液的动力粘度 $\mu = 0.784 \times 10^{-3}\text{Pa} \cdot \text{s}$，试求柱塞下落 0.1m 所需的时间。

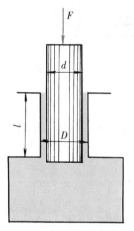

图 3-61 题 3-23 图

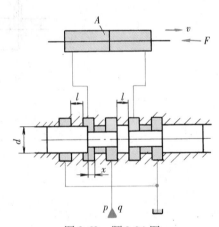

图 3-62 题 3-24 图

3-24 如图 3-62 所示，已知液压缸的有效面积 $A = 50 \times 10^{-4}\text{m}^2$，负载 $F = 12500\text{N}$，滑阀直径 $d = 20\text{mm}$，同心径向缝隙 $h_0 = 0.02\text{mm}$，配合长度 $l = 5\text{mm}$，油液运动粘度 $\nu = 10 \times 10^{-6}\text{m}^2/\text{s}$，密度 $\rho = 900\text{kg/m}^3$，液压泵的流量 $q = 10\text{L/min}$。若考虑油液流经滑阀的泄漏，试计算活塞运动的速度（按同心和完全偏心两种不同情况计算）。

3-25 常温下，密度为 800kg/m^3，空气分离压为 0.0268MPa 的液体在管中流动，如图 3-63 所示。截面 1—1 的相对压力为 0.07MPa。设当地的大气压为 0.094MPa，为防止管中发生气蚀，试问管中的流量最大可达多少？

3-26 液压泵从油池中抽吸润滑油如图 3-64 所示，流量 $q = 1.2 \times 10^{-3}\text{m}^3/\text{s}$，油的运动粘度为 $292 \times 10^{-6}\text{m}^2/\text{s}$，$\rho = 900\text{kg/m}^3$，试求：

1）泵在油箱液面以上的最大允许安装高度 h，假设常温下油的空气分离压为 $2.3 \times 10^4\text{Pa}$，吸油管直径 $d = 40\text{mm}$，长 $l = 10\text{m}$，仅考虑管中的沿程损失。

2）当泵的流量增大一倍时，最大允许高度将如何变化？

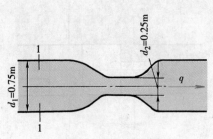

图 3-63　题 3-25 图

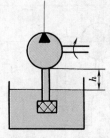

图 3-64　题 3-26 图

3-27　某管道内径 $d = 12\text{mm}$，管壁厚度 $\delta = 1\text{mm}$，油在管内流速 $v = 2\text{m/s}$，压力 $p = 2\text{MPa}$，油的体积模量 $K = 2 \times 10^3 \text{MPa}$，管壁材料弹性模量 $E = 2.1 \times 10^5 \text{MPa}$，当其控制阀门突然关闭时，试求管路中产生的冲击压力 Δp_{r} 及冲击时管内最大压力等于多少？

3-28　如图 3-65 所示的液压系统从蓄能器 A 到电磁阀 B 的距离 $l = 4\text{m}$，管径 $d = 20\text{mm}$，壁厚 $\delta = 1\text{mm}$，钢的弹性模量 $E = 2.2 \times 10^5 \text{MPa}$，油的体积模量 $K = 1.33 \times 10^3 \text{MPa}$，管路中油液原先以 $v = 5\text{m/s}$、$p_0 = 2\text{MPa}$ 流经电磁阀，试求当阀瞬间关闭、0.02s 和 0.5s 关闭时，在管路中达到的最大压力各为多少？

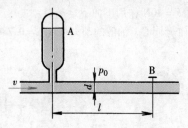

图 3-65　题 3-28 图

第四章

第四章

液压泵和液压马达

第一节 概　述

一、作用和分类

液压泵是一种能量转换装置，它把驱动电机的机械能转换成输到系统中去的油液的压力能，供液压系统使用。

液压马达也是一种能量转换装置，它把输入油液的压力能转换成机械能，使主机的工作部件克服负载及阻力而产生运动。

液压传动系统中使用的液压泵和液压马达都是容积式的。图4-1所示为容积式泵的工作原理。凸轮1旋转时，柱塞2在凸轮和弹簧3的作用下在缸体中左右移动。柱塞2右移时，缸体中的油腔（密封工作腔4）容积变大，产生真空，油液便通过吸油阀5吸入；柱塞2左移时，缸体中的油腔容积变小，已吸入的油液便通过压油阀6输到系统中去。由此可见，泵是靠密封工作腔的容积变化进行工作的，而它的输出流量的大小是由密封工作腔的容积变化大小来决定的。

液压马达是产生连续旋转运动的执行元件。从原理上说，向容积式泵中输入压力油，使其轴转动，就成为液压马达。大部分容积式泵都可作液压马达使用，但在结构细节上有一些不同。

摆动液压马达是一种产生往复回转运动（摆动）的执行元件，往复摆动的角度因结构而异。摆动液压马达在结构上与连续旋转的液压马达有较大的区别。

液压泵（液压马达）按其在单位时间内所能输出（所需输入）油液体积可否调节而分为定量泵（定量马达）和变量泵（变量马达）两类；按结构形式可以分为齿轮式、叶片式和柱塞式三大类。

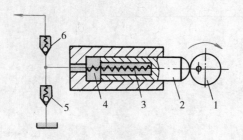

图 4-1　容积式泵的工作原理

1—凸轮　2—柱塞　3—弹簧　4—密封工作腔　5—吸油阀　6—压油阀

二、压力、排量和流量

液压泵或液压马达的工作压力是指泵（马达）实际工作时的压力。对泵来说，工作压力是指它的输出压力；对马达来说，则是指它的输入压力。液压泵（液压马达）的额定压力是指泵（马达）在正常工作条件下按试验标准规定的连续运转的最高压力，超过此值就是过载。

液压泵（液压马达）的几何排量（用 V 表示，以下简称排量）是指泵（马达）轴每转一转，由其密封容腔几何尺寸变化所算得的排出（输入）液体的体积，数值上等于在无泄漏的情况下，其轴转一转所能排出（所需输入）的液体体积。

液压泵（液压马达）的几何流量（用 q_t 表示）是指泵（马达）在单位时间内由其密封容腔几何尺寸变化计算而得的排出（输入）的液体体积，数值上等于在无泄漏的情况下单位时间内所能排出（所需输入）的液体体积。泵（马达）的转速为 n 时，泵（马达）的几何流量为 $q_t = Vn$。

液压泵（液压马达）的额定流量是指在正常工作条件下，按试验标准规定必须保证的流量，亦即在额定转速和额定压力下由泵输出（或输入到马达中去）的流量。因泵和马达存在内泄漏，所以额定流量的值和几何流量是不同的。

三、功率和效率

液压泵由电动机驱动，输入量是转矩和转速（角速度），输出量是液体的压力和流量；液压马达刚好相反，输入量是液体的压力和流量，输出量是转矩和转速（角速度）。如果不考虑液压泵（液压马达）在能量转换过程中的损失，则输出功率等于输入功率，也就是它们的几何功率是

$$P_t = pq_t = pVn = T_t\omega = 2\pi T_t n \qquad (4\text{-}1)^{\ominus}$$

式中　T_t——液压泵（液压马达）的几何转矩；

　　　ω——液压泵（液压马达）的角速度。

实际上，液压泵和液压马达在能量转换过程中是有损失的，因此输出功率小于输入功率。两者之间的差值即为功率损失，功率损失可以分为容积损失和机械损失两部分。

容积损失是因内泄漏、气穴和油液在高压下的压缩（主要是内泄漏）而造成的流量上的损失。对液压泵来说，输出压力增大时，泵实际输出的流量 q 减小。设泵的流量损失为

$\ominus$　式（4-1）中，p、q、T、ω、n 的单位分别为 N/m^2、m^3/s、$N\cdot m$、rad/s、r/s，则 P 的单位为 $N\cdot m/s$，即 W。

Δq，则泵的容积损失可用容积效率 η_V 来表征

$$\eta_V = \frac{q}{q_t} = \frac{q_t - \Delta q}{q_t} = 1 - \frac{\Delta q}{q_t} \tag{4-2}$$

泵内机件间的泄漏油液的流态可以看作为层流，并认为流量损失 Δq 和泵的输出压力 p 成正比，即

$$\Delta q = k_1 p \tag{4-3}$$

式中　k_1——流量损失系数[⊖]。

因此有

$$\eta_V = 1 - \frac{k_1 p}{Vn} \tag{4-4}$$

式（4-4）表明：泵的输出压力愈高，流量损失系数愈大，或泵的排量愈小，转速愈低，则泵的容积效率也愈低。

对液压马达来说，实际输入的流量 q 必然大于它的几何流量 q_t，即 $q = q_t + \Delta q$，所以它的容积效率

$$\eta_V = \frac{q_t}{q} = 1 - \frac{\Delta q}{q} \tag{4-5}$$

机械损失是指因摩擦而造成的转矩上的损失。对液压泵来说，驱动泵的转矩总是大于其理论上需要的几何转矩的，设转矩损失为 ΔT，则泵实际输入转矩为 $T = T_t + \Delta T$，用机械效率 η_m 来表征泵的机械损失时，有

$$\eta_m = \frac{T_t}{T} = \frac{1}{1 + \frac{\Delta T}{T_t}} \tag{4-6}$$

对于液压马达来说，由于摩擦损失，使液压马达的实际输出转矩 T 小于其几何转矩 T_t，因此它的机械效率 η_m 为

$$\eta_m = \frac{T}{T_t} = \frac{T_t - \Delta T}{T_t} = 1 - \frac{\Delta T}{T_t} \tag{4-7}$$

液压泵的总效率 η 是其输出功率和输入功率之比，由式（4-1）、式（4-2）、式（4-6）可得

$$\eta = \eta_V \eta_m \tag{4-8}$$

液压马达的总效率同样也是其输出功率和输入功率之比，由式（4-1）、式（4-5）、式（4-7）也能得到式（4-8）。这就是说，液压泵或液压马达的总效率都等于各自容积效率和机械效率的乘积。

液压泵和液压马达的各个参数和压力之间的关系，以及无因次量 $\frac{p}{\nu\rho n}$ 与效率之间的关系如图 4-2 所示（ν、ρ 分别为油液的运动粘度和密度，其余符号意义同前）。由图可见，在不同的工作压力下液压泵和液压马达的这些参数数值都是不同的；而在不同的转速下液压泵和液压马达的效率值也是不同的。

　⊖　因容积损失主要因内泄漏造成，所以近似地可把 k_1 称为泄漏系数。

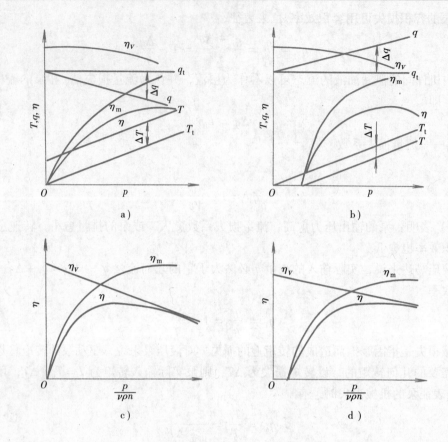

图 4-2　液压泵、液压马达的特性曲线

a)、c) 液压泵　b)、d) 液压马达

第二节　齿　轮　泵

齿轮泵是液压传动系统中常用的液压泵，在结构上可分为外啮合式和内啮合式两类。

一、外啮合齿轮泵的工作原理

图 4-3 所示为外啮合齿轮泵的工作原理。在泵的壳体内有一对外啮合齿轮，齿轮两侧由端盖盖住（图中未示出）。壳体、端盖和齿轮的各个齿间槽组成了许多密封工作腔。当齿轮按图示方向旋转时，右侧吸油腔由于相互啮合的轮齿逐渐脱开，密封工作腔容积逐渐增大，形成部分真空，油箱中的油液被吸进来，将齿间槽充满，并随着齿轮旋转，把油液带到左侧压油腔去。在压油区一侧，由于轮齿逐渐进入啮合，密封工作腔容积不断减小，油液便被挤出去。吸油区和压油区是由相互啮合的轮齿以及泵体和端盖分隔开的。

二、排量计算和流量脉动

外啮合齿轮泵排量的精确计算应依啮合原理来进行。近似计算时可认为排量等于两个齿轮的不包括径向间隙容积的齿间槽容积之总和。设齿间槽的容积等于轮齿的体积，则当齿轮齿数为 z、分度圆直径为 D、模数为 m、工作齿高为 h_w（$h_w = 2m$）、齿宽为 b 时，泵的排量为

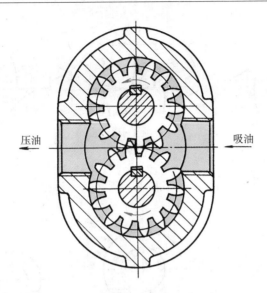

图 4-3　外啮合齿轮泵

$$V = \pi D h_{\mathrm{w}} b = 2\pi z m^2 b \qquad (4\text{-}9)$$

考虑到齿间槽容积比轮齿的体积稍大些，所以通常按下式计算

$$V = C 2\pi z m^2 b \qquad (4\text{-}10)$$

式中　C——修正系数，$z = 13 \sim 20$ 时，取 $C = 1.06$；$z = 6 \sim 12$ 时，取 $C = 1.115$。

由于齿轮啮合过程中压油腔的容积变化率是不均匀的，因此齿轮泵的瞬时流量是脉动的。设 $q_{\max}$、$q_{\min}$ 表示最大、最小瞬时流量，q 表示平均流量。流量脉动率 σ 可用下式表示

$$\sigma = \frac{q_{\max} - q_{\min}}{q} \qquad (4\text{-}11)$$

外啮合齿轮泵的齿数愈少，脉动率 σ 就愈大，其值最高可达 0.20 以上，内啮合齿轮泵的流量脉动率就小得多。

三、外啮合齿轮泵的结构特点和优缺点

（一）困油

齿轮泵要平稳工作，齿轮啮合的重合度必须大于 1，于是总有两对轮齿同时啮合，并有一部分油液被围困在两对轮齿所形成的封闭容腔之间，如图 4-4 所示。这个封闭腔的容积，开始时随着齿轮的转动逐渐减小（从图 4-4a 到图 4-4b 的过程中），以后又逐渐加大（从图 4-4b 到图 4-4c 的过程中）。封闭腔容积的减小会使被困油液受挤压而产生很高的压力，并从缝隙中挤出，导致油液发热，并使机件（如轴承等）受到额外的负载；而封闭腔容积的增大又会造成局部真空，使油液中溶解的气体分离，产生气穴现象。这些都将使泵产生强烈的振动和噪声，这就是齿轮泵的困油现象。

消除困油的方法，通常是在两侧盖板上开卸荷槽（见图 4-4 中的双点画线所示），使封闭腔容积减小时通过左边的卸荷槽与压油腔相通（图 4-4a），容积增大时通过右边的卸荷槽与吸油腔相通（图 4-4c）。图 4-5 所示为几种异形卸荷槽，其消除困油现象的效果更佳。

应当指出，困油现象在其他液压泵中同样存在，是个共性问题。在设计与制造液压泵时应竭力避免。

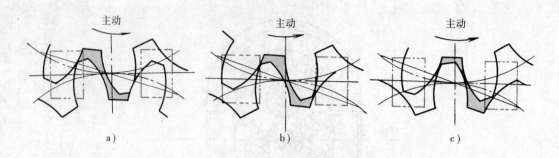

图 4-4　困油现象

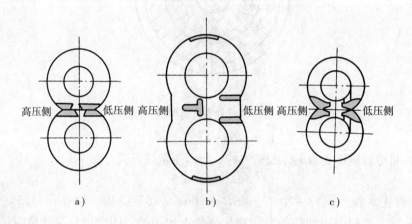

图 4-5　几种异形困油卸荷槽

（二）泄漏

外啮合齿轮泵高压腔的压力油可通过齿轮两侧面和两端盖间轴向间隙、泵体内孔和齿顶圆间的径向间隙及齿轮啮合线处的间隙泄漏到低压腔中去。其中对泄漏影响最大的是轴向间隙，可占总泄漏量的 75% ~80%。它是影响齿轮泵压力提高的首要问题。

（三）径向不平衡力

齿轮泵中，从压油腔经过泵体内孔和齿顶圆间的径向间隙向吸油腔泄漏的油液，其压力随径向位置而不同。可以认为从压油腔到吸油腔的压力是逐级下降的。其合力相当于给齿轮轴一个径向作用力，此力称为径向不平衡力。工作压力越高，径向不平衡力也越大，直接影响轴承的寿命。径向不平衡力很大时能使轴弯曲、齿顶和壳体内表面产生摩擦。

（四）优缺点

外啮合齿轮泵的优点是结构简单，尺寸小，制造方便，价格低廉，工作可靠，自吸能力强，对油液污染不敏感，维护容易。它的缺点是一些机件承受不平衡径向力，磨损严重，泄漏大。此外，它的流量脉动大，因而压力脉动和噪声都较大。

四、提高外啮合齿轮泵压力的措施

要提高齿轮泵工作压力，首要的问题是解决轴向泄漏。而造成轴向泄漏的原因是齿轮端面和端盖侧面的间隙。解决这问题的关键是要在齿轮泵长期工作时，如何控制齿轮端面和端盖侧面之间保持一个合适的间隙。在高、中压齿轮泵中，一般采用轴向间隙自动补偿的办法。其原理是把与齿轮端面相接触的部件制作成轴向可移动的，并将压油腔的压力油经专门的通道引入到这个可动部件背面一定形状的油腔中，使该部件始终受到一个与工作压力成比例的轴向力压向齿轮端面，从而保证泵的轴向间隙能与工作压力自动适应且长期稳定。这个可动部件可以是能整体移动的，如浮动轴套（见图4-6）或浮动侧板（见图4-7），也可以是能产生一定挠度的弹性侧板。

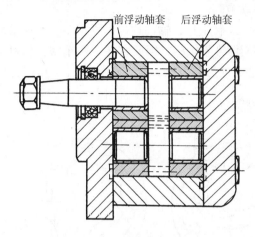

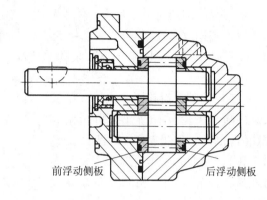

图4-6　带浮动轴套的齿轮泵　　　　　图4-7　带浮动侧板的齿轮泵

齿轮泵的不平衡径向力也是影响其压力提高的另一个重要问题。目前应用广泛的一种解决办法是，缩小压油口并用扩大泵体内腔高压区径向间隙来实现径向补偿。此法的优点在于，在用浮动轴套产生轴向补偿的同时，由于齿顶处高压油的作用，尚可使轴套与齿轮副一起在泵体内浮动，从而自动地将齿顶圆压紧在泵体的吸油腔侧内壁面上（见图4-8），不仅结构简单，且能使轴承的受力有所减轻。

五、螺杆泵和内啮合齿轮泵

（一）螺杆泵

螺杆泵实质上是一种外啮合的摆线齿轮泵，泵内的螺杆可以有两个，也可以有三个。图4-9所示为三螺杆泵的工作原理。三个相互啮合的双头螺杆装在壳体内，主动螺杆3是凸螺杆，从动螺杆1是凹螺杆。三个螺杆的外圆与壳体的对应弧面保持着良好的配合。在横截面内，它们的齿廓由几对摆线共轭曲线组成，螺杆的啮合线把主动螺杆和从动螺杆的螺旋槽分

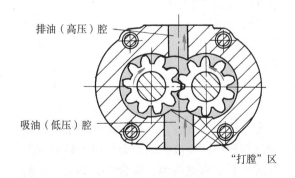

图4-8　扩大高压区径向间隙的齿轮泵

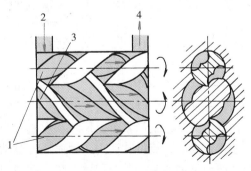

图4-9　螺杆泵

1—从动螺杆　2—吸油口　3—主动螺杆　4—压油口

割成多个相互隔离的密封工作腔。随着螺杆的旋转，这些密封工作腔一个接一个地在左端形成，不断从左向右移动（主动螺杆每转一转，每个密封工作腔移动一个螺旋导程），并在右端消失。密封工作腔形成时，它的容积逐渐增大，进行吸油；消失时容积逐渐缩小，将油压出。螺杆泵的螺杆直径愈大，螺旋槽愈深，排量就愈大；螺杆愈长，吸油口 2 和压油口 4 之间的密封层次愈多，密封就愈好，泵的额定压力就愈高。

螺杆泵的结构简单，紧凑，体积和质量都小，运转平稳，输油均匀，噪声小，容许采用高转速，容积效率较高（达 90% ~ 95%），对油液污染不敏感，因此它在一些精密工作机械的液压系统中得到了应用。螺杆泵的主要缺点是螺杆形状复杂，加工较困难，不易保证精度。

（二）内啮合齿轮泵

内啮合齿轮泵有渐开线齿轮泵和摆线齿轮泵（又名转子泵）两种（见图 4-10），它们的工作原理和主要特点与外啮合齿轮泵完全相同。在渐开线齿形的内啮合齿轮泵中，小齿轮和内齿轮之间要装一块隔板 3，以便把吸油腔 1 和压油腔 2 隔开（图 4-10a）。在摆线齿形的内啮合齿轮泵中，小齿轮和内齿轮只相差一个齿，因而不须设置隔板（图 4-10b）。内啮合齿轮泵中的小齿轮是主动轮。

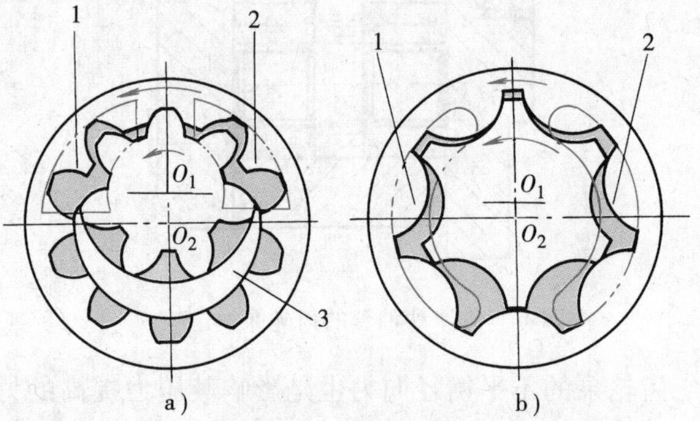

图 4-10　内啮合齿轮泵
a）渐开线内啮合齿轮泵　b）摆线内啮合齿轮泵
1—吸油腔　2—压油腔　3—隔板

采用齿顶高系数 $f = 1$、啮合角 $\alpha = 20°$ 的标准渐开线齿轮副的内齿轮泵的排量 V（单位为 mL/r）可用下式近似计算

$$V = \pi B m^2 \left(4z_1 - \frac{z_1}{z_2} - 0.75\right) \times 10^{-3} \qquad (4-12)$$

式中　z_1、z_2——小齿轮和内齿轮的齿数；

B——齿宽，单位为 mm；

m——齿轮模数，单位为 mm。

内啮合摆线齿轮泵的排量 V（单位为 mL/r）可按下式近似计算

$$V = 2\pi e B D_2 (z_2 - 0.125) \times 10^{-3} \qquad (4-13)$$

式中　e——啮合副的偏心距，单位为 mm；

B——齿宽，单位为 mm；

D_2——内齿轮齿顶圆直径，单位为 mm；

z_2——内齿轮齿数。

内啮合齿轮泵结构紧凑，尺寸和质量都小；由于齿轮同向旋转，相对滑动速度小，磨损小，使用寿命长；流量脉动小，因而压力脉动和噪声都较小；油液在离心力作用下易充满齿间槽，故允许高速旋转，容积效率高。摆线内啮合齿轮泵结构更简单，啮合重合度大，传动平稳，吸油条件更为良好。它们的缺点是齿形复杂，加工精度要求高，因此造价较贵。

第三节 叶 片 泵

叶片泵有单作用式（非平衡式）和双作用式（平衡式）两大类，在工作机械的中高压系统中得到了广泛的应用。叶片泵输出流量均匀，脉动小，噪声小，但结构较复杂，吸油特性不太好，对油液中的污染也比较敏感。

一、单作用叶片泵

（一）工作原理

图 4-11 所示为单作用叶片泵的工作原理。泵由转子 1、定子 2、叶片 3、配油盘和端盖（图中未示）等主要零件组成。定子的内表面是圆柱形孔。转子和定子之间存在着偏心。叶片在转子的槽内可灵活滑动，在转子转动时的离心力或通入叶片根部压力油的作用下，叶片顶部贴紧在定子内表面上，于是两相邻叶片、配油盘、定子和转子间便形成了一个个密封的工作腔。当转子按图示方向旋转时，图右侧的叶片向外伸出，密封工作腔容积逐渐增大，产生真空，于是通过吸油口和配油盘上窗口将油吸入。而在图的左侧，叶片往里缩进，密封腔的容积逐渐缩小，密封腔中的油液经配油盘另一窗口和压油口被压出而输到系统中去。这种泵在转子转一转过程中，吸油压油各一次，故称单作用泵；转子上受有单方向的液压不平衡作用力，故又称非平衡式泵，其轴承负载较大。改变定子和转子间偏心的大小，便可改变泵的排量，故是变量泵。

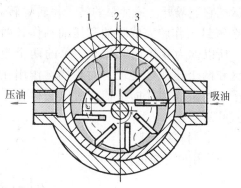

图 4-11　单作用叶片泵工作原理
1—转子　2—定子　3—叶片

（二）排量计算

单作用叶片泵的排量近似为

$$V = 2be\pi D \tag{4-14}$$

式中　b——转子宽度；

　　　e——转子和定子间的偏心距；

　　　D——定子内圆直径。

单作用叶片泵的流量也是有脉动的，泵内叶片数越多，流量脉动率越小。此外，奇数叶片的泵的脉动率比偶数叶片的泵的脉动率小，所以单作用叶片泵的叶片数总取奇数，一般为13 或 15 片。

（三）特点

单作用叶片泵的特点如下：

1）改变定子和转子之间的偏心距便可改变流量。偏心反向时，吸油压油方向也相反。

2）处在压油腔的叶片顶部受有压力油的作用，要把叶片推入转子槽内。为了使叶片顶部可靠地和定子内表面相接触，压油腔一侧的叶片底部要通过特殊的沟槽和压油腔相通。吸油腔一侧的叶片底部要和吸油腔相通，这里的叶片仅靠离心力的作用顶紧在定子内表面上。

69

3）转子受有不平衡的径向液压作用力。

二、双作用叶片泵

（一）工作原理

图 4-12 所示为双作用叶片泵的工作原理。它的作用原理和单作用叶片泵相似，不同之处只在于定子内表面是由两段长半径圆弧、两段短半径圆弧和四段过渡曲线八个部分组成，且定子和转子是同心的。在图示转子顺时针方向旋转的情况下，密封工作腔的容积在左上角和右下角处逐渐增大，为吸油区，在左下角和右上角处逐渐减小，为压油区；吸油区和压油区之间有一段封油区把它们隔开。这种泵的转子每转一转，每个密封工作腔完成吸油和压油动作各两次，所以称为双作用叶片泵。泵的两个吸油区和两个压油区是径向对称的，作用在转子上的液压力径向平衡，所以又称为平衡式叶片泵。

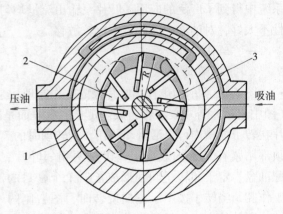

图 4-12　双作用叶片泵工作原理
1—定子　2—转子　3—叶片

（二）排量计算

双作用叶片泵的排量为

$$V = 2b\left[\pi(R^2 - r^2) - \frac{R - r}{\cos\theta}sz\right] \tag{4-15}$$

式中　R、r——叶片泵定子内表面圆弧部分长、短半径；

　　　　z——叶片数；

　　　　b——叶片宽度；

　　　　s——叶片厚度；

　　　　θ——叶片倾角。

双作用叶片泵如不考虑叶片厚度，则瞬时流量应是均匀的。但实际上叶片是有厚度的，长半径圆弧和短半径圆弧也不可能完全同心，尤其是当叶片底部槽设计成与压油腔相通时，泵的瞬时流量仍将出现微小的脉动，但其脉动率较其他形式的泵（螺杆泵除外）小得多，且在叶片数为 4 的倍数时最小。为此双作用式叶片泵的叶片数一般都取 12 或 16 片。

双作用叶片泵的定子曲线直接影响泵的性能，如流量均匀性、噪声、磨损等。过渡曲线应保证叶片贴紧在定子内表面上，且叶片在转子槽中径向运动时速度和加速度的变化均匀，使叶片对定子内表面的冲击尽可能小。等加速—等减速曲线、高次曲线和余弦曲线等是目前得到较广泛应用的几种曲线。

（三）提高双作用叶片泵压力的措施

一般双作用叶片泵为了保证叶片和定子内表面紧密接触，叶片底部都通压力油腔。但当叶片处在吸油腔时，叶片底部作用着压油腔的压力，顶部作用着吸油腔的压力，这一压差使叶片以很大的力压向定子内表面，加速了定子内表面的磨损，影响泵的寿命和额定压力的提高。所以对高压叶片泵常采用以下措施来改善叶片受力状况：图 4-13a 所示为子母叶片的结构，母叶片 3 和子叶片 4 之间的油室 f 始终经槽 e、d、a 和压力油相通，而母叶片的底腔 g 则经转子 1 上的孔 b 和所在油腔相通。这样，叶片处在吸油腔时，母叶片只在压油室 f 的高压油作用下压向定子内表面，使作用力不致太高。图 4-13b 所示为阶梯叶片结构。阶梯叶片和阶梯叶片槽之间的油室 d 始终和压力油相通，而叶片的底部油室 c 和所在工作腔相通，这样，叶片处在吸油腔时，叶片只有在 d 室的高压油作用下压向定子内表面，从而减小了叶片对定子内表面的作用力。图 4-13c 所示为柱销叶片结构。在缩短了的叶片底部专设一个柱销，使叶片外伸的力主要来自作用在这一柱销底部的压力油。适当设计该柱销的作用面积，即可控制叶片在吸油区受到的外推力。图 4-13d 所示为双叶片结构。在一个叶片槽内装有两个可以互相滑动的叶片，每个叶片的内侧均制成倒角。这样，在两叶片相叠的内侧就形成了沟槽，使叶片顶部和底部始终作用着相等的油压。合理设计叶片的承压面积，既可保证叶片与定子紧密接触，又不致使接触应力过大。此结构的不足之处是削弱了叶片强度，加剧了叶片在槽中的磨损。因此，仅适用于较大规格的泵。

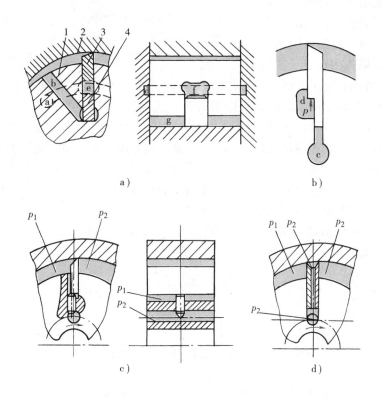

图 4-13　几种改善叶片受力状况的结构

a) 子母叶片　b) 阶梯叶片　c) 柱销叶片　d) 双叶片

1—转子　2—定子　3—母叶片　4—子叶片

三、限压式变量叶片泵

单作用式叶片泵的具体结构类型是很多的：它按改变偏心方向的不同而分为单向变量泵和双向变量泵两种，双向变量泵能在工作中变换进、出油口，使液压执行元件的运动反向；它按改变偏心方式的不同又可有手调式变量泵和自动调节式变量泵之分，自动调节式变量泵

又有限压式变量泵、稳流量式变量
泵等多种形式。限压式变量泵又可
分为外反馈式和内反馈式两种。下
面介绍外反馈式变量叶片泵。

　　图 4-14 所示为外反馈限压式变
量叶片泵的工作原理。它能根据外
负载（泵出口压力）的大小自动调
节泵的排量。图中转子 7 的中心 O
是固定不动的，定子 3（其几何中
心为 O_1）可左右移动。当泵的转子
逆时针方向旋转时，转子上部为压
油腔，下部为吸油腔，压力油把定
子向上压在滑块滚针支承 4 上。定
子右边有一反馈柱塞 5，它的油腔
与泵的压油腔相通。设反馈柱塞的
受压面积为 A_x，则作用在定子上的

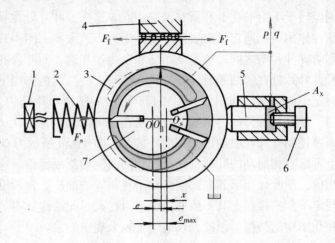

图 4-14　外反馈限压式变量叶片泵
1—弹簧预紧力调节螺钉　2—弹簧　3—定子　4—滑块滚针支承
5—反馈柱塞　6—流量调节螺钉　7—转子

反馈力 pA_x 小于作用在定子左侧的弹簧预紧力 F_s 时，弹簧 2 把定子推向最右边，使柱塞和
流量调节螺钉 6（用以预调泵的最大工作偏心距 e_{max}，进而调节最大流量）相接触，此时，
泵的输出流量最大。当泵的压力升高到 $pA_x > F_s$ 时，反馈力克服弹簧预紧力推定子左移 x 距
离，偏心距减小，泵输出流量随之减小。压力愈高，偏心距愈小，输出流量也愈小。当压力
大到泵内偏心距所产生的流量全部用于补偿泄漏时，泵的输出流量为零，不管外负载再怎样
加大，泵的输出压力不会再升高，所以这种泵被称为限压式变量叶片泵。至于外反馈的意义
则表示反馈力是通过柱塞从外面加到定子上来的。

　　设泵转子和定子间的最大偏心距的预调值为 e_{max}，此时弹簧的预压缩量为 x_0，弹簧刚度
为 k_s，压力逐渐增大，使定子开始移动时的压力为 p_c，则有

$$p_c A_x = k_s x_0 = F_s \tag{4-16}$$

由此得

$$p_c = \frac{k_s}{A_x} x_0 \tag{4-17}$$

　　当泵压力为 p 时，定子移动了 x 距离（亦即弹簧压缩增加量），这时的偏心距为

$$e = e_{max} - x \tag{4-18}$$

如忽略泵在滑块滚针支承处的摩擦力 F_f，泵定子的受力方程为

$$pA_x = k_s(x_0 + x) \tag{4-19}$$

　　泵的实际输出流量为

$$q = k_q e - k_l p \tag{4-20}$$

式中　k_q——泵的流量常数；

　　　k_l——泵的泄漏系数。

　　当 $pA_x < F_s$ 时，定子处于预调后的最右端位置，这时 $e = e_{max}$

$$q = k_q e_{max} - k_l p \tag{4-21}$$

而当 $pA_x > F_s$ 时，定子左移，泵的流量减小，由式（4-18）、式（4-19）和式（4-20）得

$$q = k_q(x_0 + e_{max}) - \frac{k_q}{k_s}\left(A_x + \frac{k_s k_1}{k_q}\right)p \qquad (4\text{-}22)$$

根据式（4-22）便可画出外反馈限压式变量叶片泵的静态特性曲线，如图 4-15 所示。图中 AB 段是泵的不变量段，它与式（4-21）相对应，在这里由于 e_{max} 是常数，就像定量泵一样，压力增加时，泄漏量增大，实际输出流量略有减少；图中 BC 段是泵的变量段，它与式（4-22）相对应，这一区段内泵的实际流量随着压力的增大迅速下降。图中曲线拐点 B 处的压力 p_c 值主要由弹簧预紧力确定，并可由式（4-17）算出。

变量泵的最大输出压力 p_{max} 相当于实际输出流量为零时的压力，令式（4-22）中 $q = 0$，可得

$$p_{max} = \frac{k_s(x_0 + e_{max})}{A_x + \dfrac{k_s k_1}{k_q}} \qquad (4\text{-}23)$$

通过调节图 4-14 左端的弹簧预紧力螺钉 1 以改变 x_0，便可改变 p_c 和 p_{max} 的值，这时图 4-15 中 BC 段曲线左右平移。调节图 4-14 右端的流量调节螺钉 6，便可改变 e_{max} 的值，从而改变最大流量的大小，此时曲线 AB 段上下平移，但曲线 BC 段不会左右移动（因为 p_{max} 值不会改变）。而 p_c 值因弹簧预紧力的变化而稍有变化，如图 4-15 中 B' 点对应的 p'_c。

如更换刚度不同的弹簧，则可改变 BC 段的斜率，弹簧越"软"（k_s 值越小），BC 段越

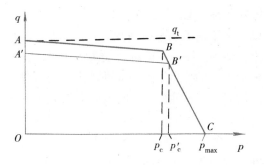

图 4-15　外反馈限压式变量叶片泵的 q-p 特性

陡，p_{max} 值越小；反之，弹簧越"硬"（k_s 值越大），BC 段越平坦，p_{max} 值亦越大。

限压式变量叶片泵对既要实现快速行程，又要实现工作进给（慢速移动）的执行元件来说是一种合适的油源：快速行程需要大的流量，负载压力较低，正好使用其 AB 段曲线部分；工作进给时负载压力升高，需要流量减少，正好使用其 BC 段曲线部分。

限压式变量叶片泵与定量叶片泵相比，结构复杂，作相对运动的机件多，泄漏较大，轴上受有不平衡的径向液压力，噪声较大，容积效率和机械效率都没有定量叶片泵高。但是，它能按负载压力自动调节流量，在功率使用上较为合理，可减少油液发热。因此把它用在机床液压系统中要求执行元件有快、慢速和保压阶段的场合，有利于节能和简化液压系统。

第四节　柱　塞　泵

柱塞泵是依靠柱塞在缸体孔内作往复运动时产生的容积变化进行吸油和压油的。由于柱塞和缸体内孔都是圆柱表面，容易得到高精度的配合，密封性能好，在高压下工作仍能保持较高的容积效率和总效率。因此，现在柱塞泵的形式众多，性能各异，应用非常广泛。

根据柱塞的布置和运动方向与传动主轴相对位置的不同，柱塞泵可分为轴向柱塞泵和径向柱塞泵两类。

一、轴向柱塞泵

（一）直轴式轴向柱塞泵

直轴式轴向柱塞泵又名斜盘式轴向柱塞泵。此液压泵的柱塞中心线平行于缸体的轴线。

1. 工作原理

图 4-16 所示为直轴式轴向柱塞泵的工作原理。泵由斜盘 1、柱塞 2、缸体 3、配油盘 4 和传动轴 5 等主要零件组成。缸体上均匀分布着几个轴向排列的柱塞孔，柱塞可在孔内沿轴向移动，斜盘的中心线与缸体中心线斜交一个 δ 角。斜盘和配油盘固定不动。柱塞可在低压油或弹簧作用下压紧在斜盘上。

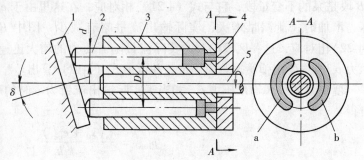

图 4-16　直轴式轴向柱塞泵的工作原理
1—斜盘　2—柱塞　3—缸体　4—配油盘　5—传动轴

当传动轴以图示方向带动缸体转动时，在其自下而上回转的半周内的柱塞，在弹簧（图中未示出）的作用下逐渐向外伸出，使缸体孔内密封工作腔容积不断增大，产生真空，将油液从配油盘配油窗口 a 吸入；在自上而下的半周内的柱塞被斜盘推着逐渐向里缩入，使密封工作腔容积不断减小，将油液经配油盘配油窗口 b 压出。缸体旋转一周，每个柱塞往复运动一次，完成一次吸油和压油动作。改变斜盘与缸体中心线的夹角 δ，就可改变柱塞的行程长度，因而改变了泵的排量 V。也有与图 4-16 所示相反的旋转斜盘式轴向柱塞泵，这种泵的斜盘由泵轴驱动而旋转，缸体和配油盘则固定不动。泵多采用点接触式柱塞并由各柱塞内单独的弹簧或吸油腔内的预压实现回程。旋转斜盘式柱塞泵的优点是旋转部件的转动惯量较小，主要缺点是调节旋转斜盘的倾角比较困难。

2. 排量计算

由图 4-16 可看出，直轴式轴向柱塞泵的排量可按下式计算

$$V = \frac{\pi}{4}d^2 D\tan\delta z \tag{4-24}$$

式中　d——柱塞直径；

　　　D——柱塞在缸体上的分布圆直径；

　　　δ——斜盘倾角；

　　　z——柱塞数。

3. 流量脉动

实际上，轴向柱塞泵的输出流量是脉动的，当柱塞数 z 为单数时，脉动较小，其脉动率为

$$\sigma = \frac{\pi}{2z}\tan\frac{\pi}{4z} \tag{4-25}$$

因此，一般常用的柱塞数视流量大小，取 7、9 或 11 个。

（二）斜轴式轴向柱塞泵

这种轴向柱塞泵的传动轴中心线与缸体中心线倾斜一个角度 γ，故称斜轴式轴向柱塞

泵，目前应用比较广泛的是无铰斜轴式柱塞泵。图 4-17 所示为该泵的工作原理。

当主轴 1 转动时，通过连杆 2 的侧面和柱塞 3 的内壁接触带动缸体 4 转动。同时，柱塞在缸体的柱塞孔中作往复运动，实现吸油和压油。其排量计算公式与直轴式轴向柱塞泵相同，用缸体倾角 γ 代替公式中斜盘的倾角 δ 即可。

斜轴式轴向柱塞泵与直轴式轴向柱塞泵相比，具有如下优点：

1）柱塞的侧向力小，因而由此引起的摩擦损失很小。

2）主轴与缸体的轴线夹角较大，斜轴式泵一般为 25°，最大达 40°；而直轴式泵一般是 15°，最大为 20°，所以斜轴式泵变量范围大。

3）主轴不穿过配油盘，故其球面配油盘的分布圆直径可以设计得较小，在同样工作压力下摩擦副的比功率值（pv）较小，因此可以提高泵的转速。

4）连杆球头和主轴盘连接比较牢固，故自吸能力较强。

5）转动部件的转动惯量小，起动特性好，起动效率高。

斜轴式轴向柱塞泵的缺点是：结构中多处球面摩擦副的加工精度要求较高，动态响应慢。

轴向柱塞泵结构紧凑，径向尺寸小，质量小，转动惯量小，易于实现变量，压力可以很高（可达 32MPa 以上），但它对油液的污染较为敏感。

（三）变量控制机构

轴向柱塞泵上可以安装各种各样的变量控制机构来变更斜盘或斜轴相对于缸体轴线的夹角，以达到调节流量的目的。这种装置按控制方式分有手动控制、液压控制、电气控制等多种；按控制目的分有恒压控制、恒流量控制、恒功率控制等多种。

1. 手动控制

图 4-18 所示为直接式手动变量机构原理图。它是由手轮 1 带动螺杆 2 旋转，使变量活塞 4 上下移动并通过销轴 5 使斜盘 6 绕其回转中心 O 摆动，从而改变倾角 δ 的大小，达到调节流量的目的。这种变量机构结构简单，但操纵费力，仅适用于中小功率的液压泵，如我国的 SCY14-1B 型轴向柱塞泵。

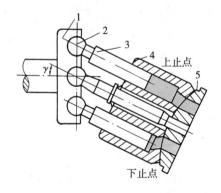

图 4-17 无铰斜轴式柱塞泵工作原理
1—主轴 2—连杆 3—柱塞 4—缸体 5—配流盘

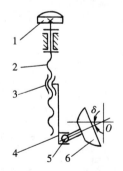

图 4-18 直接式手动变量机构原理图
1—手轮 2—螺杆 3—螺母
4—变量活塞 5—销轴 6—斜盘

图 4-19 所示为伺服式手动变量机构，它由缸筒 1、变量活塞 2 和伺服阀心 3 组成。变量活塞的内腔构成了伺服阀的阀体，并有 c、d 和 e 三个孔道分别沟通缸筒下腔 a、上腔 b 和油

箱。泵上的斜盘或缸体通过适当的机构（图中为球铰）与活塞下端相连，借变量活塞的上下移动来改变其倾角。当用手柄使伺服阀阀心向下移动时，上面的阀口打开，a腔中的压力油经孔道c通向b腔，变量活塞因上腔有效面积大于下腔而向下移动，变量活塞移动时又使伺服阀上的阀口关闭，最终使活塞自身停止运动。同理，当手柄使伺服阀阀心向上移动时，下面的阀口打开，b腔经孔道d和e接通油箱，变量活塞在a腔压力油的作用下向上移动，并在该阀口关闭时自行停下来。这样，变量活塞的移动量与手柄（通过伺服阀心）的位移量相等。当手柄上移时，斜盘倾角变小，泵的排量减小；反之，则泵的排量增大。这种变量机构操纵省力，适用于高压大流量液压泵。

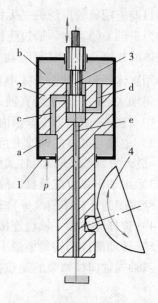

图 4-19 伺服式手动变量机构
a—缸筒下腔 b—缸筒上腔
c、d、e—孔道
1—缸筒 2—变量活塞
3—伺服阀心 4—斜盘

2. 恒压、恒流量、恒功率控制

为了满足液压系统对油源提出的多种要求，泵的变量机构可以做成使其输出量（压力、流量、功率等）按一定变化规律进行控制，使输出量完全适应系统运行的需要。轴向柱塞泵的恒压、恒流量、恒功率变量控制方式及其特性曲线示于表4-1。

表 4-1 轴向柱塞泵变量控制方式及特性曲线

变量控制方式	原 理 图[①]	特 性 曲 线	说　明
恒压变量			调节伺服阀1左端的弹簧力，可改变泵的工作压力值
恒流量变量			改变节流孔口的大小，可调整泵的输出流量值

（续）

变量控制方式	原 理 图[①]	特 性 曲 线	说 明
恒功率变量	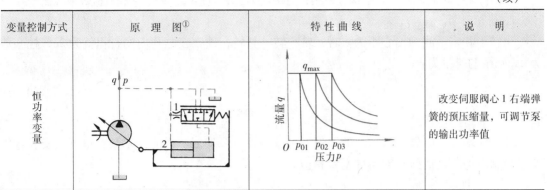	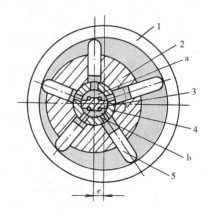	改变伺服阀心 1 右端弹簧的预压缩量，可调节泵的输出功率值

① 原理图中液压泵上的箭头代表轴向柱塞泵斜盘倾角 δ。箭头顺时针转动，δ 变小，流量减少；反之，δ 变大，流量增加。图中：1—伺服阀心；2—变量活塞。

二、径向柱塞泵

径向柱塞泵按配油方式不同可分为阀配油式、轴配油式和轴/阀联合配油式三种。下面仅简单介绍前两种。

（一）阀配油式径向柱塞泵

实际上，图 4-1 所示的便是最简单的阀配油式径向柱塞泵的工作原理图，只不过其柱塞只有一个而已。图中吸油阀 5 和压油阀 6 就是配油阀。为增大泵的排量、减小流量脉动，在工程产品中柱塞数有 2 个、4 个和 6 个的泵。2 个和 4 个柱塞的泵常采用对置式布置，它们的偏心轮的偏心相位差为 180°；6 个柱塞的泵常呈星形配置，并分成 2 组，相当于双联泵，泵轴上 3 个偏心轮的偏心相位互差 120°。在阀配油式径向柱塞泵中通常用滑阀作吸油阀，而用座阀作压油阀，因为后者的密封性能好。

（二）轴配油式径向柱塞泵

1. 工作原理

图 4-20 所示为轴配油式径向柱塞泵的工作原理。这种泵由定子 1、转子 2（缸体）、配油轴 3、衬套 4 和柱塞 5 等主要零件组成。衬套紧配在转子孔内，随转子一起旋转，而配油轴则不动。在转子圆周上径向排列的孔内装有可以自由移动的柱塞。当转子顺时针方向转动时，柱塞靠离心力或在低压油液的作用下，从缸孔中伸出压紧在定子的内表面上。由于定子和转子间有偏心距 e，柱塞转到上半周时，逐渐向外伸出，缸孔内的工作容积逐渐增大，形成局部真空，将油液经配油轴上的 a 腔吸入；柱塞转到下半周时，逐渐向里推入，缸孔内的工作容积减小，将油从配

图 4-20　轴配油式径向柱塞泵

1—定子　2—转子　3—配油轴　4—衬套　5—柱塞
a—吸油腔　b—压油腔

油轴上的 b 腔排出。转子每转一转，柱塞在缸孔内吸油、压油各一次。通过变量机构改变定子和转子间的偏心距 e，就可改变泵的排量。径向柱塞变量泵一般都是将定子沿水平方向移动来调节偏心距 e。

径向柱塞泵径向尺寸大，结构较复杂，自吸能力差。但它的容积效率和机械效率都比较高。

2. 排量计算

当转子和定子间的偏心距为 e 时，转子转一整转，柱塞在缸孔内的行程就为 $2e$，柱塞数为 z，则泵的排量为

$$V = \frac{\pi}{4}d^2 2ez \tag{4-26}$$

式中 d——柱塞直径。

径向柱塞泵的流量也是脉动的，情况和轴向柱塞泵类似。径向柱塞泵上也可以安装各种变量控制机构，其情况与轴向柱塞泵相似。

第五节 液压马达

液压马达是把液压能转换为机械能的元件，分为高速小转矩和低速大转矩两大类。一般认为，额定转速高于 500r/min 的属于高速马达；额定转速低于 500r/min 的属于低速马达。高速马达的基本结构形式有齿轮式、叶片式、轴向柱塞式等；低速马达的基本结构形式是径向柱塞式。

一、工作原理

1. 轴向柱塞式液压马达

图 4-21 所示为轴向柱塞式液压马达的工作原理。斜盘 1 和配油盘 4 固定不动，柱塞 3 可在缸体 2 的孔内移动，斜盘中心线与缸体中心线相交一个倾角 δ。高压油经配油盘的窗口进入缸体的柱塞孔时，处在高压腔中的柱塞被顶出，压在斜盘上，斜盘对柱塞的反作用力 F 可分解为两个分力，轴向分力 F_x 和作用在柱塞上的液压力平衡，垂直分力 F_y 使缸体产生转矩，带动马达轴 5 转动。设第 i 个柱塞和缸体的垂直中心线夹角为 θ，则在柱塞上产生的转矩为

$$T_i = F_y r = F_y R\sin\theta = F_x R\tan\delta\sin\theta$$

式中 R——柱塞在缸体中的分布圆半径。

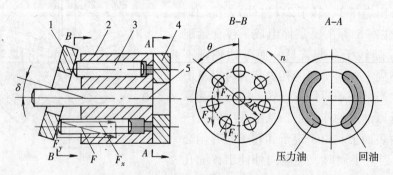

图 4-21 轴向柱塞式液压马达的工作原理
1—斜盘 2—缸体 3—柱塞 4—配油盘 5—马达轴

液压马达产生的转矩应是处于高压腔柱塞产生转矩的总和，即

$$T = \sum F_x R\tan\delta\sin\theta \tag{4-27}$$

随着角 θ 的变化，每个柱塞产生的转矩也发生变化，故液压马达产生的总转矩也是脉动的，它的脉动情况和讨论液压泵流量脉动时的情况相似。

轴向柱塞式液压马达具有单位功率质量小、工作压力高、效率高和容易实现变量等优点；其缺点是结构比较复杂、对油液污染敏感、过滤精度要求较高、价格较贵。按其结构特点又可分为斜盘式和斜轴式两类。

2. 径向柱塞式液压马达

图 4-22 所示为多作用内曲线径向柱塞液压马达的结构原理图。马达的配油轴 2 是固定的，其上有进油口和排油口。压力油经配油窗口穿过衬套 5 进入缸体 1 的柱塞孔中，并作用于柱塞 3 的底部，柱塞 3 与横梁 4 之间无刚性连接，在液压力的作用下，柱塞 3 的顶部球面与横梁 4 的底部相接触，从而使横梁 4 两端的滚轮 6 压向定子 7 的内壁。定子内壁在与滚轮接触处的反作用力 N 的周向分力 F 对缸体产生转矩，使缸体及与其刚性连接的主轴转动；而径向分力 P 则与柱塞底部的液压力相平衡。由于定子内壁由多段曲面构成，滚轮每经过一段曲面，柱塞往复运动一次，也即马达作用一次，故称多作用式。

多作用内曲线径向柱塞液压马达的排量为

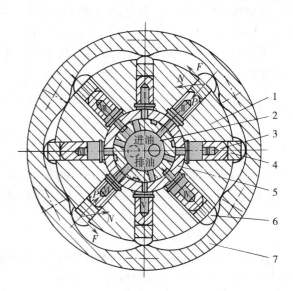

图 4-22 多作用内曲线径向柱塞液压马达结构原理图
1—缸体 2—配油轴 3—柱塞 4—横梁
5—衬套 6—滚轮 7—定子

$$V = \frac{\pi}{4} d^2 l n z \tag{4-28}$$

式中　d、l——柱塞直径和行程；

　　　　n——定子内壁曲面段数；

　　　　z——柱塞数。

这种液压马达的优点是输出转矩大，转速低，平稳性好。其缺点是配油轴磨损后不能补偿，使效率下降。

二、主要参数

设液压马达的进、回油腔的压差为 Δp，输入的流量为 q，而液压马达的排量为 V，容积效率为 η_V，机械效率为 η_m，则液压马达的几何转矩

$$T_t = \frac{1}{2\pi} \Delta p V \tag{4-29}$$

实际转矩为

$$T = \frac{1}{2\pi} \Delta p V \eta_m \tag{4-30}$$

液压马达的转速为

$$n = \frac{q\eta_V}{V} \tag{4-31}$$

第六节　摆动液压马达

摆动液压马达是实现往复摆动的执行元件，输入为压力和流量，输出为转矩和角速度。摆动液压马达的结构比连续旋转的液压马达结构简单，以叶片式摆动液压马达使用得较多。

图 4-23a 所示为单叶片式摆动液压马达，它的摆动角度较大，可达 300°。它的输出转矩 T 和角速度 ω 各为

$$T = \frac{b}{2}(R_2^2 - R_1^2)(p_1 - p_2)\eta_m \tag{4-32}$$

$$\omega = \frac{2q\eta_V}{b(R_2^2 - R_1^2)} \tag{4-33}$$

式中　p_1、p_2——摆动马达的进油压力和回油压力；

　　　η_m、η_V——摆动马达的机械效率和容积效率；

　　　q——摆动马达的输入流量；

　　　b——叶片宽度。

图 4-23b 所示为双叶片式摆动液压马达，它的摆角较小，可达 150°。它的输出转矩是单叶片式的两倍，而角速度则是单叶片式的一半。

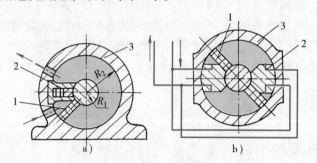

图 4-23　摆动液压马达
a) 单叶片式　b) 双叶片式
1—叶片　2—分隔片　3—缸筒

三叶片式摆动液压马达的三个叶片等分布置，它的输出转矩是单叶片式的三倍，机械效率与双叶片式马达相同，但泄漏增大，容积效率降低，其摆动角度小于 60°。

第七节　液压泵中的气穴现象

液压泵在吸油过程中，吸油腔中的绝对压力会低于大气压。如果液压泵离油面很高，吸油口处过滤器和管道阻力大，油液的粘度过大，则液压泵吸油腔中的压力就很容易低于油液的空气分离压，从而出现气穴现象，产生噪声，引起振动，使泵的零件腐蚀损坏。

图 4-24 所示为液压泵的吸入管路,可以用来计算液压泵不产生气穴的条件。

按伯努利方程,泵入口处的能量为(取动能修正系数 $\alpha = 1$)

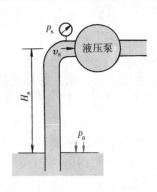

$$\frac{p_s}{\rho g} + \frac{v_s^2}{2g} = \frac{p_a}{\rho g} - H_s - \sum \zeta \frac{v_s^2}{2g} \tag{4-34}$$

式中　p_a——大气绝对压力;

　　　H_s——吸入高度;

　　　p_s——泵吸入口绝对压力;

　　　v_s——泵吸入口处的流速;

图 4-24　液压泵的吸入管路

$\sum \zeta \dfrac{v_s^2}{2g}$——吸入管道内的总损失。

设油液的空气分离压为 p_g(绝对压力),则式(4-34)中 $\dfrac{p_s}{\rho g} + \dfrac{v_s^2}{2g}$ 必须大于 $\dfrac{p_g}{\rho g}$ 才不会产生气穴。定义有效吸入压力头 NSPH 为

$$\frac{p_s}{\rho g} + \frac{v_s^2}{2g} - \frac{p_g}{\rho g} = \text{NSPH} \tag{4-35}$$

该值表征了液压泵产生气穴的倾向。如果在泵内由于油液加速或其他损失引起的压力降为 Δp,且在 $\text{NSPH} = \dfrac{\Delta p}{\rho g}$ 时泵内最低压力达到 p_g,即产生气穴现象,故不产生气穴现象的条件为

$$\text{NSPH} > \frac{\Delta p}{\rho g} \tag{4-36}$$

液压泵的 NSPH 值可以从图 4-25 求出。例如,泵的流量为 38L/min,转速为 1800r/min 时,由图可求得 $\text{NSPH} = 1.58\text{m}$ 液柱(绝对压力)。

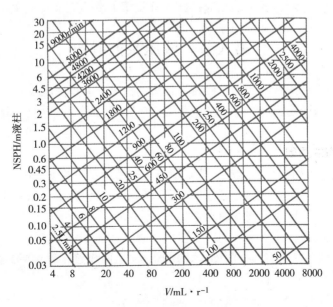

图 4-25　液压泵的 NSPH 值

液压泵是否产生气穴亦可由图 4-26 加以判定。图中的气穴因子 c 与油液在泵内达到泵运转部件速度所要求的加速度有关。c 值越大，说明油液原来是接近于静止的，要求很大的加速度；较小的 c 值则表示油液已具有原始速度，因而意味着不太容易产生气穴。

c 值的大小和泵的类型以及吸油口的设计有关。各类泵的 c 值大小如下：螺杆泵为 0.3，齿轮泵及叶片泵小于 0.4，柱塞泵为 0.7。任何一种泵，如果其吸入口设计不好，都有可能使 c 值达到 1，而不利于防止气穴发生。

用图 4-26 可以判定泵的运转部件不产生严重气蚀时的速度限值。例如，在泵的入口处压力为 13.3kPa，空气分离压为 3.3kPa 时，任何 $c = 1$ 的泵其运转部件速度都须小于 3.35m/s；但若 $c = 0.5$，则该速度可提高到 4.9m/s。当泵速和空气分离压已知时，图 4-26 还可用来估算泵入口处所需的最小压力（适用于密度 $\rho = 880\mathrm{kg/m^3}$ 的油液，其他 ρ 值的油液则需乘以 $\rho/800$）。

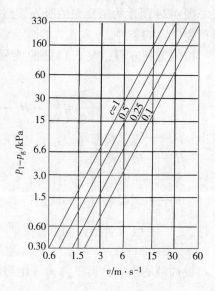

图 4-26　液压泵气穴的判定

为了避免在泵内产生气穴现象，应尽量降低吸入高度，采用通径较大的吸油管并尽量少用弯头，吸油管端采用容量较大的过滤器，以减小吸油阻力。也可将液压泵浸在油中以利吸油，或采用油箱高置（放在泵的上面）的方式，必要时还可增加辅助泵，将低压油输入到液压泵的吸油口，也可采用加压油箱（将油箱密封，在油箱内通入低压压缩空气）等。

液压泵使用中的另一种常见的现象是油中掺混空气。当回油使油箱中混入一些空气泡时，当吸油管和泵接头处密封不严时，以及当吸油管插入油面太浅时，都会使泵吸入的油液中含有很多空气泡。因此，要采取相应措施（详见第七章第三节）避免掺混气泡现象发生。

第八节　液压泵的噪声

液压泵的噪声在液压系统的噪声中占有很大的比重，减小液压泵的噪声是液压系统降噪处理中的重要组成部分。因此，应了解液压泵产生噪声的原因，以便采取相应的措施来降低泵的噪声。

一、产生噪声的原因

1）泵的流量脉动引起压力脉动，这是造成泵振动和噪声的动力源。

2）液压泵在其工作过程中，当吸油容积突然和压油腔接通，或压油容积突然和吸油腔接通时，会产生流量和压力的突变而产生噪声。

3）气穴现象。

4）泵内流道具有突然扩大或收缩、急拐弯、通道面积过小等而导致油液湍流、旋涡而产生噪声。

5）泵转动部分不平衡、轴承振动等引起的噪声。

6）管道、支架等机械连接部分因谐振而产生的噪声。

二、降低噪声的措施

1）吸收泵的流量和压力脉动，在泵的出口处安装蓄能器或消声器。

2）消除泵内液压急剧变化，如在配油盘吸、压油窗口开三角形阻尼槽。

3）装在油箱上的电动机和泵使用橡胶垫减振，安装时电动机轴和泵轴的同轴度要好，要采用弹性联轴器；或采用泵电动机组件。

4）压油管的某一段采用橡胶软管，对泵和管路的连接进行隔振。

5）防止气穴现象和油中掺混空气现象。

第九节　液压泵的选用

设计液压系统时，应根据所要求的工作情况合理选择液压泵，表4-2所示为液压系统中常用液压泵的一些性能。

表4-2　液压系统常用液压泵的性能比较

性　能	外啮合齿轮泵	双作用叶片泵	限压式变量叶片泵	径向柱塞泵	轴向柱塞泵	螺杆泵
输出压力	低压、中高压	中压、中高压	中压、中高压	高压、超高压	高压、超高压	低压、中高压超高压
流量调节	不能	不能	能	能	能	不能
效率	低	较高	较高	高	高	较高
输出流量脉动	很大	很小	一般	一般	一般	最小
自吸特性	好	较差	较差	差	差	好
对油的污染敏感性	不敏感	较敏感	较敏感	很敏感	很敏感	不敏感
噪声	大	小	较大	大	大	最小

一般在负载小、功率小的机械设备中，可用齿轮泵和双作用叶片泵；精度较高的机械设备（例如磨床）可用螺杆泵和双作用叶片泵；负载较大并有快速和慢速行程的机械设备（例如组合机床）可用限压式变量叶片泵；负载大、功率大的机械设备可使用柱塞泵；机械设备的辅助装置，如送料、夹紧等要求不太高的地方，可使用价廉的齿轮泵。

习　题

4-1　已知液压泵的额定压力和额定流量，若不计管道内压力损失，试说明图4-27所示各种工况下液压泵出口处的工作压力值。

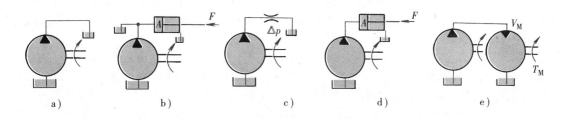

图4-27　题4-1图

4-2 液压泵的额定流量为 100L/min，额定压力为 2.5MPa，当转速为 1450r/min 时，机械效率为 $\eta_m = 0.9$。由实验测得：当泵出口压力为零时，流量为 106L/min；压力为 2.5MPa 时，流量为 100.7L/min。试求：

1）泵的容积效率。

2）如泵的转速下降到 500r/min，在额定压力下工作时，计算泵的流量为多少？

3）上述两种转速下泵的驱动功率。

4-3 设液压泵转速为 950r/min，排量 $V_p = 168mL/r$，在额定压力 29.5MPa 和同样转速下，测得的实际流量为 150L/min，额定工况下的总效率为 0.87，试求：

1）泵的几何流量。

2）泵的容积效率。

3）泵的机械效率。

4）泵在额定工况下，所需电动机驱动功率。

5）驱动泵的转矩。

4-4 试分析双作用叶片液压泵配油盘的压油窗口端开三角形槽，为什么能降低压力脉动和噪声？

4-5 双作用叶片液压泵两叶片之间夹角为 $2\pi/z$，配油盘上封油区夹角为 ε，定子内表面曲线圆弧段的夹角为 β（图 4-28），它们之间应满足怎样的关系？为什么？

4-6 某机床液压系统采用一限压式变量泵。泵的流量—压力特性曲线 ABC 如图 4-29 所示。泵的总效率为 0.7。如机床在工作进给时泵的压力和流量分别为 4.5MPa 和 2.5L/min，在快速移动时，泵的压力和流量为 2.0MPa 和 20L/min，试问泵的特性曲线应调成何种形状？泵所需的最大驱动功率为多少？

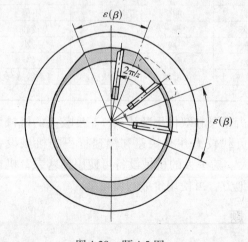

图 4-28 题 4-5 图

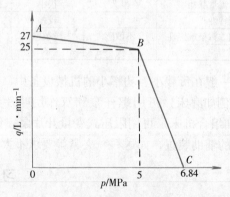

图 4-29 题 4-6 图

4-7 某组合机床动力滑台采用双联叶片泵作油源，如图 4-30 所示，大、小泵的额定流量分别为 40L/min 和 6L/min。快速进给时两泵同时供油，工作压力为 1MPa；工作进给时大流量泵卸荷（卸荷压力为 0.3MPa）（注：大流量泵输出的油通过左方的卸荷阀 3 回油箱），由小流量泵供油，压力为 4.5MPa。若泵的总效率为 0.8，试求该双联泵所需的电动机功率为多少？

4-8 某液压马达的进油压力为 10MPa，排量为 200mL/r，总效率为 0.75，机械效率为 0.9，试计算：

1）该马达的几何转矩。

2）若马达的转速为 500r/min，则输入马达的流量为多少？

3）若外负载为 200N·m（$n = 500r/min$）时，该马达输入功率和输出功率各为多少？

4-9 一液压马达，要求输出转矩为 52.5N·m，转速为 30r/min，马达排量为 105mL/r，马达的机械效率和容积效率均为 0.9，出口压力 $p_2 = 0.2MPa$，试求马达所需的流量和压力各为多少？

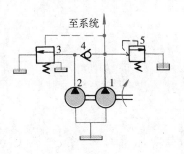

图 4-30 题 4-7 图

1—高压小流量泵 2—低压大流量泵 3—卸荷阀 4—单向阀 5—溢流阀

4-10 单叶片摆动液压马达，叶片底端和顶端的半径分别为 $R_1 = 50mm$ 和 $R_2 = 120mm$，叶片宽度为 $b = 40mm$，回油压力 $p_2 = 0.2MPa$，摆动马达的机械效率 $\eta_m = 0.9$，若负载转矩为 $1000N \cdot m$，试求摆动马达的输入油液压力 p_1 是多少？

4-11 双叶片摆动液压马达的输入压力 $p_1 = 4MPa$，$q = 25L/min$，回油压力 $p_2 = 0.2MPa$，叶片的底端半径 $R_1 = 60mm$，顶端半径 $R_2 = 110mm$，摆动马达的容积效率和机械效率均为 0.9，若马达输出轴转速 $n_M = 13.55r/min$，试求摆动马达叶片宽度 b 和输出转矩 T。

第五章

液 压 缸

液压缸是液压系统中的执行元件，它是一种把液体的压力能转换成机械能以实现直线往复运动的能量转换装置。液压缸结构简单，工作可靠，在液压系统中得到了广泛的应用。

第一节 液压缸的类型和特点

液压缸按其结构形式，可以分为活塞缸、柱塞缸两类。活塞缸和柱塞缸的输入为压力和流量，输出为推力和速度。

一、活塞缸

（一）双杆活塞缸

图 5-1a 所示为缸筒固定的双杆活塞缸。它的进、出油口布置在缸筒两端，两活塞杆的直径是相等的，因此，当工作压力和输入流量不变时，两个方向上输出的推力 F 和速度 v 是相等的，其值为

$$F_1 = F_2 = (p_1 - p_2)A\eta_m = (p_1 - p_2)\frac{\pi}{4}(D^2 - d^2)\eta_m \qquad (5\text{-}1)$$

$$v_1 = v_2 = \frac{q}{A}\eta_V = \frac{4q\eta_V}{\pi(D^2 - d^2)} \qquad (5\text{-}2)$$

式中　A——活塞的有效面积；

D、d——活塞和活塞杆的直径；

q——输入流量；

p_1、p_2——缸的进、出口压力；

η_m、η_V——缸的机械效率、容积效率。

这种安装形式，工作台移动范围约为活塞有效行程的三倍，占地面积大，适用于小型机械。

图 5-1b 所示为活塞杆固定的双杆活塞缸。它的进、出油液可经活塞杆内的通道输入液压缸或从液压缸流出，也可以用软管连接，进、出口就位于缸的两端。它的推力和速度与缸

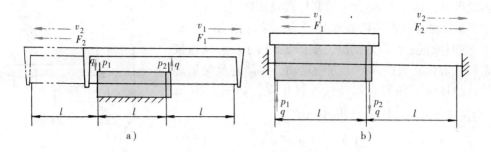

图 5-1 双杆活塞缸

a) 缸固定, 活塞移动 b) 活塞固定, 缸移动

筒固定的形式相同。但是其工作台移动范围为缸筒有效行程的两倍, 故可用于较大型机械。

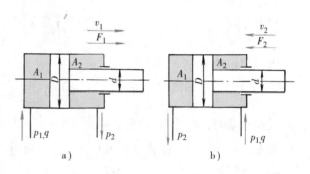

图 5-2 单杆活塞缸

a) 缸无杆腔进油 b) 缸有杆腔进油

双杆活塞缸可设计成在工作时, 一个活塞杆受拉, 而另一个活塞杆不受力, 因此这种液压缸的活塞杆可以做得细些。

(二) 单杆活塞缸

图 5-2 所示为单杆活塞缸, 它的进、出油口的布置视其安装方式而定, 可以缸筒固定, 也可以活塞杆固定, 工作台的移动范围都是活塞 (或缸筒) 有效行程的两倍。

由于液压缸两腔的有效工作面积不等, 因此它在两个方向上的输出推力 F 和速度 v 亦不等, 其值分别为

$$F_1 = (p_1 A_1 - p_2 A_2)\eta_m = \frac{\pi}{4}[(p_1 - p_2)D^2 + p_2 d^2]\eta_m \tag{5-3}$$

$$F_2 = (p_1 A_2 - p_2 A_1)\eta_m = \frac{\pi}{4}[(p_1 - p_2)D^2 - p_1 d^2]\eta_m \tag{5-4}$$

$$v_1 = \frac{q}{A_1}\eta_V = \frac{4q\eta_V}{\pi D^2} \tag{5-5}$$

$$v_2 = \frac{q}{A_2}\eta_V = \frac{4q\eta_V}{\pi(D^2 - d^2)} \tag{5-6}$$

在液压缸的活塞往复运动速度有一定要求的情况下, 活塞杆直径 d 通常根据液压缸速度比 $\lambda_v = \frac{v_2}{v_1}$ 的要求以及缸内径 D 来确定。由式 (5-5) 和式 (5-6), 得

$$\frac{v_2}{v_1} = \frac{1}{1 - \left(\frac{d}{D}\right)^2} = \lambda_v \tag{5-7}$$

$$d = D\sqrt{\frac{\lambda_v - 1}{\lambda_v}} \tag{5-8}$$

由此可见，速比 λ_v 越大，活塞杆直径 d 越大。

单杆活塞缸在其左右两腔都接通高压油时称为"差动连接"，这时液压缸称作差动缸，如图 5-3 所示。差动连接时活塞（或缸筒）只能向一个方向运动，要使它反向运动时，油路的接法必须和非差动式连接相同（如图 5-2b 所示）。差动连接时输出的推力和速度为

$$F_3 = p_1(A_1 - A_2)\eta_m = p_1 \frac{\pi}{4} d^2 \eta_m \qquad (5\text{-}9)$$

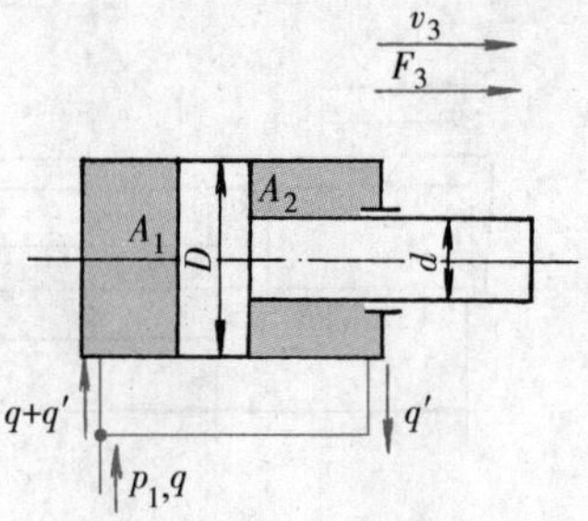

由图 5-3 可知

图 5-3　差动缸

$$A_1 v_3 = q + A_2 v_3$$

则有

$$v_3 = \frac{q}{A_1 - A_2} = \frac{q}{\frac{\pi}{4} d^2}$$

考虑容积效率 η_V

$$v_3 = \frac{4q}{\pi d^2} \eta_V \qquad (5\text{-}10)$$

反向运动时，F_2 和 v_2 的公式同式（5-4）、式（5-6）。

如要求 $v_2 = v_3$ 时，由式（5-10）、（5-6），可得 $D = \sqrt{2} d$。

二、柱塞缸

单柱塞缸只能实现一个方向运动，反向要靠外力，如图 5-4a 所示。用两个柱塞缸组合，如图 5-4b 所示，也能用压力油实现往复运动。柱塞运动时，由缸盖上的导向套来导向，因此，缸筒内壁不需要精加工。它特别适用于行程较长的场合。

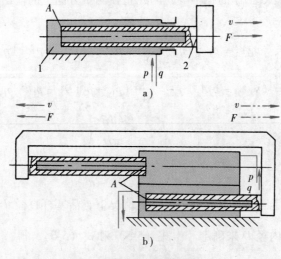

图 5-4　柱塞缸
a）单柱塞缸　b）双柱塞缸
1—缸筒　2—柱塞

柱塞缸输出的推力和速度为

$$F = pA\eta_m = p \frac{\pi}{4} d^2 \eta_m \qquad (5\text{-}11)$$

$$v = \frac{q\eta_V}{A} = \frac{4q\eta_V}{\pi d^2} \tag{5-12}$$

式中　d——柱塞直径。

三、其他液压缸

（一）增压缸

增压缸亦称增压器。图 5-5 所示是一种由活塞缸和柱塞缸组成的增压缸，它利用活塞和柱塞有效面积的不同使液压系统中的局部区域获得高压。当输入活塞缸的液体压力为 p_1，活塞直径为 D，柱塞直径为 d 时，柱塞缸中输出的液体压力为高压，其值为

$$p_3 = p_1 \left(\frac{D}{d} \right)^2 \eta_m \tag{5-13}$$

（二）伸缩缸

伸缩缸由两个或多个活塞套装而成，前一级缸的活塞杆是后一级缸的缸筒。伸出时，可以获得很长的工作行程，缩回时可保持很小的结构尺寸。图 5-6 所示为一种双作用式两级伸缩缸。通入压力油时各级活塞按有效面积大小依次先后动作，并在输入流量不变的情况下，输出推力逐级减小，速度逐级加大，其值为

$$F_i = p \frac{\pi}{4} D_i^2 \eta_{mi} \tag{5-14}$$

$$v_i = \frac{4q\eta_{Vi}}{\pi D_i^2} \tag{5-15}$$

式中　i——i 级活塞。

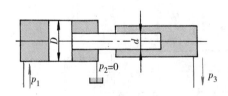

图 5-5　增压缸

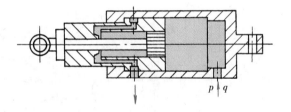

图 5-6　双作用式两级伸缩缸

图 5-7 所示为单作用式三级同步伸缩缸的工作原理图。该缸的各级活塞面积设计成 $A_1 = 2A_2$、$A_2 = 2A_3$、$A_3 = 2A_4$，并在一级和二级活塞缸筒的右端各设一带有顶杆的单向阀，而在其缸筒右侧壁面各开有小孔。正常工作时单向阀均关闭。当压力油进入 B 腔时，一级活塞 2 向左移动，C 腔油通过小孔进入 D 腔，推动二级活塞 3 以相同速度向左移动；同样原理，三级活塞 4 也以同一速度向左移动。若因泄漏原因，二级或三级活塞没有移动到最左位置，则相应的单向阀开启，补充液压油使其到位。外力推其向右移动时各活塞动作与向左移动时相反。一级和二级活塞运动到最右端时，两个单

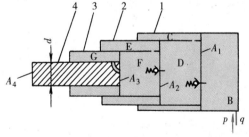

图 5-7　单作用式三级同步伸缩缸

1—外缸筒　2— 一级活塞缸筒

3—二级活塞缸筒　4—三级活塞

向阀的顶杆使其开启，从而恢复各级间的平衡状态。

这种同步伸缩缸输出的推力和速度始终保持恒定，其值为

$$F = pA_4\eta_m = p\frac{\pi}{4}d^2\eta_m \tag{5-16}$$

$$v = \frac{q\eta_V}{A_4} = \frac{4q\eta_V}{\pi d^2} \tag{5-17}$$

第二节　液压缸的典型结构和组成

一、液压缸的典型结构举例

图5-8所示为单杆活塞式液压缸，它由缸筒5，活塞12，活塞杆8，前后缸盖1、7，活塞杆导向装置9、活塞前、后缓冲柱塞4、11等主要零件组成。活塞与活塞杆用螺纹连接，并用止动销13固死。前、后法兰14、10用螺纹与缸筒连接，前、后缸盖通过法兰14、10和螺钉（图中未示）压紧在缸筒的两端。为了提高密封性能并减少摩擦力，在活塞与缸筒之间、活塞杆与导向装置之间、导向装置与后缸盖之间、前后缸盖与缸筒之间装有各种动、静密封圈。当活塞移动接近左右终端时，液压缸回油腔的油只能通过缓冲柱塞上通流面积逐渐减小的轴向三角槽和可调锥阀2、6回油箱，对移动部件起制动缓冲作用。缸中空气经排气装置（图中未画出）排出。

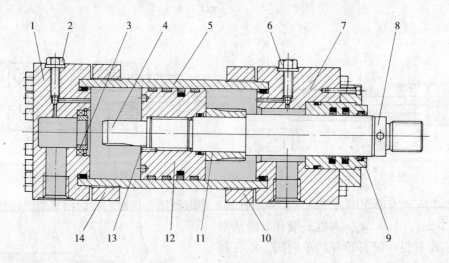

图5-8　单杆活塞式液压缸结构
1—前缸盖　2、6—锥阀　3—前缓冲套　4、11—前、后缓冲柱塞
5—缸筒　7—后缸盖　8—活塞杆　9—活塞杆导向装置
10—后法兰　12—活塞　13—止动销　14—前法兰

二、液压缸的组成

从上面的例子中可以看到，液压缸的结构基本上可以分为缸筒和缸盖、活塞和活塞杆、缓冲装置、排气装置和密封装置五个部分，分述如下。

（一）缸筒和缸盖

缸筒和缸盖的常见连接结构形式如图5-9所示。图5-9a采用法兰连接，结构简单，加工

和装拆都方便，但外形尺寸和质量都大。图 5-9b 为半环连接，加工和装拆方便，但是，这种结构须在缸筒外部开有环形槽而削弱其强度，有时要为此增加缸的壁厚。图 5-9c 为外螺纹连接，图 5-9d 为内螺纹连接。螺纹连接装拆时要使用专用工具，适用于较小的缸筒。图 5-9e 为拉杆式连接，容易加工和装拆，但外形尺寸较大，且较重。图 5-9f 为焊接式连接，结构简单，尺寸小，但缸底处内径不易加工，且可能引起变形。

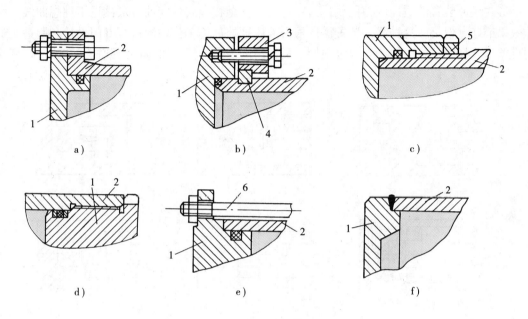

图 5-9 缸筒和缸盖结构

1—缸盖 2—缸筒 3—压板 4—半环 5—防松螺母 6—拉杆

（二）活塞和活塞杆

活塞和活塞杆的结构形式很多：有整体活塞和分体活塞；有实心活塞杆和空心活塞杆。活塞与活塞杆的连接有螺纹式和半环式等，如图 5-10 所示。前者结构简单，但需有螺母防松装置；后者结构复杂，但工作较可靠。此外，也有用锥销连接的。

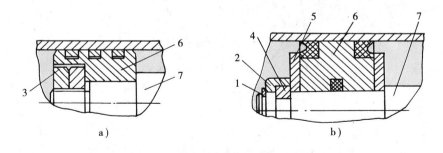

图 5-10 活塞和活塞杆的结构

a）螺纹式连接 b）半环式连接

1—弹簧卡圈 2—轴套 3—螺母 4—半环 5—压板 6—活塞 7—活塞杆

（三）缓冲装置

缓冲装置是利用活塞或缸筒移动到接近终点时，将活塞和缸盖之间的一部分油液封住，迫使油液从小孔或缝隙中挤出，从而产生很大的阻力，使工作部件平稳制动，并避免活塞和缸盖的相互碰撞。液压缸缓冲装置的工作原理如图 5-11 所示。理想的缓冲装置应在其整个工作过程中保持缓冲压力恒定不变，实际的缓冲装置则很难做到这点。图 5-12 所示为上述各种形式缓冲装置的缓冲压力曲线。由图可见，反抛物线式性能曲线最接近于理想曲线，缓冲效果最好。但是，这种缓冲装置需要根据液压缸的具体工作情况进行专门设计和制造，通用性差。阶梯圆柱式的缓冲效果也很好。最常用的则是节流口可调的单圆柱式和节流口变化式。

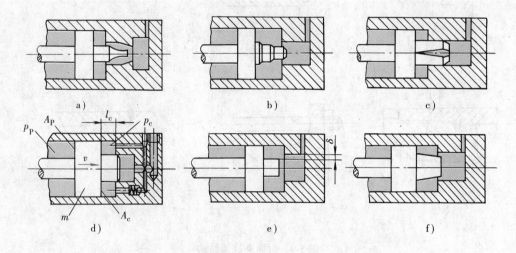

图 5-11 液压缸缓冲装置的工作原理（缓冲柱塞的形式）

a）反抛物线式 b）阶梯圆柱式 c）节流口变化式 d）单圆柱式 e）环形缝隙式 f）圆锥台式

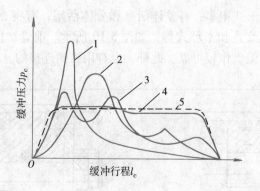

图 5-12 各种缓冲装置的缓冲压力曲线

1—单圆柱式 2—圆锥台式 3—阶梯圆柱式 4—反抛物线式 5—理想曲线

1. 节流口可调式缓冲装置（图 5-11d）

当活塞上的缓冲柱塞进入端盖凹腔后，圆环形的回油腔中的油液只能通过针形节流阀流出，这就使活塞制动。调节节流阀的开口，可改变制动阻力的大小。这种缓冲装置起始缓冲效果好，随着活塞向前移动，缓冲效果逐渐减弱，因此它的制动行程较长。

2. 节流口变化式缓冲装置（图5-11c）

活塞的缓冲柱塞上开有变截面的轴向三角形节流槽。当活塞移近端盖时，回油腔油液只能经过三角槽流出，因而使活塞受到制动作用。随着活塞的移动，三角槽通流截面逐渐变小，阻力作用增大，因此，缓冲作用均匀，冲击压力较小，制动位置精度高。

例5-1 试推导图5-11c、d中缓冲装置的各个特性式。

解

1）节流口可调式缓冲装置（图5-11d）

这种装置中节流口面积 A_T 调定后为常值。缓冲开始后，活塞产生减速度，考虑到 $v = \mathrm{d}x/\mathrm{d}t$，则其运动方程和节流口流量连续方程分别为

$$p_c A_c = -m\frac{\mathrm{d}v}{\mathrm{d}t} = -m\frac{\mathrm{d}\left(\frac{v^2}{2}\right)}{\mathrm{d}x} \tag{5-18}$$

$$q_c = A_c v = C_d A_T \sqrt{\frac{2\Delta p}{\rho}} = C_d A_T \sqrt{\frac{2p_c}{\rho}} \tag{5-19}$$

式中　p_c——缓冲腔压力；

　　　A_c——缓冲腔工作面积；

　　　m——活塞等移动件质量；

　　　v——移动件速度；

　　　A_T——节流口通流截面积；

　　　C_d——节流口流量系数；

　　　ρ——油液密度；

　　　x——移动件位移。

将式（5-19）代入式（5-18），经整理、积分、化简，并使用 $x=0$ 时 $v=v_0$（v_0 为缓冲开始时的速度）的条件，得

$$v = v_0 \exp\left[-\frac{A_c \rho}{2m}\left(\frac{A_c}{C_d A_T}\right)^2 x\right] \tag{5-20}$$

将式（5-20）代入式（5-18），并使用 $x=0$ 时 $a=a_0$、$p_c=p_0$ 的条件（a_0 为缓冲起始时的加速度，p_0 为缓冲起始时的缓冲压力），得

$$p_c = p_0 \exp\left[-\frac{A_c p_0}{mv^2}x\right] \tag{5-21}$$

2）节流口变化式缓冲装置（图5-11c）

这种装置中 A_T 为变量。由于要求 p_c（因而亦有减速度 a）在整个缓冲过程中保持常值，因为 $v^2 = v_0^2 - 2a_0 x$，则

$$v = v_0\sqrt{1 - \frac{2a_0}{v_0^2}x} \tag{5-22}$$

将上式代入式（5-19），整理后得

$$A_{\mathrm{T}} = \frac{A_{\mathrm{c}} v_0}{C_{\mathrm{d}}} \sqrt{\frac{\left(1 - \dfrac{2a_0}{v_0^2}x\right)\rho}{2p_{\mathrm{c}}}} \tag{5-23}$$

这表明节流槽纵截面必须呈抛物线形。

（四）排气装置

排气装置用来排除积聚在液压缸内的空气。一般把排气装置安装在液压缸两端盖的最高处。常用的排气装置如图 5-13 所示。

（五）密封装置

密封装置的作用在于防止液压缸工作介质的泄漏和外界尘埃与异物的侵入。缸内泄漏会引起容积效率下降，达不到所需的工作压力；缸外泄漏则造成工作介质浪费和污染环境。密封装置选用、安装不当，又直接关系到缸的摩擦阻力和机械效率，还影响着缸的动、静态性能。因此，正确和合理地使用密封装置是保证液压缸正常动作的关键所在，应予高度重视。

1. 间隙密封

图 5-14 为间隙密封，它依靠运动件间的微小间隙来防止泄漏。为了提高这种装置的密封能力，常在活塞 3 的表面上制出几条细小的环形槽，以增大油液通过间隙时的阻力。它结构简单，摩擦阻力小，可耐高温，但泄漏大，加工要求高，磨损后无法恢复原有密封能力，只有在尺寸较小、压力较低、相对运动速度较高的缸筒和活塞间使用。

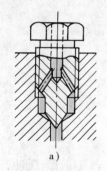 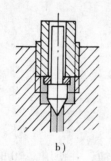 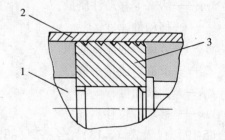

图 5-13　排气装置　　　　　　　　　　图 5-14　间隙密封
a) 排气阀　b) 排气塞　　　　　　　1—活塞杆　2—缸筒　3—活塞

采用间隙密封的液压缸可以利用活塞与缸筒相对运动时产生的液压对中力，而设计成低摩擦液压缸，如图 5-15 所示。这种液压缸有可能实现液体摩擦，从而最大限度地减少摩擦力，提高机械效率，并且显著提高液压缸的低速性能，不会产生爬行现象。

2. 密封件密封

密封件密封利用橡胶或塑料的弹性使各种截面的环形圈贴紧在静、动配合面之间来防止泄漏。它结构简单，制造方便，磨损后有自动补偿能力，性能可靠，在缸筒和活塞之间、缸盖和活塞杆之间、活塞和活塞杆之间、缸筒和缸盖之间都能使用。

（1）常用密封件　图 5-16 所示为 O 形密封圈，它的截面为圆形，是一种最常用的密封元件，与其他形式密封圈比较，主要特点是：① 结构小巧，安装部位紧凑，装拆方便；② 具有自密封能力，无需经常调整；③ 静、动密封均可使用；作静密封时，几乎没有泄漏；用于动密封时，阻力比较小，但很难做到不泄漏；④ 使用单件 O 形圈，可对两个方向起密封作用；⑤ 若使用安装不当，容易造成 O 形圈被剪切、扭曲等故障，导致密封失效，故动密封时一般需加保护挡圈；⑥ 价格低廉。

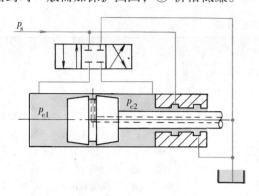

图 5-15　低摩擦液压缸

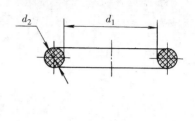

图 5-16　O 形密封圈
d_1—O 形圈内径　d_2—O 形圈截面直径

图 5-17 所示为 Y 形密封圈，其截面呈 Y 形，是一种典型的唇形密封圈。按两唇高度是否相等，可分为轴、孔通用的等高唇 Y 形密封圈（图 5-17a）和不等高唇的轴用与孔用 Y 形密封圈（图 5-17b）。Y 形密封圈的特点是：①密封性能良好，由于介质压力的作用而具有一定的自动补偿能力；②摩擦阻力小，运动平稳；③耐压性好，适用压力范围广；④宜作大直径的往复运动密封件；⑤结构简单，价格低廉；⑥安装方便。

图 5-18 所示为 V 形密封圈，其截面呈 V 形，是一种应用最早、至今仍用途广泛的单向密封装置。根据制作材质的不同，可分为纯橡胶 V 形密封圈和夹织物（夹布橡胶）V 形密封圈等。密封装置由压环、V 形密封圈和支承环三部分组成。V 形密封圈主要用于液压缸活塞和活塞杆的往复动密封，其特点是：①耐压性能好，使用寿命长；②根据使用压力的高低，可以合理地选择 V 形密封圈的数量以满足密封要求，并可调整压紧力来获得最佳密封效果；③根据密封装置不同的使用要求，可以交替安装不同材质的 V 形密封圈，以获得不同的密封特性和最佳综合效果；④维修和更换密封圈方便；⑤密封装置的轴向尺寸大，摩擦阻力大。

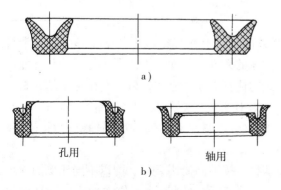

a）

孔用　　　　　　轴用

b）

图 5-17　Y 形密封圈
a）等高唇　b）不等高唇（Y_x 型）

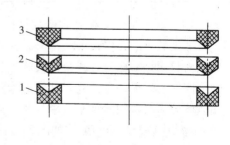

图 5-18　V 形密封装置
1—压环　2—V 形密封圈　3—支承环

（2）新型密封件　20 世纪 80 年代以来出现了一批新型密封件，它们提高了密封可靠性、运动精度和综合性能。有代表性的几种新型密封件列于表 5-1。

表 5-1　新型密封件

名称	密封部位		截面形状	特点
	活塞	活塞杆		
星形（X 形）密封圈	✓	✓	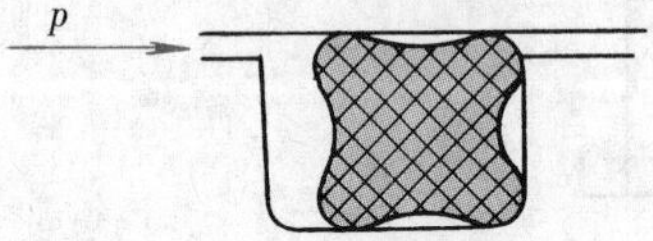	有四个唇口。在往复运动时，不会翻转、扭曲；所需径向预缩量小，接触应力小，摩擦力也小；接触应力分布均匀，密封效果良好；密封圈分型面可设在两唇边之间，飞边不影响密封作用；动、静密封均可使用
Zurcon L 形密封圈		✓	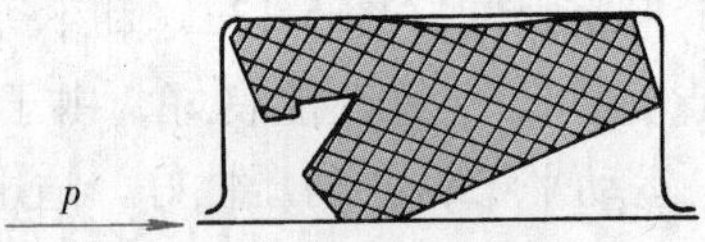	截面呈倒 L 形。Zurcon 是专门研制的高性能聚氨酯，与介质的相容性和综合性能达到最佳；在整个工作压力范围内应力分布状态稳定，且具有流体动力回收性能；密封唇不受压力作用，摩擦力小；抗挤出性好；动、静态密封性能均好，耐磨性好，使用寿命长
M2 型 Turcon-Variseal 密封圈	✓	✓	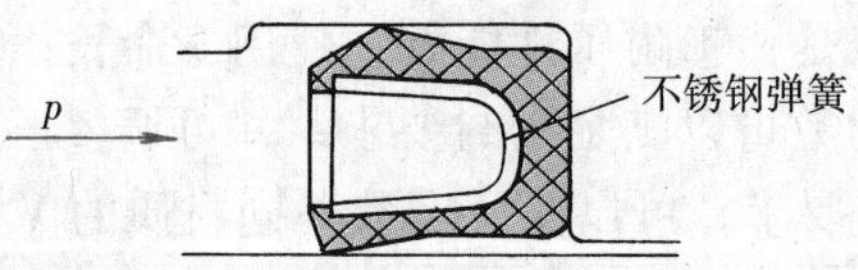	U 形密封圈内装不锈钢弹簧，为单作用密封元件；从零压到高压都能可靠密封；密封圈材料 Turcon 为高性能热塑性复合物；摩擦因数小，精确控制时不会产生爬行；尺寸稳定性好，能承受温度急剧变化；耐磨性好，使用寿命长；可用于往复和旋转动密封

（3）组合式密封件　组合式密封件由两个或两个以上元件组成。其中一部分是润滑性能好、摩擦因数小的元件；另一部分是充当弹性体的元件，从而大大改善了综合密封性能。

同轴密封圈是结构与材料全部实施组合形式的往复运动用密封元件。它由加了填充材料的改性聚四氟乙烯滑环和作为弹性体的橡胶环（如 O 形圈、矩形圈、星形圈等）组合而成。按其用途可分为活塞用同轴密封圈（格来圈加 O 形密封圈）和活塞杆用同轴密封圈（斯特圈加 O 形密封圈），其结构形式如图 5-19 所示。

格来圈和斯特圈都是以聚四氟乙烯树脂为基材，按不同使用条件、配以不同比例的充填材料（如铜粉、石墨、碳素纤维、玻璃纤维、石棉、二硫化钼等）制作而成。由于聚四氟乙烯树脂具有自润滑性能，因此同轴密封圈在各类密封圈中，是动摩擦阻力较小的一种。

格来圈也可用于旋转密封，如图 5-20 所示。为了提高密封表面的比压，在密封面上加工有环形沟槽，既可改善密封效果，又因形成润滑油腔而降低了摩擦力。格来圈背面呈凹弧形，以增加接触面，防止自身旋转。

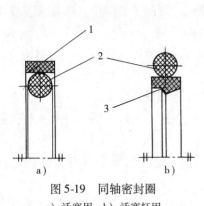

图 5-19　同轴密封圈

a）活塞用　b）活塞杆用

1—格来圈　2—O 形密封圈　3—斯特圈

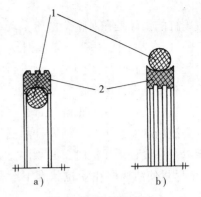

图 5-20　旋转格来圈

a）外圆密封　b）内圆密封

1—O 型密封圈　2—格来圈

同轴密封圈在材质、截面形状等方面仍在不断改进，新产品层出不穷，如图 5-21 所示。

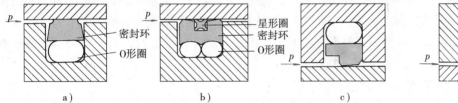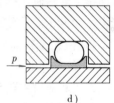

图 5-21　新型同轴密封圈

a）T 形 Turcon 格来圈（孔用）　b）Turcon-AQ 密封圈（孔用）

c）Turcon 斯特圈（轴用）　d）Turcon 双三角密封圈（轴用）

3. 防尘圈

对于活塞杆外伸部分来说，由于它很容易把脏物带入液压缸，使油液受污染，密封件被磨损，因此常需在活塞杆密封处增添防尘圈（见图 5-22），并放在向着活塞杆外伸的一端。

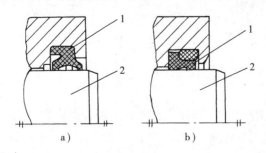

图 5-22　防尘圈

a）普通型防尘圈　b）Z 形 Turcon 防尘圈

1—防尘圈　2—活塞杆

第三节　液压缸的设计和计算

液压缸的设计是在对整个液压系统进行了工况分析，编制了负载图，选定了工作压力之后进行的（详见第十一章）：先根据使用要求选择结构类型，然后按负载情况、运动要求、最大行程等确定其主要工作尺寸，进行强度、稳定性和缓冲验算，最后再进行结构设计。

一、液压缸设计中应注意的问题

液压缸的设计和使用正确与否，直接影响到它的性能和是否发生故障。在这方面，经常碰到的是液压缸安装不当、活塞杆承受偏载、液压缸或活塞下垂以及活塞杆的压杆失稳等问题。所以，在设计液压缸时，必须注意如下几点：

1）尽量使活塞杆在受拉状态下承受最大负载，或在受压状态下具有良好的纵向稳定性。

2）考虑液压缸行程终了处的制动问题和液压缸的排气问题。缸内如无缓冲装置和排气装置，系统中需有相应的措施。但是并非所有的液压缸都要考虑这些问题。

3）正确确定液压缸的安装、固定方式。如承受弯曲的活塞杆不能用螺纹连接，要用止口连接。液压缸不能在两端用键或销定位，只能在一端定位，为的是不致阻碍它在受热时的膨胀。如冲击载荷使活塞杆压缩，定位件须设置在活塞杆端，如为拉伸则设置在缸盖端。

4）液压缸各部分的结构需根据推荐的结构形式和设计标准进行设计，尽可能做到结构简单、紧凑，加工、装配和维修方便。

二、液压缸主要尺寸的确定

（1）缸筒内径 D　根据负载大小和选定的工作压力，或运动速度和输入流量，按本章有关算式确定后，再从 GB/T 2348—2001 标准中选取相近尺寸加以圆整。

（2）活塞杆直径 d　按工作时受力情况来决定，如表 5-2 所示。对单杆活塞缸，d 值也可由 D 和 λ_v 来决定，按 GB/T 2348—2001 标准进行圆整。行业标准 JB/T 7939—1999 规定了单杆活塞液压缸两腔面积比的标准系列。

表 5-2　中、低压液压缸活塞杆直径推荐值

活塞杆受力情况	受 拉 伸	受压缩，工作压力 p_1/MPa		
		$p_1 \leqslant 5$	$5 < p_1 \leqslant 7$	$p_1 > 7$
活塞杆直径 d	$(0.3 \sim 0.5)\, D$	$(0.5 \sim 0.55)\, D$	$(0.6 \sim 0.7)\, D$	$0.7D$

（3）缸筒长度 L　由最大工作行程决定。

三、强度校核

对于液压缸的缸筒壁厚 δ、活塞杆直径 d 和缸盖处固定螺钉的直径，在高压系统中，必须进行强度校核。

（一）缸筒壁厚 δ

在中、低压液压系统中，缸筒壁厚往往由结构工艺要求决定，一般不要校核。在高压系统中，须按下列情况进行校核。

当 $D/\delta > 10$ 时为薄壁，δ 可按下式校核

$$\delta \geqslant \frac{p_y D}{2[\sigma]} \tag{5-24}$$

式中　D——缸筒内径;

p_y——试验压力,当缸的额定压力 $p_n \leqslant 16\mathrm{MPa}$ 时,取 $p_y = 1.5p_n$;$p_n > 16\mathrm{MPa}$ 时,取 $p_y = 1.25p_n$;

$[\sigma]$——缸筒材料的许用应力,$[\sigma] = \sigma_b/n$,σ_b 为材料抗拉强度,n 为安全系数,一般取 $n = 5$。

当 $D/\delta < 10$ 时为厚壁,δ 应按下式进行校核

$$\delta \geqslant \frac{D}{2}\left(\sqrt{\frac{[\sigma] + 0.4p_y}{[\sigma] - 1.3p_y}} - 1\right) \tag{5-25}$$

（二）活塞杆直径 d 的校核

$$d \geqslant \sqrt{\frac{4F}{\pi[\sigma]}} \tag{5-26}$$

式中　F——活塞杆上的作用力。

$[\sigma]$——活塞杆材料的许用应力,$[\sigma] = \sigma_b/1.4$。

（三）缸盖固定螺栓 d_s 的校核

$$d_s \geqslant \sqrt{\frac{5.2kF}{\pi z[\sigma]}} \tag{5-27}$$

式中　F——液压缸负载;

k——螺纹拧紧系数,$k = 1.12 \sim 1.5$;

z——固定螺栓个数;

$[\sigma]$——螺栓材料许用应力,$[\sigma] = \sigma_s/(1.22 \sim 2.5)$,$\sigma_s$ 为材料屈服点。

四、稳定性校核

活塞杆受轴向压缩负载时,其值 F 超过某一临界值 F_k,就会失去稳定。活塞杆稳定性按下式进行校核。

$$F \leqslant \frac{F_k}{n_k} \tag{5-28}$$

式中　n_k——安全系数,一般取 $n_k = 2 \sim 4$。

当活塞杆的细长比 $l/r_k > \psi_1\sqrt{\psi_2}$ 时

$$F_k = \frac{\psi_2 \pi^2 EJ}{l^2} \tag{5-29}$$

当活塞杆的细长比 $l/r_k \leqslant \psi_1\sqrt{\psi_2}$,且 $\psi_1\sqrt{\psi_2} = 20 \sim 120$ 时,则

$$F_k = \frac{fA}{1 + \frac{\alpha}{\psi_2}\left(\frac{l}{r_k}\right)^2} \tag{5-30}$$

式中　l——安装长度,其值与安装方式有关,见表5-3;

r_k——活塞杆横截面最小回转半径,$r_k = \sqrt{J/A}$;

ψ_1——柔性系数,其值见表5-4;

ψ_2——由液压缸支承方式决定的末端系数,见表5-3;

E——活塞杆材料的弹性模量，对钢，可取 $E = 2.06 \times 10^{11} \mathrm{Pa}$；

J——活塞杆横截面惯性矩；

A——活塞杆横截面积；

f——由材料强度决定的实验值，见表5-4；

α——系数，具体数值见表5-4。

表5-3　液压缸支承方式和末端系数 ψ_2 的值

支承方式	支承说明	末端系数 ψ_2
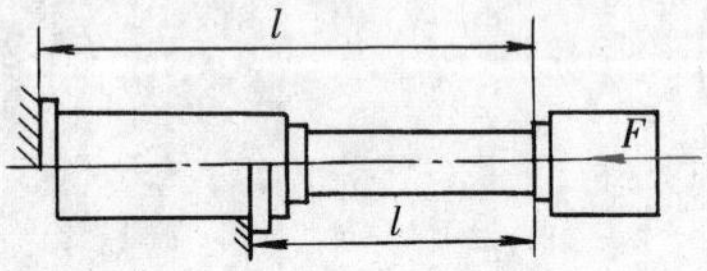	一端自由一端固定	$\dfrac{1}{4}$
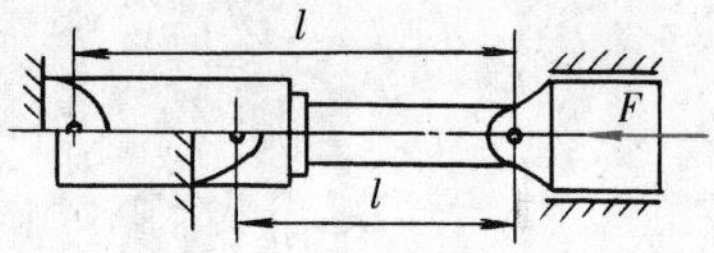	两端铰接	1
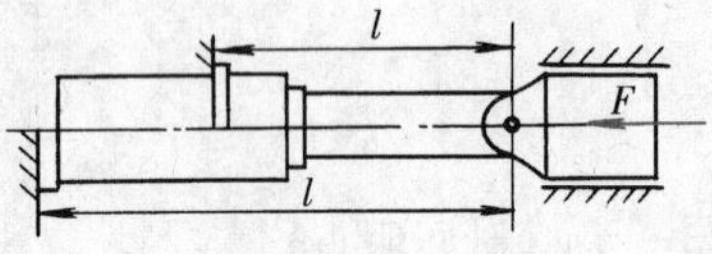	一端铰接一端固定	2
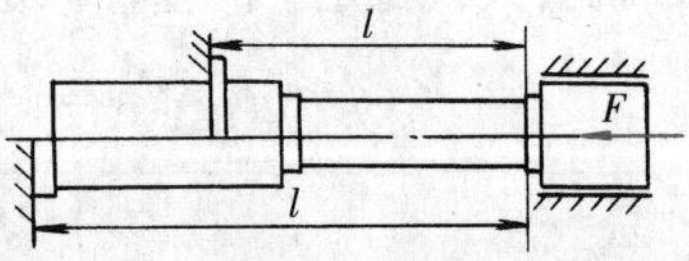	两端固定	4

表5-4　f、α、ψ_1 的值

材　料	f/MPa	α	ψ_1
铸铁	560	$\dfrac{1}{1600}$	80
锻钢	250	$\dfrac{1}{9000}$	110
低碳钢	340	$\dfrac{1}{7500}$	90
中碳钢	490	$\dfrac{1}{5000}$	85

五、缓冲计算

液压缸的缓冲计算主要是估计缓冲时缸内出现的最大冲击压力，以便用来校核缸筒强度、制动距离是否符合要求。缓冲计算中如发现工作腔中的液压能和工作部件的动能不能全部被缓冲腔所吸收时，制动中就可能产生活塞和缸盖相碰现象。

液压缸缓冲时，背压腔内产生的液压能 E_1 和工作部件产生的机械能 E_2 分别为（见图 5-11d）

$$E_1 = p_c A_c l_c \tag{5-31}$$

$$E_2 = p_p A_p l_c + \frac{1}{2} m v^2 - F_f l_c \tag{5-32}$$

式中　p_c——缓冲腔中的平均缓冲压力；

$\quad\quad p_p$——高压腔中的油液压力；

$\quad A_c$、A_p——缓冲腔、高压腔的有效工作面积；

$\quad\quad l_c$——缓冲行程长度；

$\quad\quad m$——工作部件质量；

$\quad\quad v$——工作部件运动速度；

$\quad\quad F_f$——摩擦力。

式（5-32）表示了：工作部件产生的机械能 E_2 是高压腔中的液压能与工作部件的动能之和，再减去因摩擦消耗的能量。当 $E_1 = E_2$，即工作部件的机械能全部被缓冲腔液体吸收时，则得

$$p_c = \frac{E_2}{A_c l_c} \tag{5-33}$$

如缓冲装置为节流口可调式缓冲装置，在缓冲过程中的缓冲压力逐渐降低，假定缓冲压力线性地降低，则最大缓冲压力即冲击压力等于

$$p_{cmax} = p_c + \frac{m v^2}{2 A_c l_c} \tag{5-34}$$

式中符号意义见图 5-11d。

如缓冲装置为节流口变化式缓冲装置，则由于缓冲压力 p_c 始终不变，最大缓冲压力的值即如式（5-33）所示。

六、拉杆计算

有些液压缸的缸筒和两端缸盖是用四根或更多根拉杆组装成一体的。拉杆端部有螺纹，用螺帽固紧到给拉杆造成一定的应力，以使缸盖和缸筒不会在工作压力下松开，产生泄漏。拉杆计算的目的就是要针对某一规定的分离压力值估出拉杆的预加载荷量。

令 F_1 为预加在拉杆上的拉力，则拉杆的变形量（伸长量）δ_T 为

$$\delta_T = \frac{F_1}{K_T} \tag{5-35}$$

式中　K_T——拉杆的刚度，$K_T = \dfrac{A_T E_T}{L_T}$；

$\quad A_T$、L_T——拉杆的受力总截面积和长度；

$\quad\quad E_T$——拉杆材料的弹性模量。

在拉杆预加力 F_1 的作用下，缸筒亦要压缩变形，其变形量（压缩量）δ_c 为

$$\delta_c = \frac{F_I}{K_c} \tag{5-36}$$

式中　K_c——缸筒的刚度，$K_c = \frac{A_c E_c}{L_c}$；

A_c、L_c——缸筒筒壁的截面积和长度；

E_c——缸筒材料的弹性模量。

当液压缸在压力 p 下工作时，拉杆中的拉力将增大至 F_T，缸盖和缸筒间的接触力变为 F_c，它们之间的关系是

$$F_T = F_c + pA_p \tag{5-37}$$

式中　A_p——活塞的有效工作面积。

这时拉杆的变形量增大了一个 Δ_T 的量：

$$\Delta_T = \frac{F_T - F_I}{K_T} \tag{5-38}$$

而缸筒的变形量减小了一个 Δ_c 的压缩量（或增加了一个 Δ_c 的伸长量）

$$\delta_c - \Delta_c = \varepsilon_c L_c \tag{5-39}$$

式中，ε_c 为缸筒的轴向应变，其表达式为

$$\varepsilon_c = \frac{F_c}{A_c E_c} - \frac{\mu(\sigma_h + \sigma_r)}{E_c} = \frac{F_c}{A_c E_c} - \frac{2\mu p A_p}{A_c E_c} \tag{5-40}$$

在这里，σ_h 和 σ_r 分别为缸筒筒壁中的切向和径向应力，μ 为缸筒材料的泊松比。很明显，$\Delta_c = \Delta_T$，为此有

$$F_T = F_I + \frac{(1 - 2\mu)pA_p}{1 + \frac{K_c}{K_T}} = F_I + \xi p A_p \tag{5-41}$$

式中的 ξ 称为压力负载系数，它与拉杆和缸筒的材料性质及结构尺寸有关，即

$$\xi = \frac{1 - 2\mu}{1 + \frac{A_c E_c L_T}{A_T E_T L_c}} \tag{5-42}$$

当液压缸中压力到达规定的分离压力 p_s 时，缸盖和缸筒分离，$F_c = 0$，此时 $F_T = p_s A_p$，由此可求得拉杆上应施加的预加载荷为

$$F_I = A_p(1 - \xi)p_s \tag{5-43}$$

上式适用于活塞到达全行程的终端，且活塞力全由缸盖来承受的场合。实践证明，活塞在零行程处的 ξ 值是其在全行程中的一倍。这表明活塞在零行程处使缸盖和缸筒分离所需的压力，比规定的分离压力 p_s 还要高些。

习　题

5-1　如图 5-23 所示三种结构形式的液压缸，活塞和活塞杆直径分别为 D、d，如进入液压缸的流量为 q，压力为 p，试分析各缸产生的推力、速度大小以及运动方向。（提示：注意运动件及其运动方向）

5-2　如图 5-24 所示一与工作台相连的柱塞液压缸，工作台质量为 980kg，缸筒与柱塞间摩擦阻力 $F_f = 1960\text{N}$，$D = 100\text{mm}$，$d = 70\text{mm}$，$d_0 = 30\text{mm}$，试求：工作台在 0.2s 时间内从静止加速到最大稳定速度 $v = 7$ m/min 时，液压泵的供油压力和流量各为多少？

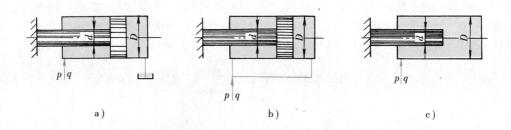

图 5-23 题 5-1 图

5-3 如图 5-25 所示两个单柱塞缸，缸内径为 D，柱塞直径为 d。其中一个柱塞缸的缸固定，柱塞克服负载而移动；另一个柱塞固定，缸筒克服负载而运动。如果在这两个柱塞缸中输入同样流量和压力的油液，试问它们产生的速度和推力是否相等？为什么？

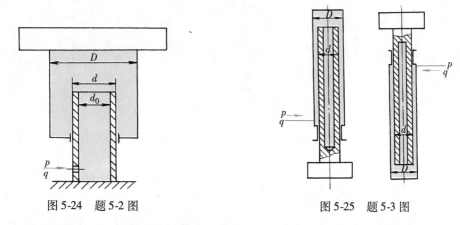

图 5-24 题 5-2 图

图 5-25 题 5-3 图

5-4 如图 5-26 所示两个结构和尺寸均相同相互串联的液压缸，无杆腔面积 $A_1 = 1 \times 10^{-2} \mathrm{m}^2$，有杆腔面积 $A_2 = 0.8 \times 10^{-2} \mathrm{m}^2$，输入油压力 $p_1 = 0.9 \mathrm{MPa}$，输入流量 $q_1 = 12 \mathrm{L/min}$。不计损失和泄漏，试求：

1）两缸承受相同负载时（$F_1 = F_2$），负载和速度各为多少？

2）缸 1 不受负载时（$F_1 = 0$），缸 2 能承受多少负载？

3）缸 2 不受负载时（$F_2 = 0$），缸 1 能承受多少负载？

5-5 液压缸如图 5-27 所示，输入压力为 p_1，活塞直径为 D，柱塞直径为 d，试求输出压力 p_2 为多大？

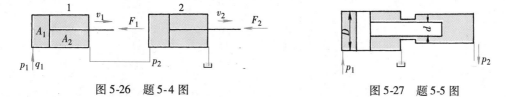

图 5-26 题 5-4 图

图 5-27 题 5-5 图

5-6 一单杆活塞缸快进时采用差动连接，快退时油液输入缸的有杆腔，设缸快进、快退的速度均为 $0.1 \mathrm{m/s}$，工进时杆受压，推力为 25000N。已知输入流量 $q = 25 \mathrm{L/min}$，背压 $p_2 = 0.2 \mathrm{MPa}$，试求：

1）缸和活塞杆直径 D、d。

2）缸筒壁厚，缸筒材料为 45 钢。

3）如活塞杆铰接，缸筒固定，安装长度为 1.5m，校核活塞杆的纵向稳定性。

5-7 液压缸如图 5-28 所示，缸径 $D=63\text{mm}$，活塞杆径 $d=28\text{mm}$，采用节流口可调式缓冲装置，环形缓冲腔小径 $d_c=35\text{mm}$，试求缓冲行程 $l_c=25\text{mm}$，运动部件质量 $m=2000\text{kg}$，运动速度 $v_0=0.3\text{m/s}$，摩擦力 $F_f=950\text{N}$，工作腔压力 $p_P=7\text{MPa}$ 时的最大缓冲压力。如缸筒强度不够时该怎么办？

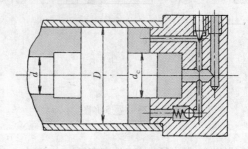

图 5-28 题 5-7 图

液 压 阀

第一节 概 述

一、液压阀的作用

液压阀是用来控制液压系统中油液的流动方向或调节其压力和流量的，因此它可以分为方向阀、压力阀和流量阀三大类。一个形状相同的阀，可以因为作用机制的不同，而具有不同的功能。压力阀和流量阀利用通流截面的节流作用控制着系统的压力和流量，而方向阀则利用流道的更换控制着油液的流动方向。这就是说，尽管液压阀存在着各种各样不同的类型，它们之间还是保持着一些基本共同之点的。例如：

1）在结构上，所有的阀都由阀体、阀心（座阀或滑阀）和驱使阀心动作的元、部件（如弹簧、电磁铁）组成。

2）在工作原理上，所有阀的开口大小，阀进、出口间的压差以及流过阀的流量之间的关系都符合孔口流量公式，仅是各种阀控制的参数各不相同而已。

二、液压阀的分类

液压阀可按不同的特征进行分类，如表6-1所示。

表6-1 液压阀的分类

分类方法	种 类	详 细 分 类
按机能分类	压力控制阀	溢流阀、减压阀、顺序阀、卸荷阀、平衡阀、比例压力控制阀、缓冲阀、仪表截止阀、限压切断阀、压力继电器等
	流量控制阀	节流阀、单向节流阀、调速阀、分流阀、集流阀、比例流量控制阀等
	方向控制阀	单向阀、液控单向阀、换向阀、行程减速阀、充液阀、梭阀、比例方向控制阀等

（续）

分类方法	种　类	详细分类
按结构分类	滑阀	圆柱滑阀、旋转阀、平板滑阀
	座阀	锥阀、球阀
	射流管阀	
	喷嘴挡板阀	单喷嘴挡板阀、双喷嘴挡板阀
按操纵方法分类	手动阀	手把及手轮、踏板、杠杆
	机/液/气动阀	挡块及碰块、弹簧、液压、气动
	电动阀	普通/比例电磁铁控制、力马达/力矩马达/步进电动机/伺服电动机控制
按连接方式分类	管式连接	螺纹式连接、法兰式连接
	板式/叠加式连接	单层连接板式、双层连接板式、油路块、叠加阀、多路阀
	插装式连接	螺纹式插装（二、三、四通插装阀）、盖板式插装（二通插装阀）
按控制方式分类	比例阀	电液比例压力阀、电液比例流量阀、电液比例换向阀、电液比例复合阀、电液比例多路阀
	伺服阀	单、两级（喷嘴挡板式、滑阀式）电液流量伺服阀、三级电液流量伺服阀、电液压力伺服阀、气液伺服阀、机液伺服阀
	数字控制阀	数字控制压力阀、数字控制流量阀与方向阀
按输出参数可调节性分类	开关控制阀	方向控制阀、顺序阀、限速切断阀、逻辑阀
	输出参数连续可调的阀	溢流阀、减压阀、节流阀、调速阀、各类电液控制阀（比例阀、伺服阀）

三、对液压阀的基本要求

液压系统中所用的液压阀，应满足如下要求：

1）动作灵敏，使用可靠，工作时冲击和振动小。

2）油液流过时压力损失小。

3）密封性能好。

4）结构紧凑，安装、调整、使用、维护方便，通用性大。

第二节　液压阀上的共性问题

一、阀口形式

液压阀的阀口形式及其通流截面的计算公式如表 6-2 及附录 B 所示。

表 6-2　常用阀口的形式及其通流截面的计算公式

类　　型	阀口形式	通流截面计算公式
圆柱滑阀式[①]	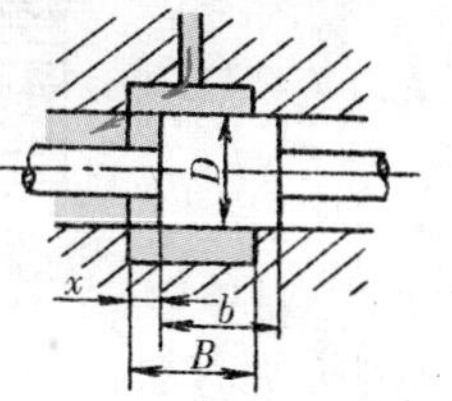	$A = \pi D x$
锥阀式	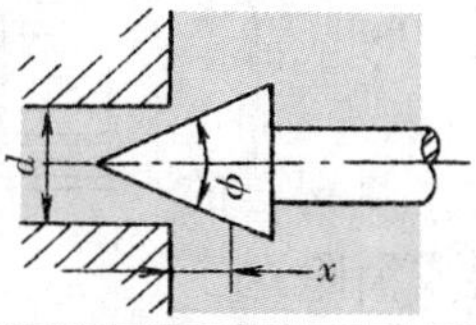	$A = \pi d x \sin\dfrac{\phi}{2}\left(1 - \dfrac{x}{2d}\sin\phi\right)$
球阀式	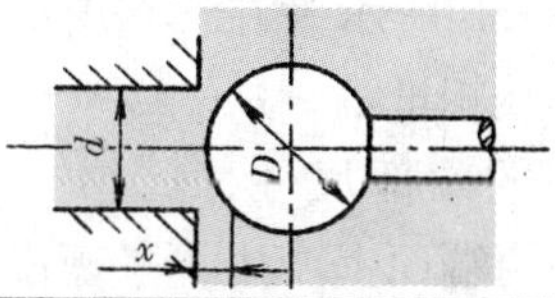	$A = \pi d x \left(\sqrt{\left(\dfrac{D}{2}\right)^2 - \left(\dfrac{d}{2}\right)^2} + \dfrac{x}{2}\right) \Big/$ $\sqrt{\left(\dfrac{d}{2}\right)^2 + \left(\sqrt{\left(\dfrac{D}{2}\right)^2 - \left(\dfrac{d}{2}\right)^2} + x\right)^2}$
截止阀式	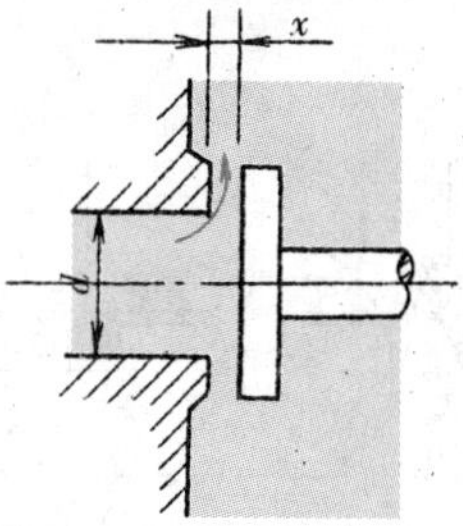	$A = \pi d x$
轴向三角槽式	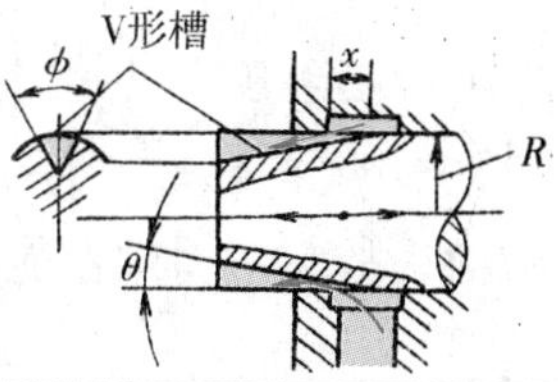	$A = n\dfrac{\phi}{2}x^2\tan 2\theta$ n 为槽数

①　滑阀式的阀口，当阀心在中间位置时，如沉割槽宽度 B 大于阀心凸肩宽度 b，即 $B > b$，则表示有负遮盖（即正预开口）；$b = B$，为零遮盖（即零开口）；$b > B$，为正遮盖（即负预开口）。下同。

二、液动力

在第三章的例 3-5 中，曾讨论了液流作用在锥阀上的力，这里要讨论液流作用在滑阀上的力。

很多液压阀采用滑阀式结构。滑阀在阀心移动、改变阀口的开口大小或启闭时控制了液流，同时也产生着液动力。液动力对液压阀的性能有着重大的影响。

由第三章中液流的动量定理可知，作用在阀心上的液动力有稳态液动力和瞬态液动力两种。

（一）稳态液动力

稳态液动力是阀心移动完毕，开口固定之后，液流流过阀口时因动量变化而作用在阀心上的力。图 6-1 所示为油液流过阀口的两种情况。取阀心两凸肩间的容腔中的液体作为控制体，对它列写动量方程，据式（3-28），可得这两种情况下的轴向液动力都是 $F_{bs} = \rho q v \cos\phi$，其方向都是促使阀口关闭的。

据式（3-47）和式（3-48），并注意到 $A_0 = w\sqrt{c_r^2 + x_V^2}$，上式可写成

$$F_{bs} = 2C_d C_v w\sqrt{c_r^2 + x_V^2}\,\Delta p \cos\phi \tag{6-1}$$

稳态液动力对滑阀性能的影响是加大了操纵滑阀所需的力。例如，当 $C_d = 0.7$、$C_v = 1$、$c_r = 0$、$w = 31.4\text{mm}$、$\phi = 69°$、$\Delta p = 7\text{MPa}$、$x_V = 1\text{mm}$ 时，稳态轴向液动力 $F_{bs} \approx 110\text{N}$。在高压大流量情况下，这个力将会很大，使阀心的操纵成为突出的问题。这时必须采取措施补偿或消除这个力。图6-2a 所示为采用特种形状的阀腔；图6-2b 所示为在阀套上开斜孔，使流出和流入阀腔液体的动量互相抵消，从而减小轴向液动力；图6-2c 所示为改变阀心的颈部尺寸，使液流流过阀心时有较大的压降，以便在阀心两端面上产生不平衡液压力，抵消轴向液动力等，都是在实践中使用过的具体例子。

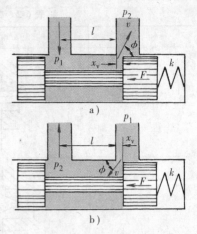

图6-1　滑阀的稳态液动力
a）液流流出阀口　b）液流流入阀口

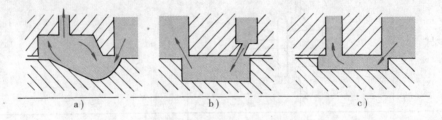

图6-2　稳态液动力的补偿办法
a）特种形状阀腔　b）阀套开斜孔　c）液流产生压降

稳态液动力要使阀口关闭，相当于一个复位力，故它对滑阀性能的另一影响是使滑阀的工作趋于稳定。

（二）瞬态液动力

瞬态液动力是滑阀在移动过程中（即开口大小发生变化时）阀腔中液流因加速或减速而作用在阀心上的力。这个力只与阀心移动速度有关（即与阀口开度的变化率有关），与阀口开度本身无关。

图6-3 所示为阀心移动时出现瞬态液动力的情况。当阀口开度发生变化时，阀腔内长度为 l 那部分油液的轴向速度亦发生变化，也就是出现了加速或减速，于是阀心就受到了一个轴向的反作用力 F_{bt}，这就是瞬态液动力。很明显，若流过阀腔的瞬时流量为 q，阀腔的截面积为 A_s，阀腔内加速或减速部分油液的质量为 m_0，阀心移动的速度为 v，则有

$$F_{bt} = -m_0\frac{\mathrm{d}v}{\mathrm{d}t} = -\rho A_s l\frac{\mathrm{d}v}{\mathrm{d}t} = -\rho l\frac{\mathrm{d}(A_s v)}{\mathrm{d}t} = -\rho l\frac{\mathrm{d}q}{\mathrm{d}t} \tag{6-2}$$

据式（3-48）和等式 $A_0 = w x_V$，当阀口前后的压差不变或变化不大时，流量的变化率 $\mathrm{d}q/\mathrm{d}t$ 为

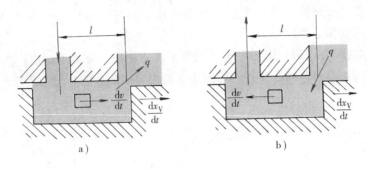

图 6-3　瞬态液动力

a）开口加大，液流流出阀口　b）开口加大，液流流入阀口

$$\frac{\mathrm{d}q}{\mathrm{d}t} = C_\mathrm{d}w\sqrt{\frac{2}{\rho}\Delta p}\frac{\mathrm{d}x_\mathrm{V}}{\mathrm{d}t}$$

将上式代入式（6-2），得

$$F_\mathrm{bt} = -C_\mathrm{d}wl\sqrt{2\rho\Delta p}\frac{\mathrm{d}x_\mathrm{V}}{\mathrm{d}t} \tag{6-3}$$

　　滑阀上瞬态液动力的方向，视油液流入还是流出阀腔而定。图 6-3a 中油液流出阀腔，则阀口开度加大时长度为 l 的那部分油液加速，开度减小时油液减速，两种情况下瞬态液动力作用方向都与阀心的移动方向相反，起着阻止阀心移动的作用，相当于一个阻尼力。这时式（6-3）中的 l 取正值，并称之为滑阀的"正阻尼长度"。反之，图 6-3b 中油液流入阀腔，阀口开度变化时引起液流流速变化的结果，都是使瞬态液动力的作用方向与阀心移动方向相同，起着帮助阀心移动的作用，相当于一个负的阻尼力。这种情况下式（6-3）中的 l 取负值，并称之为滑阀的"负阻尼长度"。

　　滑阀上的"负阻尼长度"是造成滑阀工作不稳定的原因之一。

　　滑阀上如有好几个阀腔串联在一起，阀心工作的稳定与否就要看各个阀腔阻尼长度的综合作用结果而定。

三、卡紧力

　　一般滑阀的阀孔和阀心之间有很小的缝隙，当缝隙中有油液时，移动阀心所需的力只须克服粘性摩擦力，数值应该是相当小的。可是实际情况并非如此，特别在中、高压系统中，当阀心停止运动一段时间后（一般约 5min 左右），这个阻力可以大到几百牛，使阀心重新移动十分费力。这就是所谓滑阀的液压卡紧现象。

　　引起液压卡紧的原因，有的是由于脏物进入缝隙而使阀心移动困难，有的是由于缝隙过小在油温升高时阀心膨胀而卡死。但是主要的原因来自滑阀副几何形状误差和同轴度变化所引起的径向不平衡液压力，即液压卡紧。图 6-4 所示为滑阀上产生径向不平衡力的几种情况。图 6-4a 所示为阀心与阀孔无几何形状误差，轴心线平行但不重合时的情况，这时阀心周围缝隙内的压力分布是线性的（图中 A_1 和 A_2 线所示），且各向相等，因此阀心上不会出现径向不平衡力。

　　图 6-4b 所示为阀心因加工误差而带有倒锥（锥部大端朝向高压腔），阀心与阀孔轴心线平行但不重合时的情况。阀心受到径向不平衡压力的作用（图中曲线 A_1 和 A_2 间的阴影部分，下同），使阀心与阀孔间的偏心距越来越大，直到两者表面接触为止，这时径向不平衡

力达到最大值。但是，如阀心带有顺锥（锥部大端朝向低压腔）时，产生的径向不平衡力将使阀心和阀孔间的偏心距减小。

图6-4c 所示为阀心表面有局部突起（相当于阀心碰伤、残留毛刺或缝隙中楔入脏物），且凸起在阀心的高压端时，阀心受到的径向不平衡力将使阀心的高压端凸起部分推向孔壁。

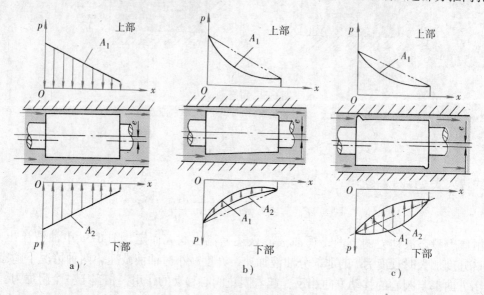

图 6-4　滑阀上的径向力

a) 无锥度，轴线平行，有偏心　b) 有倒锥，轴线平行，有偏心　c) 阀心表面有凸起，有偏心

当阀心受到径向不平衡力作用而和阀孔相接触后，缝隙中的存留液体被挤出，阀心和阀孔间的摩擦变成半干摩擦乃至干摩擦，因而使阀心重新移动时所需的力就大大增加了。

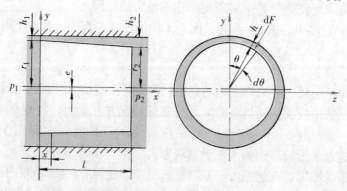

图 6-5　径向不平衡力计算图

由图6-5可以推导出径向不平衡力的估算公式如下

$$F = \int_0^{2\pi} \int_0^l -\left[p_1 - \left(\frac{h_1 + \Delta r}{2h_1 + \Delta r} \right) \Delta p \right] lr\cos\theta \mathrm{d}\theta \mathrm{d}x$$

$$= \frac{2\pi l r_1 \Delta r \Delta p}{4e} \left[\frac{1}{\sqrt{1 - \left(\dfrac{2e}{2h_0 + \Delta r} \right)^2}} - 1 \right] \tag{6-4}$$

式中，$\Delta p = p_1 - p_2$；$\Delta r = r_1 - r_2$；$h_1 = h_0 - e\cos\theta$，h_0 为阀心与阀套同心时大端的缝隙值。

由式（6-4），并设在阀心大端已接触阀套，即 $e = h_0$ 时，令 $D = 2r_1$ 则得

$$\frac{F}{lD\Delta p} \approx \frac{\pi}{4}\left(\frac{\Delta r}{h_0}\right)\left[\frac{2 + \dfrac{\Delta r}{h_0}}{\sqrt{4\dfrac{\Delta r}{h_0} + \left(\dfrac{\Delta r}{h_0}\right)^2}} - 1\right]$$

此式在 $\Delta r/h_0 = 0.9$ 时有极值，故有

$$F_{\max} \leqslant 0.27 lD\Delta p \tag{6-5}$$

设阀心与阀套间的摩擦因数为 f，则移动阀心所需克服的最大摩擦阻力为

$$F_t = 0.27 flD\Delta p \tag{6-6}$$

为了减小液压卡紧力，可以采取下述一些措施：

1）提高阀的加工和装配精度，避免出现偏心。阀心的圆度和圆柱度允差为 $0.003 \sim 0.005\text{mm}$，要求带顺锥，阀心的表面粗糙度 R_a 值不大于 $0.2\mu\text{m}$，阀孔 R_a 值不大于 $0.4\mu\text{m}$。

2）在阀心台肩上开出平衡径向力的均压槽，如图 6-6 所示。槽的位置尽可能靠近高压端。槽的尺寸是：宽 $0.3 \sim 0.5\text{mm}$，深 $0.5 \sim 0.8\text{mm}$，槽距 $1 \sim 5\text{mm}$。

开槽后，移动阀心的力将减小，如取摩擦因数 $f = 0.04 \sim 0.08$ 时，移动阀心的力

$$F_t = (0.01 \sim 0.02)\lambda_k lD\Delta p \tag{6-7}$$

式中，λ_k 是一系数，其数值与槽数 n 有关：$n = 1$，$\lambda_k = 0.4$；$n = 3$，$\lambda_k = 0.06$；$n = 7$，$\lambda_k = 0.027$。

3）使阀心或阀套在轴向或圆周方向上产生高频小振幅的振动或摆动。

4）精细过滤油液。

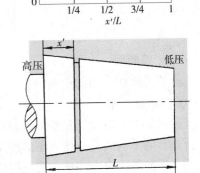

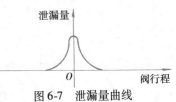

图 6-6　均压槽的位置

四、阀的泄漏特性

锥阀不产生泄漏，滑阀则由于阀心和阀孔间有一定的间隙，在压力作用下要产生泄漏。

滑阀用于压力阀或方向阀时，压力油通过径向缝隙泄漏量的大小，是阀的性能指标之一。滑阀用于伺服阀时，实际的和理论的滑阀零开口特性之间的差别，也取决于泄漏特性。滑阀的泄漏量曲线如图 6-7 所示。

滑阀的泄漏量可按式（3-62）计算。为了减小泄漏，应尽量使阀心和阀孔同心，另外应提高制造精度。

伺服阀中滑阀开口处的泄漏量视具体结构而不同，详见本章第六节。

滑阀在某一位置停留时，通过缝隙的泄漏量随时间的增加而逐渐减小，但有时也出现相反的现象，即随时间的增加而增大。泄漏量减小的原因，有人认为是油液

图 6-7　泄漏量曲线

111

中的污染物沉积所致；但也有人认为是油液分子粘附在缝隙表面而使通流截面减小所致。泄漏增大的原因则是由于在液压卡紧力作用下，阀心和阀孔处于最大偏心状态所致。

为了减小缝隙处的泄漏，往往要在阀心上开出几条环形槽来。

第三节 方向控制阀

常见的方向控制阀的类型如表6-3所示。

表6-3 方向控制阀的类型

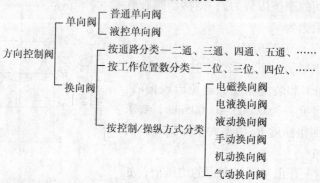

一、单向阀

液压系统中常用的单向阀有普通单向阀和液控单向阀两种。

（一）普通单向阀

普通单向阀的作用是使油液只能沿一个方向流动，不许它反向倒流。图6-8a所示为一种管式普通单向阀的结构。压力油从阀体左端的通口 P_1 流入时，克服弹簧3作用在阀心2上的力，使阀心向右移动，打开阀口，并通过阀心上的径向孔 a、轴向孔 b 从阀体右端的通口 P_2 流出。但是压力油从阀体右端的通口 P_2 流入时，它和弹簧力一起使阀心锥面压紧在阀座上，使阀口关闭，油液无法从 P_2 口流向 P_1 口。图6-8b所示是单向阀的图形符号（后同）。

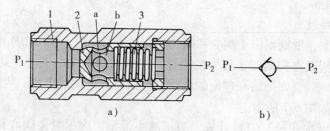

图6-8 单向阀
a）结构图 b）图形符号
1—阀体 2—阀心 3—弹簧

单向阀的阀心也可以用钢球式的结构，其制造方便，但密封性较差，只适用于小流量的场合。

在普通单向阀中，通油方向的阻力应尽可能小，而不通油方向应有良好的密封。另外，单向阀的动作应灵敏，工作时不应有撞击和噪声。单向阀弹簧的刚度一般都选得较小，使阀的正向开启压力仅需 0.03 ~ 0.05MPa。如采用刚度较大的弹簧，使其开启压力达 0.2 ~ 0.6MPa，便可用做背压阀。

单向阀的性能参数主要有：正向最小开启压力、正向流动时的压力损失以及反向泄漏量等。这些参数都和阀的结构和制造质量有关。

单向阀常被安装在泵的出口，可防止系统压力冲击对泵的影响，另外泵不工作时可防止系统油液经泵倒流回油箱。单向阀还可用来分隔油路防止干扰。单向阀和其他阀组合，便可组成复合阀。

（二）液控单向阀

液控单向阀有普通型和带卸荷阀心型两种，每种又按其控制活塞的泄油腔的连接方式分为内泄式和外泄式两种。图 6-9 所示为普通型外泄式单向阀。当控制口 K 处无控制压力通入时，其作用和普通单向阀一样，压力油只能从通口 P_1 流向通口 P_2，不能反向倒流。当控制口 K 有控制压力油，且其作用在控制活塞 1 上的液压力超过 P_2 腔压力和弹簧 4 作用在阀心 3 上的合力时（控制活塞上腔通泄油口 L），控制活塞推动推杆 2 使阀心上移开启，通油口 P_1 和 P_2 接通，油液便可在两个方向自由通流。这种结构在反向开启时的控制压力较小。

图 6-9 中，如没有外泄油口，而进油腔 P_1 和控制活塞的上腔直接相通的话，则是内泄式液控单向阀。这种结构较为简单，在反向开启时，K 腔的压力必须高于 P_1 腔的压力，故控制压力较高，仅适用于 P_1 腔压力较低的场合。

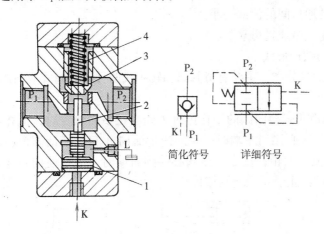

图 6-9　普通型液控单向阀

1—控制活塞　2—推杆　3—阀心　4—弹簧

在高压系统中，液控单向阀反向开启前 P_2 口的压力很高，所以使反向开启的控制压力也较高，且当控制活塞推开单向阀心时，高压封闭回路内油液的压力突然释放，会产生很大的冲击，为了避免这种现象发生且减小控制压力，可采用如图 6-10 所示的带卸荷阀心的液控单向阀。作用在控制活塞 1 上的控制压力推动控制活塞上移，先将卸荷阀心 6 顶开，P_2 和 P_1 腔之间产生微小的缝隙，使 P_2 腔压力降低到一定程度，然后再顶开单向阀心实现 P_2 到 P_1 的反向通流。

液控单向阀的一般性能与普通单向阀相同，但有反向开启最小控制压力要求。当 P_1 口

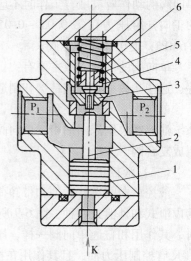

图6-10 带卸荷阀心的液
控单向阀（内泄）
1—控制活塞 2—推杆 3—阀心
4—弹簧座 5—弹簧 6—卸荷阀心

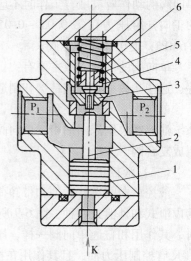

压力为零时，反向开启最小控制压力，普通型的为 $(0.4 \sim 0.5)\ p_2$，而带卸荷阀心的为 $0.05p_2$，两者相差近 10 倍。必须指出，其反向流动时的压力损失比正向流动时小，因为在正向流动时，除克服流道损失外，还须克服阀心上的液动力和弹簧力。

液控单向阀在系统中主要用途有：

1）对液压缸进行锁闭。

2）作立式液压缸的支承阀。

3）某些情况下起保压作用。

顺便指出，也有一种液控单向阀，其控制压力的作用是使阀心关闭的，但这种阀仅在特殊场合中使用。

二、换向阀

换向阀是利用阀心在阀体中的相对运动，使液流的通路接通、关断，或变换流动方向，从而使执行元件起动、停止或变换运动方向。

（一）对换向阀的主要要求

换向阀应满足：

1）流体流经阀时的压力损失要小。

2）互不相通的通口间的泄漏要小。

3）换向要平稳、迅速且可靠。

（二）换向阀的结构形式

换向阀按阀心形状分类，主要有滑阀式和转阀式两种。滑阀式换向阀在液压系统中远比转阀式用得广泛。

图6-11 所示为滑阀式换向阀的工作原理。阀心在中间位置时，流体的全部通路均被切断，活塞不运动。当阀心移到左端时，泵的流量流向 A 口，使活塞向右运动，活塞右腔的油液流经 B 口和阀流回油箱；反之，当阀心移到右端时，活塞便向左运动。因而通过阀心移动可实现执行元件的正、反向运动或停止。

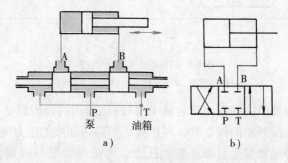

图6-11 滑阀式换向阀工作原理和图形符号
a）示意图 b）图形符号

换向阀的功能主要由其控制的通路数及工作位置所决定。图6-11 所示的换向阀有三个工作位置和四条通路（P、A、B、T），称为三位四通阀。

1. 结构主体

阀体和滑阀阀心是滑阀式换向阀的结构主体。表 6-4 列出了常见滑阀式换向阀主体部分的结构原理、图形符号和使用场合。以表中末行的三位五通阀为例，阀体上有 P、A、B、T_1、T_2 五个通口，阀心有左、中、右三个工作位置。当阀心处在图示中间位置时，五个通口都关闭；当阀心移向左端时，通口 T_2 关闭，通口 P 和 B 相通，通口 A 和 T_1 相通；当阀心移向右端时，通口 T_1 关闭，通口 P 和 A 相通，通口 B 和 T_2 相通。这种结构形式由于具有使五个通口都关闭的工作状态，故可使受它控制的执行元件在任意位置上停止运动。

表 6-4 滑阀式换向阀主体部分的结构形式

<table>
<tr><th>名 称</th><th>结构原理图</th><th>图形符号</th><th colspan="3">使用场合</th></tr>
<tr><td>二位
二通阀</td><td>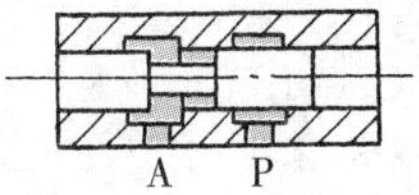A P</td><td>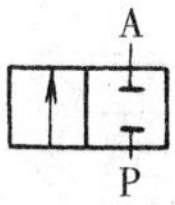A
P</td><td colspan="3">控制油路的接通与切断（相当于一个开关）</td></tr>
<tr><td>二位
三通阀</td><td>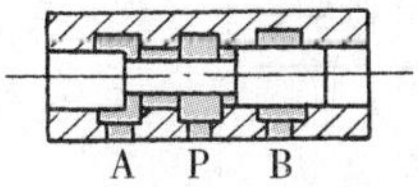A P B</td><td>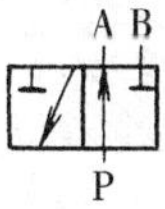A B
P</td><td colspan="3">控制液流方向（从一个方向变换成另一个方向）</td></tr>
<tr><td>二位
四通阀</td><td>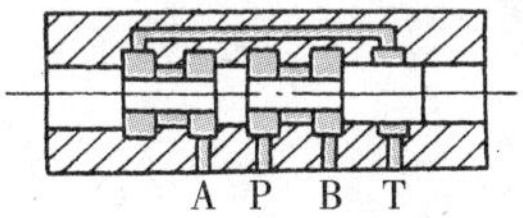A P B T</td><td>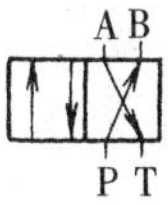A B
P T</td><td rowspan="4">控制执行元件换向</td><td>不能使执行元件在任一位置上停止运动</td><td rowspan="2">执行元件正反向运动时回油方式相同</td></tr>
<tr><td>三位
四通阀</td><td>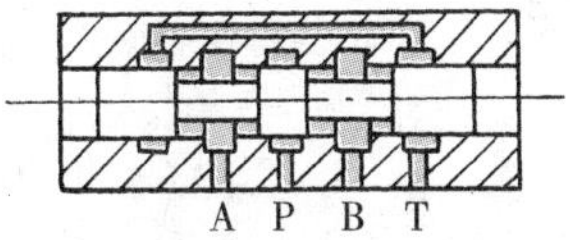A P B T</td><td>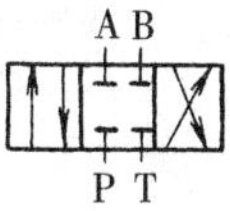A B
P T</td><td>能使执行元件在任一位置上停止运动</td></tr>
<tr><td>二位
五通阀</td><td>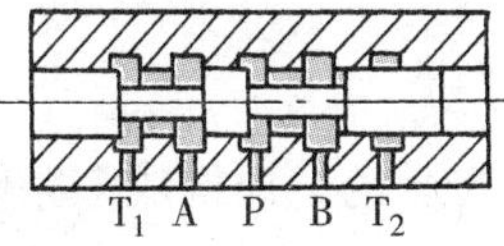T1 A P B T2</td><td>AB
T1PT2</td><td>不能使执行元件在任一位置上停止运动</td><td rowspan="2">执行元件正反向运动时可以得到不同的回油方式</td></tr>
<tr><td>三位
五通阀</td><td>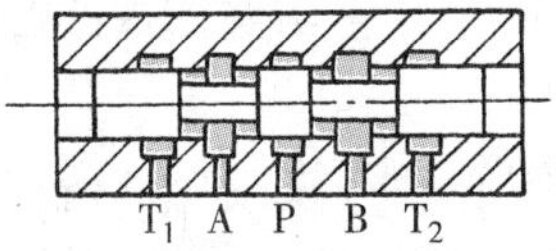T1 A P B T2</td><td>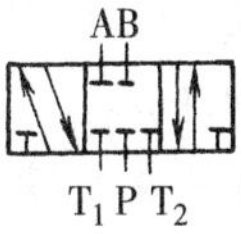AB
T1 P T2</td><td>能使执行元件在任一位置上停止运动</td></tr>
</table>

换向阀都有两个或两个以上的工作位置，其中一个是常态位置，即阀心未受外部操纵时所处的位置。绘制液压系统图时，油路一般应连接在常位上。

2. 滑阀式换向阀的操纵方式

常见的滑阀式换向阀操纵方式有手动、机动、电磁动、液动、电液动等。

（1）手动换向阀 图 6-12 所示为手动换向阀及其图形符号。图 6-12a 所示为弹簧自动复位结构的阀，松开手柄，阀心靠弹簧力恢复至中位（常位），适用于动作频繁、持续工作时间较短的场合，操作比较安全，常用于工程机械。图 6-12b 所示为弹簧钢球定位结构的阀，当松开手柄后，阀仍然保持在所需的工作位置上，适用于机床、液压机、船舶等需保持工作状态时间较长的情况。这种阀也可用脚踏操纵。

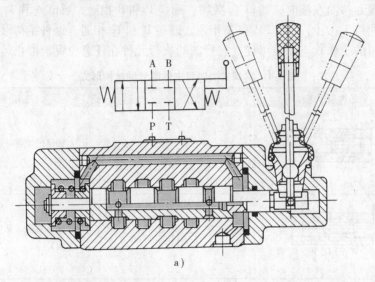

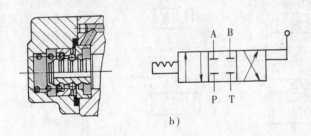

图 6-12 手动换向阀（三位四通）

a）弹簧自动复位结构 b）弹簧钢球定位结构

将多个手动换向阀组合在一起，用以操纵多个执行元件的运动，便构成多路阀。详见本节三、。

（2）机动换向阀 图 6-13 所示为机动换向阀及其图形符号，它依靠挡铁或凸轮来压迫阀心移动，从而实现液流通、断或改变流向。

（3）电磁换向阀 电磁换向阀借助于电磁铁吸力推动阀心动作来改变液流流向。这类阀操纵方便，布置灵活，易实现动作转换的自动化，因此应用最广泛。图 6-14 和 6-15 所示为电磁换向阀的结构及图形符号。

电磁阀的电磁铁按所用电源的不同，分为交流型、直流型和交流本整型三种；按电磁铁内部是否有油浸入，又分为干式、湿式和油浸式三种。

交流电磁铁使用方便，起动力大，吸合、释放快，动作时间最快约为 10ms；但工作时冲击和噪声较大，为避免线圈过热，换向频率不能超过 60 次/min；起动电流大，在阀心被

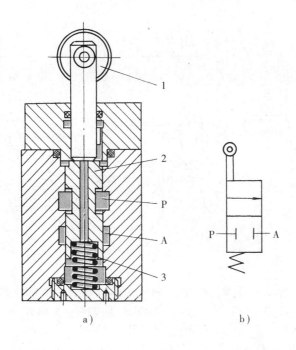

图 6-13　机动换向阀
1—滚轮　2—阀心　3—弹簧

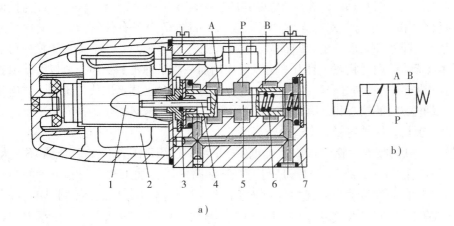

图 6-14　交流二位三通电磁换向阀及其干式电磁铁结构图
1—衔铁　2—线圈　3—密封圈　4—推杆　5—阀心　6—弹簧　7—阀体

卡时会烧毁线圈；工作寿命仅数百万次至一千万次。

直流电磁铁体积小，工作可靠；冲击小，允许换向频率为 120 次/min，最高可达 300次/min；使用寿命可高达两千万次以上；但起动力比交流电磁铁要小，且需有直流电源。

交流本整型电磁铁自身带有整流器，可以直接使用交流电源，又具有直流电磁铁的性能。

干式电磁铁如图 6-14a 所示。为避免油液侵入电磁铁，在推杆 4 的外周上装有密封圈 3，

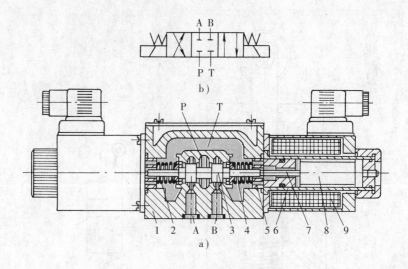

图 6-15　直流三位四通电磁换向阀及其湿式电磁铁结构图
1—阀体　2、4—弹簧　3—阀心　5—挡块　6—导磁套
7—推杆　8—衔铁　9—线圈

使线圈 2 的绝缘性能不受油液的影响。但推杆上密封圈的摩擦力则影响着电磁铁的换向可靠性。

　　湿式电磁铁如图 6-15a 所示。该电磁铁的导磁套 6 是一个密封筒状结构，与换向阀阀体 1 连接时仅套内的衔铁 8 工作腔与滑阀直接连接，推杆 7 上没有任何密封，套内可承受一定的液压力。线圈 9 部分仍处于干的状态。由于推杆上没有密封，从而提高了换向可靠性。衔铁工作时处于油液润滑状态，且有一定阻尼作用而减小了冲击和噪声。所以湿式电磁铁具有吸合声小、散热块、可靠性好、效率高、寿命长等优点，已逐渐取代传统的干式电磁铁。

　　油浸式电磁铁的铁心和线圈都浸在油液中工作，因此散热更快、换向更平衡可靠、效率更高、寿命更长。但结构复杂，造价较高。

　　由于电磁铁的吸力一般≤90N，因此电磁换向阀只适用于压力不太高、流量不太大的场合。

　　（4）液动换向阀　液动换向阀是利用控制油路的压力油来改变阀心位置的换向阀。图 6-16 所示为三位四通液动换向阀及图形符号。当控制油路的压力油从控制口 K_1 进入滑阀左腔、滑阀右腔经控制口 K_2 接通回油时，阀心在其两端压差作用下右移，使压力油口 P 与 A 相通、B 与 T 相通；当 K_2 接压力油、K_1 接回油时，阀心左移，使 P 与 B 相通、A 与 T 相通；当 K_1 和 K_2 都通回油时，阀心在两端弹簧和定位套作用下处于中位，P、A、B、T 相互均不通。必须指出，液动换向阀还需另一个阀来操纵其控制油路的方向。

　　（5）电液换向阀　图 6-17 所示为电液换向阀的结构原理及其图形符号。由图可见，当两个电磁铁都不通电时，电磁阀阀心 4 处于中位，液动阀（主阀）阀心 8 因其两端都接通油箱，也处于中位。电磁铁 3 通电时，电磁阀阀心移向右位，压力油经单向阀 1 接通主阀心的左端，其右端的油则经节流阀 6 和电磁阀而接通油箱，于是主阀心右移，移动速度由节流阀 6 的开口大小决定。同理，当电磁铁 5 通电，电磁阀阀心移向左位时，主阀心也移向左位，其移动速度由节流阀 2 的开口大小决定。

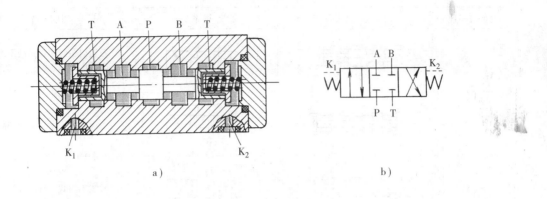

a)   b)

图 6-16　三位四通液动换向阀

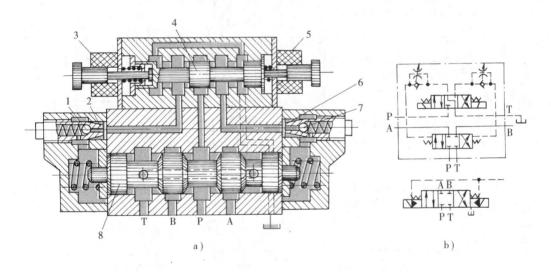

a)   b)

图 6-17　电液换向阀

1、7—单向阀　2、6—节流阀　3、5—电磁铁　4—电磁阀阀心　8—液动阀阀心（主阀心）

在电液换向阀中，控制主油路的主阀心不是靠电磁铁的吸力直接推动的，是靠电磁铁操纵控制油路上的压力油液推动的，因此推力可以很大，操纵也很方便。此外，主阀心向左或向右的移动速度可分别由节流阀 2 或 6 来调节，这就使系统中的执行元件能够得到平稳无冲击的换向。所以，这种操纵型式的换向性能是较好的，适用于高压、大流量的场合。

3. 滑阀机能

换向阀的滑阀机能分为工作位置机能和过渡位置机能。前者是指滑阀处于某个工作位置时，其各个通口的连通关系；后者则指滑阀从一个工作位置变换到另一个工作位置的过渡过程中，它的各个通口的瞬时连通关系。不同的滑阀机能对应有不同的功能。滑阀机能对换向阀的换向性能和系统的工作特性有着重要的影响。

（1）工作位置机能　三位换向阀几种常用的滑阀工作位置机能见表 6-5。

表 6-5　三位换向阀滑阀工作位置机能

滑阀性能代号	滑阀中位状态	图形符号	中位特点
O			各通口全封闭，系统不卸载，缸封闭
H			各通口全连通，系统卸载
Y			系统不卸载，缸两腔与回油连通
J			系统不卸载，缸一腔封闭，另一腔与回油连通
C			压力油与缸一腔连通，另一腔及回油皆封闭
P			压力油与缸两腔连通，回油封闭
K			压力油与缸一腔及回油连通，另一腔封闭，系统可卸载
X			压力油与各通口半开启连通，系统保持一定压力
M			系统卸载，缸两腔封闭
U			系统不卸载，缸两腔连通，回油封闭
N			系统不卸载，缸一腔与回油连通，另一腔封闭

注：阀心两端工作位置的接通形式，除常用的交叉通油外，也可设计成特殊的 OP 型或 MP 型。

在分析和选择三位换向阀中位工作机能时，通常考虑以下因素：

1）系统保压　当 P 口被堵塞，系统保压，液压泵能用于多缸系统。当 P 口不太通畅地与 T 口接通时（如 X 型），系统能保持一定的压力供控制油路使用。

2）系统卸荷　P 口通畅地与 T 口接通，系统卸荷，既节约能量，又防止油液发热。

3）换向平稳性和精度　当液压缸的 A、B 两口都封闭时，换向过程不平稳，易产生液压冲击，但换向精度高。反之，A、B 两口都通 T 口时，换向过程中工作部件不易制动，换向精度低，但液压冲击小。

4）起动平稳性　阀在中位时，液压缸某腔若通油箱，则起动时该腔因无油液起缓冲作用，起动不太平稳。

5）液压缸"浮动"和在任意位置上的停止　阀在中位，当 A、B 两口互通时，卧式液压缸呈"浮动"状态，可利用其他机构移动，调整位置。当 A、B 两口封闭或与 P 口连接（非差动情况），则可使液压缸在任意位置停下来。

（2）过渡位置机能　在许多场合，换向阀的过渡位置机能也是应该考虑的。根据系统的不同使用要求和特点，灵活地加以选择和设计过渡位置机能，将会得到理想的综合效果。换向阀的过渡位置机能比中位工作机能形式更多，可选择余地更大，下面仅举几例列于表 6-6。

表 6-6　换向阀过渡位置机能举例

过渡位置机能	工作位置机能	过渡位置机能	工作位置机能
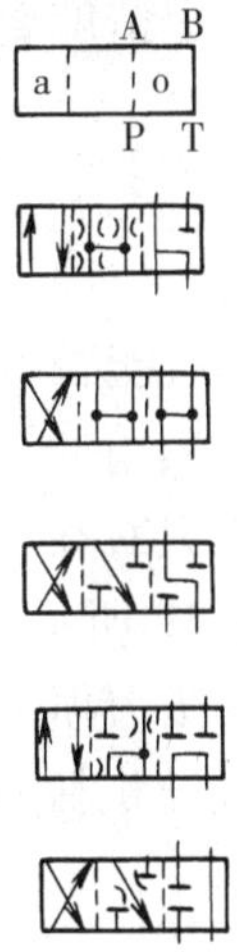	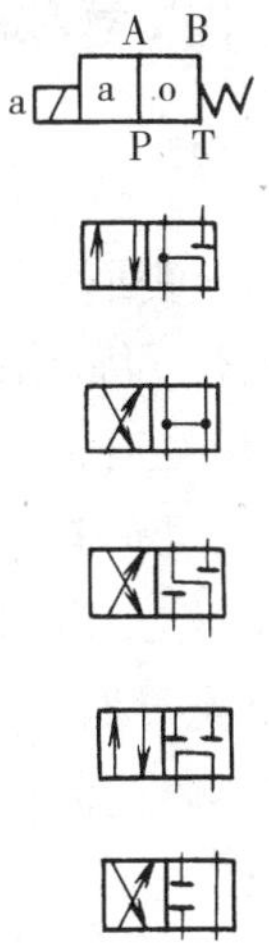	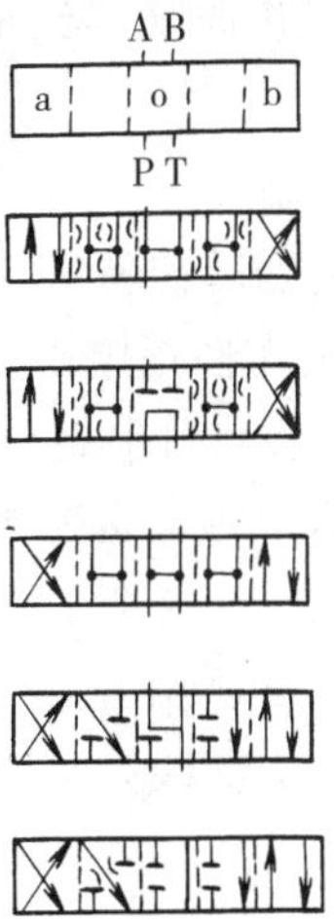	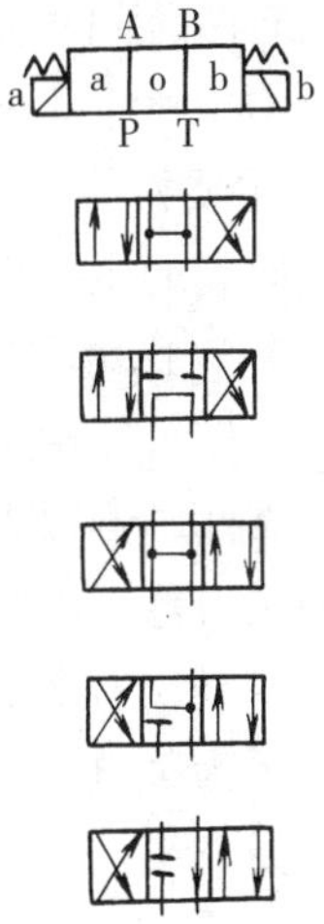

注：表中虚框表示过渡位。

4. 电磁球阀

电磁球阀是一种以电磁铁的推力为驱动力推动钢球来实现油路通断的电磁换向阀。

图 6-18 所示为二位三通电磁球阀。当电磁铁 8 断电时，弹簧 7 将钢球 5 压紧在左阀座 4 的孔上，油口 P 与 A 通，T 关闭。当电磁铁通电时，电磁推力使杠杆 3 绕支点 1 逆时针旋转，电磁力经杠杆放大后通过操纵杆 2 克服弹簧力将钢球压向右阀座 6 的孔上，于是油口 P 与 A 不通，A 与 T 相通实现换向。通道 b 的作用使钢球两侧液压力平衡。

这类阀密封性能好，可应用于达 63MPa 的高压，换向、复位速度快，换向频率高（可达 250 次/min），对工作介质粘度的适应范围广，可直接用于高水基、乳化液，由于没有液

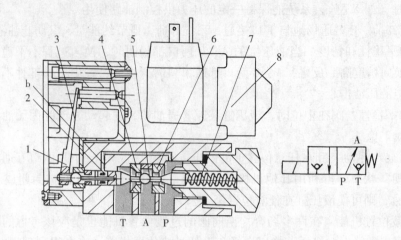

图 6-18　电磁球式换向阀（二位三通）
1—支点　2—操纵杆　3—杠杆　4—左阀座　5—钢球
6—右阀座　7—弹簧　8—电磁铁

压卡紧力，以及受液动力影响小，换向、复位所需的力很小，此外，它的抗污染性也好。电磁球阀在小流量系统中可直接控制主油路，而在大流量系统中作先导阀也很普遍。目前电磁球阀只有两位阀，需用两个二位阀才能组成一个三位阀。这种阀的加工、装配精度要求较高，成本价格也相应增加。

5. 主要性能

换向阀的主要性能，以电磁阀的项目为最多，主要包括下面几项：

（1）工作可靠性　工作可靠性指电磁铁通电后能否可靠地换向，而断电后能否可靠地复位。工作可靠性主要取决于设计和制造，和使用也有关系。液动力和液压卡紧力的大小对工作可靠性影响很大，而这两个力与通过阀的流量和压力有关。所以电磁阀也只有在一定的流量和压力范围内才能正常工作。这个工作范围的极限称为换向界限，如图 6-19 所示。

（2）压力损失　由于电磁阀的开口很小，故液流流过阀口时产生较大的压力损失。图 6-20 所示为某电磁阀的压力损失曲线。一般地说，阀体铸造流道中的压力损失比机械加工流道中的损失小。

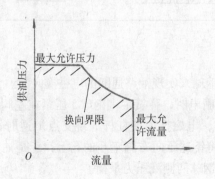

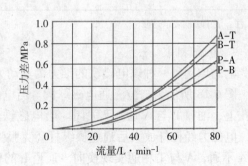

图 6-19　电磁阀的换向界限　　　　　　图 6-20　电磁阀的压力损失

（3）内泄漏量　在各个不同工作位置，在规定的工作压力下，从高压腔漏到低压腔的泄漏量为内泄漏量。过大的内泄漏量不仅会降低系统的效率，引起过热，而且还会影响执行元件的正常工作。

（4）换向和复位时间　换向时间指从电磁铁通电到阀心换向终止的时间；复位时间指从电磁铁断电到阀心回复到常态位置的时间。减小换向和复位时间可提高机构的工作效率，但会引起液压冲击。

一般说来，交流电磁阀的换向时间约为 0.03 ~ 0.05s，换向冲击较大；而直流电磁阀的换向时间约为 0.1 ~ 0.3s，换向冲击较小。通常复位时间比换向时间稍长。

（5）换向频率　换向频率是在单位时间内阀所允许的换向次数。目前交流单电磁铁的电磁阀的换向频率一般为 60 次/min 以下。

（6）使用寿命　使用寿命指电磁阀用到它某一零件损坏，不能进行正常的换向或复位动作或使用到电磁阀的主要性能指标超过规定指标时经历的换向次数。

电磁阀的使用寿命主要决定于电磁铁。湿式电磁铁的寿命比干式的长，直流电磁铁的寿命比交流的长。

三、多路换向阀

多路换向阀是将两个以上的阀块组合在一起，用以操纵多个执行元件的运动。它可根据不同液压系统的要求，把安全阀、过载阀、补油阀、分流阀、制动阀、单向阀等阀组合在一起，所以它结构紧凑，管路简单，压力损失小，而且安装简便，因此广泛应用于工程机械、起重运输机械和其他要求操纵多个执行元件运动的行走机械。多路换向阀可由手动换向阀组合，也可由电液比例或电液数字控制方向阀等组合而成。按阀体的结构形式，多路阀有整体式和分片式（组合式）两种；按油路连接方式，多路阀可分为并联、串联、串并联及复合油路；而采用多路阀时液压泵的卸荷方式，有中位卸荷和采用安全阀卸荷两种。

图 6-21 所示为多路换向阀的基本油路形式。

图 6-21a 所示为并联油路，从进油口来的压力油直接和各联换向阀的进油腔相连，而各联换向阀的回油腔则直接汇集到多路换向阀的总回油口。各阀可独立操作，但若同时操作两个或两个以上换向阀时，负载轻的执行机构先动作，而分配到各执行元件的油液仅是泵流量的一部分。

图 6-21b 所示为串联油路，后一联换向阀的进油腔和前一联的回油腔相连。该油路可实现两个或两个以上执行机构同时动作，但此时泵出口压力等于各工作机构压力之总和，因而压力较高。

图 6-21c 所示为串并联油路，各联换向阀的进油腔都和前一联换向阀的中位油道相连，而各联换向阀的回油腔则直接和总回油口相连。操纵上一联阀时，下一联阀不能工作，保证了前一联阀的优先供油。

图 6-22 所示为整体式多路换向阀的结构。油路为串并联连接。它由三位（左、中、右）滑阀 1、四位（Ⅰ、Ⅱ、Ⅲ、Ⅳ）滑阀 2、单向阀 3 和主安全阀 4 等组成。阀 1 由弹簧复位；阀 2 由弹珠定位。

当滑阀 1 处于中位和滑阀 2 处于Ⅲ位（图示位置）时，从 P 口来的压力油经中间通道直接从 T 口回油箱。当滑阀处于换向位置时，T 口油道关闭，P 口的压力油经滑阀的

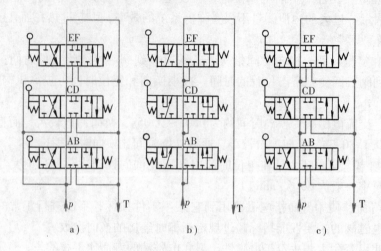

图 6-21　多路阀的基本油路形式
a）并联油路　b）串联油路　c）串并联油路

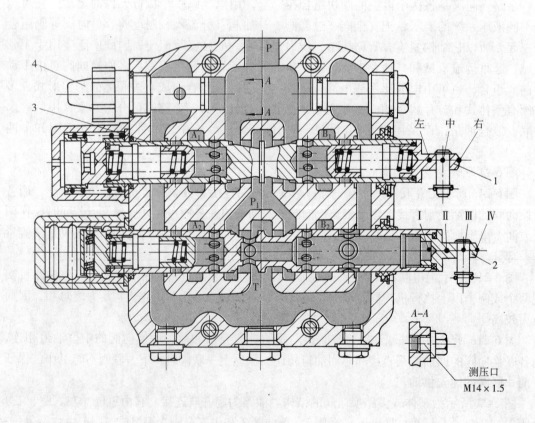

图 6-22　整体式多路换向阀
1—三位滑阀　2—四位滑阀　3—单向阀　4—主安全阀

径向孔打开单向阀进入工作油口；从另一工作油口来的油，经滑阀另一侧的径向孔回油箱。

第四节　压力控制阀

常见的压力控制阀的类型如表6-7所示。

表6-7　压力控制阀的分类

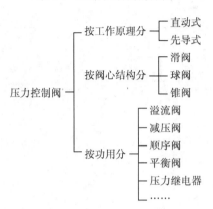

一、溢流阀

（一）功用和要求

溢流阀是通过阀口的溢流，使被控制系统或回路的压力维持恒定，实现稳压、调压或限压作用。

对溢流阀的主要要求是：调压范围大，调压偏差小，压力振摆小，动作灵敏，过流能力大，噪声小。

（二）工作原理和结构

1. 直动式

图6-23所示为直动式滑阀型溢流阀的工作原理。当作用在阀心3上的液压力大于弹簧力时，阀口打开，使油液溢流。通过溢流阀的流量变化时，阀心位置也要变化，但因阀心移动量极小，作用在阀心上的弹簧力变化甚小，因此可以认为，只要阀口打开，有油液流经溢流阀，溢流阀入口处的压力基本上就是恒定的。调节弹簧7的预紧力，便可调整溢流压力。改变弹簧的刚度，便可改变调压范围。

这种直动式滑阀型溢流阀结构简单，灵敏度高，但压力受溢流流量的影响较大，不适于在高压、大流量下工作。

图6-24所示为DBD型直动式锥阀型溢流阀的结构。图中锥阀6下部为阻尼活塞。采取适当措施后，直动式溢流阀也可用于高压大流量，如该阀的压力为31.5MPa，最大流量可达330L/min。

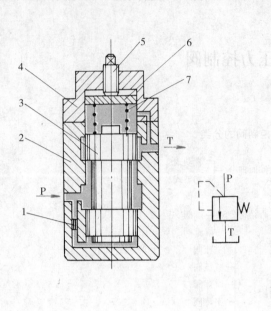

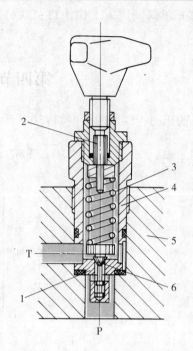

图 6-23 直动式溢流阀的工作原理
1—阻尼孔 2—阀体 3—阀心 4—阀盖
5—调压螺钉 6—弹簧座 7—弹簧

图 6-24   DBD 型直动式溢流阀
1—阀座 2—调节杆 3—弹簧 4—套管
5—阀体 6—锥阀

锥阀和球阀式阀心结构简单，密封性好，但阀心和阀座的接触力大。滑阀式阀心用得较多，但泄漏量较大。

2. 先导式

图 6-25 所示为先导控制式溢流阀的工作原理。它由先导阀和主阀组成，主阀左腔设有远程控制口 K。当 K 口关闭时，系统的压力作用于主阀 1 左右两侧及先导阀 3 上。当先导阀 3 未打开时，腔中液体没有流动，作用在主阀 1 左右两侧的液压力平衡，主阀 1 被弹簧 2 压在右端位置，阀口关闭。当系统压力增大到使先导阀 3 打开时，液流通过阻尼孔 5、先导阀 3 流回油箱。由于阻尼孔的阻尼作用，使主阀 1 右端的压力大于左端的压力，主阀 1 在压差的作用下向左移动，打开阀口，实现溢流作用。调节先导阀 3 的调压弹簧 4，便可实现溢流压力的调节。

当将远程控制口 K 通过二位二通阀接通油箱时，主阀 1 左端的压力接近于零，主阀 1 在很小的压力下便可移到左端，阀口开得最大，这时系统的油液在很低的压力下通过阀口流回油箱，实现卸荷作用。如果将 K 口接到另一个远程调压阀上（其结构和溢流阀的先导阀一样），并使打开远程调压阀的压力小于先导阀 3 的压力，则主阀 1 左端的压力（从而溢流阀的溢流压力）就由远程调压阀来决定。使用远程调压阀后便可对系统的溢流压力实行远程调节。

先导式溢流阀按其主阀心不同有三种典型结构形式，即一节、二节和三节同心式。二节同心式先导溢流阀如图 6-26 所示，因其主阀和锥阀的配合面相互间要保持同心而得名。

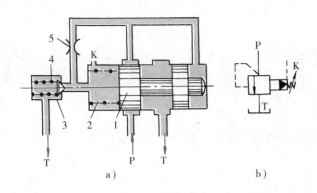

图 6-25 先导式溢流阀的工作原理

a) 原理图 b) 图形符号

1—主阀 2—主阀弹簧 3—先导阀 4—调压弹簧 5—阻尼孔

先导式溢流阀的导阀部分结构尺寸一般都较小，调压弹簧不必很强，因此压力调整比较轻便。但是先导式溢流阀要导阀和主阀都动作后才能起控制作用，因此反应不如直动式溢流阀灵敏。

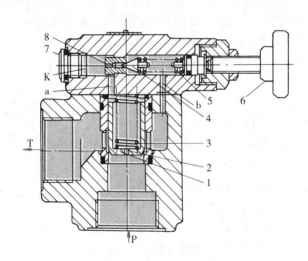

图 6-26 二节同心式先导溢流阀

1—主阀心 2、8—阻尼孔 3—主阀弹簧 4—先导阀心

5—先导阀弹簧 6—调压手轮 7—螺堵

（三）静态特性

当溢流阀稳定工作时，作用在阀心上的力是平衡的。以图 6-23 所示的直动式溢流阀为例，如令 p 为进口处的压力（在稳定状态下它就是阀心底端的压力），A 为阀心承压面积，F_s 为弹簧作用力，F_g 为阀心重力，F_{bs} 为作用在阀心上的轴向稳态液动力，F_f 为摩擦力，则当阀垂直安放时，阀心上的受力平衡方程为

$$pA = F_s + F_g + F_{bs} + F_f \tag{6-8}$$

在一般情况下，可以略去阀心自重和摩擦力。将式（6-1）代入上式，令 x_R 表示溢流阀阀口开度，略去 c_r 不计，并取 $C_v = 1$，则有

$$p = \frac{F_s}{A - 2C_d w x_R \cos\varphi} \tag{6-9}$$

可见溢流阀进口处的压力是由弹簧力决定的。如忽略稳态液动力，且假设弹簧力 F_s 变化相当小，则由式（6-9）可知溢流阀进口处的压力基本上维持由弹簧调定的定值。然而，在弹簧力调整好之后，因溢流阀流量变化，阀口开度 x_R 的变化影响弹簧压紧力和稳态液动力，所以溢流阀在工作时进口处的压力还是会发生微小变化的。

如令 x_c 为弹簧调整时的预压缩量，k_s 为弹簧刚度，则由式（6-9）有

$$p = \frac{k_s(x_c + x_R)}{A - 2C_d w x_R \cos\varphi} \tag{6-10}$$

当溢流阀开始溢流时（即阀口将开未开时），$x_R = 0$，这时进口处的压力 p_c 称为溢流阀的开启压力，其值为

$$p_c = \frac{k_s}{A} x_c \tag{6-11}$$

当溢流量增加时，阀心移动，阀口开度加大，p 值亦加大。当溢流阀通过额定流量 q_n 时，阀心移动到相应位置，这时进口处的压力 p_T 称为溢流阀的调定压力或全流压力。全流压力与开启压力之差称为静态调压偏差，而开启压力与全流压力之比称为开启比。溢流阀的开启比越大，它的静态调压偏差就越小，所控制的系统压力便越稳定。

溢流阀溢流时通过阀口的流量 q 可以由第三章的式（3-48）求出，在考虑了式（6-10）、式（6-11）和等式 $A_0 = w x_R$，并因溢流阀的回油口接通油箱，$\Delta p = p$，便有

$$q = \frac{C_d A w}{k_s + 2C_d w \cos\varphi\, p}(p - p_c)\sqrt{\frac{2p}{\rho}} \tag{6-12}$$

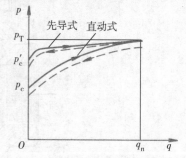

图 6-27　溢流阀的特性曲线

式（6-12）就是直动式溢流阀的"压力－流量"特性方程。根据它画出来的曲线称为溢流特性曲线，如图 6-27 所示。溢流阀的理想溢流特性曲线最好是一条在 p_T 处平行于流量坐标的直线，即仅在 p 达到 p_T 时才溢流，且不管溢流量多少，压力始终保持在 p_T 值上。实际溢流阀的特性不可能是这样的。而只能要求它的特性曲线尽可能接近这条理想曲线。

对先导式溢流阀（见图 6-25）来说，对应于式（6-9）的公式为

$$p = \frac{F_s + p'A}{A - 2C_d w x_R \cos\varphi} \tag{6-13}$$

式中，p' 为主阀心左端的压力，其值由先导阀弹簧的压紧力决定；其余符号意义同前。

当先导阀弹簧调整好之后，在溢流时主阀心左端的压力 p' 便基本上是个定值，此值与 p 值很接近（两者间之差值为油液通过阻尼孔的压降），所以主阀弹簧力 F_s 只要能克服阀心的摩擦力就行，主阀弹簧可以做得较软。当溢流量变化引起主阀阀心位置变化时，F_s 值变化较小，因而 p 的变化也较小。为此先导式溢流阀的开启比通常都比直动式的大，即静态调压偏差比直动式的小（见图 6-27）。

溢流阀的阀心在工作中受到摩擦力的作用，阀口开大和关小时的摩擦力方向刚好相反，

因此阀在工作时不可避免地会出现粘滞现象，使阀开启时的特性和闭合时的特性产生差异。图6-27中的实线表示其开启特性，而虚线则表示其闭合特性。在某一溢流流量时，这两条曲线纵坐标（即压力）的差值，即是不灵敏区（压力在此差值范围内变动时，阀心不起调节作用）。不灵敏区使受溢流阀控制的系统的压力波动范围增大。先导式溢流阀的不灵敏区比直动式溢流阀的小。

关于溢流阀的启闭特性，目前有如下规定：先把溢流阀调到全流量时的额定压力，在开启过程中，当溢流量加大到额定流量的1%时，系统的压力称为阀的开启压力。在闭合过程中，当溢流量减小到额定流量的1%时，系统的压力称为阀的闭合压力。为了保证溢流阀具有良好的静态特性，一般说来，阀的开启压力和闭合压力对额定压力之比分别不应低于85%和80%。

（四）应用

在系统中，溢流阀的主要用途有：

1）作溢流阀，溢流阀有溢流时，可维持阀进口亦即系统压力恒定。

2）作安全阀，系统超载时，溢流阀才打开，对系统起过载保护作用，而平时溢流阀是关闭的。

3）作背压阀，溢流阀（一般为直动式的）装在系统的回油路上，产生一定的回油阻力，以改善执行元件的运动平稳性。

4）用先导式溢流阀对系统实现远程调压或使系统卸荷。

二、减压阀

减压阀分定值、定差和定比减压阀三种，其中最常用的是定值减压阀。如不指明，通常所称的减压阀即为定值减压阀。

（一）功用和要求

在同一系统中，往往有一个泵要向几个执行元件供油，而各执行元件所需的工作压力不尽相同的情况。若某执行元件所需的工作压力较泵的供油压力低时，可在该分支油路中串联一减压阀。油液流经减压阀后，压力降低，且使与其出口处相接的某一回路的压力保持恒定。这种减压阀称为定值减压阀。

对减压阀的要求是：出口压力维持恒定，不受进口压力、通过流量大小的影响。

（二）工作原理和结构

减压阀也有直动式和先导式两种，每种各有二通和三通两种形式。图6-28所示为直动式二通减压阀的工作原理。当阀心处在原始位置上时，它的阀口 a 是打开的，阀的进、出口沟通。这个阀的阀心由出口处的压力控制，出口压力未达到调定压力时阀口全开，阀心不动。当出口压力达到调定压力时，阀心上移，阀口开度 x_R 关小。如忽略其他阻力，仅考虑阀心上的液压力和弹簧力相平衡的条件，则可以认为出口压力基本上维持在某一定值（调定值）上。这时如出口压力减小，阀心下移，阀口开度 x_R 开大，阀口处阻

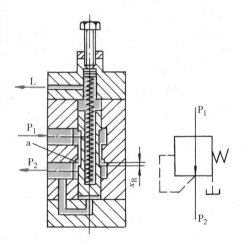

图6-28 直动式减压阀工作原理

129

力减小，压降减小，使出口压力回升，达到调定值。反之，如出口压力增大，则阀心上移，阀口开度 x_R 关小，阀口处阻力加大，压降增大，使出口压力下降到调定值上。

图 6-29 所示为先导式减压阀的结构。阀的下部端盖上装有缓冲活塞，防止出口压力突然减小时主阀心产生撞击现象，它也可减缓出口压力的波动。

先导式减压阀和先导式溢流阀有以下几点不同之处：

1）减压阀保持出口处压力基本不变，而溢流阀保持进口处压力基本不变。

2）在不工作时，减压阀进出口互通，而溢流阀进出口不通。

3）为保证减压阀出口压力调定值恒定，它的先导阀弹簧腔需通过泄油口单独外接油箱；而溢流阀的出油口是通油箱的，所以它的先导阀弹簧腔和泄漏油可通过阀体上的通道和出油口接通，不必单独外接油箱（当然也可外泄）。

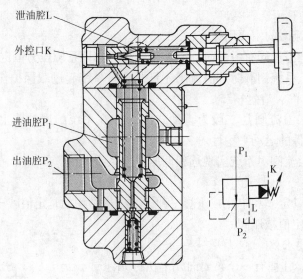

图 6-29　先导式减压阀

（三）性能

在图 6-28 中，如忽略减压阀阀心的自重、摩擦力，且令 $C_v = 1$，则阀心上的力的平衡方程为

$$p_2 A + 2C_d w x_R \cos\varphi (p_1 - p_2) = k_s (x_c - x_R) \tag{6-14}$$

式中，x_c 为当阀心开口 $x_R = 0$ 时的弹簧预压缩量。由此得

$$p_2 = \frac{k_s (x_c - x_R) - 2C_d w x_R \cos\varphi p_1}{A - 2C_d w x_R \cos\varphi} \tag{6-15}$$

如果忽略稳态液动力，则

$$p_2 = \frac{k_s}{A}(x_c - x_R) \tag{6-16}$$

在使用 k_s 很小的弹簧，且考虑到 $x_R \ll x_c$ 时，则

$$p_2 \approx \frac{k_s}{A} x_c \approx \text{const} \tag{6-17}$$

这就是减压阀出口压力基本上保持定值的说明。

减压阀的 p_2-q 特性曲线如图6-30所示。减压阀进口压力 p_1 基本恒定时，若通过的流量 q 增加，则阀口缝隙 x_R 加大，出口压力略微下降。先导式减压阀出油口压力的调整值越低，它受流量变化的影响就越大。

当减压阀的出油口处不输出油液时，它的出口压力基本上仍能保持恒定，此时有少量的油液通过减压阀开口经先导阀和泄油管流回油箱，保持该阀处于工作状态。

（四）应用

减压阀主要用在系统的夹紧、电液动换向阀的控制压力油、润滑等回路中。此外，减压阀也可用来限制工作机构的作用力，减少压力波动带来的影响，改善系统的控制性能。而三通减压阀还可用在有反向冲击流量的场合。必须指出，应用减压阀必有压力损失，这将增加功耗和使油液发热。当分支油路压力比主油路压力低很多，且流量又很大时，常采用高、低压泵分别供油，而不宜采用减压阀。

定差减压阀和定比减压阀主要用来和其他阀组成组合阀，如定差减压阀可保证节流阀进出口间的压差维持恒定，这种减压阀和节流阀串联连接组成的调速阀，其工作原理将在后面提及。图6-31所示为定比减压阀的结构原理图。定比减压阀的进口压力和出口压力之比维持恒定。

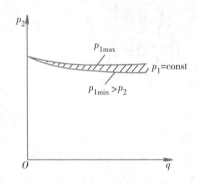

图6-30　减压阀的特性曲线

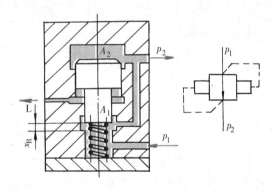

图6-31　定比减压阀

阀心在稳态下的力平衡方程为

$$p_1 A_1 + k_s(x_c - x_R) = p_2 A_2 \tag{6-18}$$

式中　p_1、p_2——进口、出口压力；

$\quad\quad A_1$、A_2——阀心面积；

$\quad\quad x_R$——阀口开度；

$\quad\quad x_c$——阀口关闭，即 $x_R = 0$ 时的弹簧预压缩量；

$\quad\quad k_s$——弹簧刚度。

弹簧力很小可忽略，则有

$$\frac{p_2}{p_1} = \frac{A_1}{A_2} \tag{6-19}$$

由式（6-19）可见，在 A_1/A_2 一定时，该阀能维持进、出口压力间的定比关系，而改变阀心的压力作用面积 A_1、A_2，便可得到不同的压力比。

三、顺序阀

（一）功用

顺序阀用油液的压力来控制油路的通断，并因常用于控制多个执行元件的顺序动作而得名。通过改变控制方式、泄油方式和二次油路的接法，顺序阀还可具有其他功能，如作背压阀、平衡阀或卸荷阀用。

（二）工作原理和结构

顺序阀也有直动式和先导式之分，根据控制压力来源的不同，分为内控式和外控式；根据泄油方式，它有内泄式和外泄式两种。

图 6-32 所示为先导式顺序阀（内控式），其工作原理与先导式溢流阀相似；不同之处在于它的出口处不接油箱，而通向二次油路，因而它的泄油口 L 必须单独接回油箱。

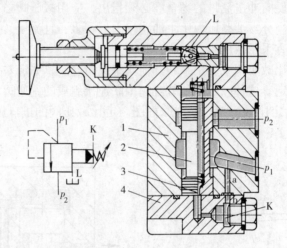

图 6-32　先导式顺序阀

1—阀体　2—阀心　3—阻尼孔　4—盖板

内控式顺序阀在其进油路压力 p_1 达到阀的设定压力之前，阀口一直是关闭的，达到设定压力后阀口才开启，使压力油进入二次油路，去驱动另一个执行元件。

将图 6-32 中的盖板 4 转过 90°安装（即 a 孔和 b 孔断开），卸去螺堵，就成为外控式顺序阀，其阀口的开启与否和一次油路处来的进口压力没有关系，仅决定于控制压力的大小。

（三）性能

顺序阀的主要性能和溢流阀相仿。此外，顺序阀为使执行元件准确地实现顺序动作，要求阀的调压偏差小，因而调压弹簧的刚度小一些好。另外，阀关闭时，在进口压力作用下各密封部位的内泄漏应尽可能小，否则可能引起误动作。

（四）应用

顺序阀在液压系统中的应用主要有：

1）控制多个执行元件的顺序动作。

2）与单向阀组成平衡阀，保持垂直放置的液压缸不因自重而下落。它的工作原理可见第九章图 9-5。

3）用外控式顺序阀可在双泵供油系统中，当系统所需流量较小时，使大流量泵卸荷。它的工作原理见第九章图 9-9。卸荷阀便是由先导式外控顺序阀与单向阀组成的。

4）用内控式顺序阀接在液压缸回油路上，产生背压，以使活塞的运动速度稳定。

四、平衡阀

图6-33所示为在工程机械领域得到广泛应用的一种平衡阀结构。重物下降时的油流方向为B→A，X为控制油口。当没有输入控制油时，由重物形成的压力油作用在锥阀2上，B口与A口不通，重物被锁定。当输入控制油时，推动活塞4右移，先顶开锥阀2内部的先导锥阀3。由于阀3右移，切断了弹簧8所在容腔与B口高压腔的通路，该腔快速卸压。此时，B口还未与A口沟通。当活塞4右移至其右端面与锥阀2端面接触时，其左端圆盘正好与活塞附件5接触形成一个组件，并在控制油作用下压缩弹簧9继续右移，打开锥阀2，B口与A口相通，其通流截面依靠阀套7上几排小孔来逐渐增大，从而起到了很好的平衡阻尼作用。活塞4左端中心部分还配置了一套阻尼组件6。这样，平衡阀在反向通油时就比较平稳。

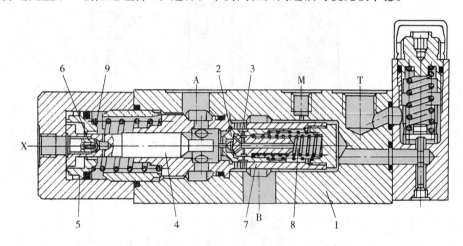

图6-33 平衡阀结构图

1—阀体 2—锥阀 3—先导锥阀 4—控制活塞 5—活塞附件
6—阻尼组件 7—阀套 8—弹簧组件 9—控制弹簧

五、压力继电器

压力继电器是利用油液压力信号来启闭电气触点，从而控制电路通断的液/电转换元件。它在油液压力达到其设定压力时，发出电信号，使电气元件动作，实现泵的加载或卸荷、执行元件的顺序动作或系统的安全保护和连锁等功能。

图6-34所示为柱塞式压力继电器的结构。当油液压力达到压力继电器的设定压力时，作用在柱塞1上的力通过顶杆2合上微动开关4，发出电信号。

压力继电器的主要性能包括：

（1）调压范围 指能发出电信号的最低工作压力和最高工作压力的范围。

（2）灵敏度和通断调节区间 压力升高，继电器接通电信号的压力（称开启压力）和压力下降，继电器复位切断电信号的压力（称闭合压力）之差为压力继电器的灵敏度。为避免压力波动时继电器时通时断，要求开启压力和闭合压力间有一可调的差值，称为通断调节区间。

（3）重复精度 在一定的设定压力下，多次升压（或降压）过程中，开启压力（或闭合压力）本身的差值称为重复精度。

（4）升压或降压动作时间 压力由卸荷压力升到设定压力，微动开关触点闭合发出电

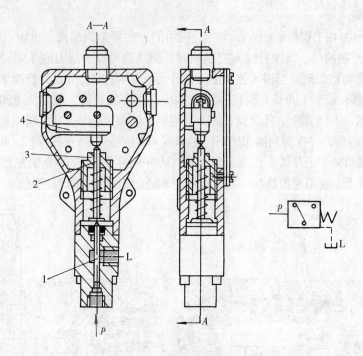

图 6-34　压力继电器
1—柱塞　2—顶杆　3—调节螺钉　4—微动开关

信号的时间，称为升压动作时间，反之称为降压动作时间。

压力继电器在液压系统中的应用很广，如刀具移到指定位置碰到挡铁或负载过大时的自动退刀；润滑系统发生故障时的工作机械自动停车；系统工作程序的自动换接等，都是典型的例子。

第五节　流量控制阀

流量控制阀是依靠改变阀口通流面积的大小来改变液阻，控制通过阀的流量，达到调节执行元件（液压缸或液压马达）运动速度的目的。常用的流量控制阀有普通节流阀、调速阀等。

液压系统中使用的流量控制阀应满足如下要求：具有足够的调节范围；能保证稳定的最小流量；温度和压力变化对流量的影响要小；调节方便；泄漏小等。

一、普通节流阀

（一）工作原理

图 6-35 所示为一种普通节流阀的结构。这种节流阀的节流通道呈轴向三角槽式。油液从进油口 P_1 流入，经孔道 a 和阀心 2 左端的三角槽进入孔道 b，再从出油口 P_2 流出。调节手把 4 通过推杆 3 使阀心 2 作轴向移动，改变节流口的通流截面积来调节流量。阀心 2 在弹簧 1 的作用下始终贴紧在推杆 3 上。

（二）静态特性

1. 流量特性

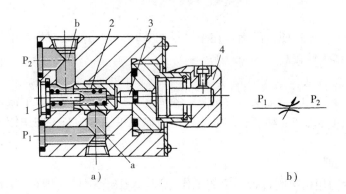

图 6-35 普通节流阀

a）结构图 b）图形符号

1—弹簧 2—阀心 3—推杆 4—调节手把

节流阀的流量特性决定于节流口的结构形式。由于任何一种具体的节流口都不是薄壁孔或细长孔，为此节流阀的流量特性常用下式来描述

$$q_T = CA_T(p_1 - p_2)^\varphi = CA_T\Delta p^\varphi \tag{6-20}$$

式中 C——由节流口形状、液体流态、油液性质等因素决定的系数，具体数值由实验得出；

A_T——节流口的通流截面积；

φ——由节流口形状决定的节流阀指数，其值在 $0.5 \sim 1.0$ 之间，由实验求得。

由式（6-20）可知，通过节流阀的流量，是和节流口前后的压差、油温以及节流口形状等因素密切有关的。

（1）压差对流量稳定性的影响 在使用中，当节流阀的通流截面积调整好以后，实际上由于负载的变化，阀前后的压差亦在变化，使流量不稳定。式（6-20）中的 φ 越大，Δp 的变化对流量的影响亦越大，因此节流口制成薄壁孔（$\varphi \approx 0.5$）比制成细长孔（$\varphi \approx 1$）好。

（2）温度对流量稳定性的影响 油温的变化引起油液粘度变化，从而对流量发生影响。这在细长孔式节流口上是十分明显的。对薄壁孔式节流口来说，当雷诺数 Re 大于临界值时，流量系数 C_d 不受油温影响，但当压差小，通流截面积小时，C_d 与 Re 有关，流量要受到油温变化的影响。

2. 最小稳定流量和流量调节范围

当节流阀的通流截面积很小时，在保持所有因素都不变的情况下，通过节流口的流量会出现周期性的脉动，甚至造成断流，这就是节流阀的阻塞现象。节流口的阻塞会使液压系统中执行元件的速度不均匀。因此每个节流阀都有一个能正常工作的最小流量限制，称为节流阀的最小稳定流量，图 6-35 所示节流阀的最小稳定流量为 0.05L/min。

节流口发生阻塞的主要原因是由于油液中含有杂质或由于油液因高温氧化后析出的胶质等粘附在节流口的表面上，当附着层达到一定厚度时，会造成节流阀断流。

减小阻塞现象的有效措施是采用水力半径大的节流口；另外，选择化学稳定性好和抗氧化稳定性好的油液，并注意精心过滤，定期更换，都有助于防止节流口阻塞。

流量调节范围指通过阀的最大流量和最小稳定流量之比，一般在 50 以上。

3. 调节特性

节流阀的调节应该轻便、准确。在小流量调节时，如通流截面相对于阀心位移的变化率较小，则调节的精确性较高。

（三）应用

节流阀在液压系统中，主要与定量泵、溢流阀和执行元件等组成节流调速系统。调节其开口，便可调节执行元件运动速度的大小。节流阀也可于试验系统中用作加载等。

二、调速阀

（一）工作原理

图 6-36 所示为用调速阀进行调速的工作原理。液压泵出口（即调速阀进口）压力 p_1 由溢流阀调整，基本上保持恒定。调速阀出口处的压力 p_2 由活塞上的负载 F 决定。所以当 F 增大时，调速阀进出口压差 $p_1 - p_2$ 将减小。如在系统中装的是普通节流阀，则由于压差的变动，影响通过节流阀的流量，因而活塞运动的速度不能保持恒定。

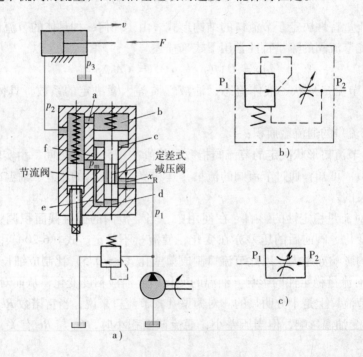

图 6-36　调速阀的工作原理
a）结构　b）图形符号　c）简化的图形符号

调速阀是在节流阀的前面串接了一个定差式减压阀，使油液先经减压阀产生一次压力降，将压力降到 p_m。利用减压阀阀心的自动调节作用，使节流阀前后压差 $\Delta p = p_m - p_2$ 基本上保持不变。

减压阀阀心上端的油腔 b 通过孔道 a 和节流阀后的油腔相通，压力为 p_2，而其肩部腔 c 和下端油腔 d，通过孔道 f 和 e 与节流阀前的油腔相通，压力为 p_m。活塞上负载 F 增大时，p_2 升高，于是作用在减压阀阀心上端的液压力增加，阀心下移，减压阀的开口 x_R 加大，压降减小，因而使 p_m 也升高，结果使节流阀前后的压差 $p_m - p_2$ 保持不变。反之亦然。这样就使通过调速阀的流量恒定不变，活塞运动的速度稳定，不受负载变化的影响。

上述调速阀是先减压后节流型的结构。调速阀也可以是先节流后减压型的，两者的工作原理和作用情况基本上相同。

应当指出，这种阀称为调速阀是不十分确切的，称稳流量阀似更符合实际。

（二）静态特性

调速阀的流量特性可按下述基本关系式推导出来。式中带 R 下标为减压阀，带 T 下标为节流阀。

当忽略减压阀阀心的自重和摩擦力时，阀心上受力平衡方程为

$$k_s(x_c - x_R) = 2C_{dR}w_Rx_R(p_1 - p_m)\cos\varphi + (p_m - p_2)A_R \qquad (6\text{-}21)$$

式中　x_c——阀心开口 $x_R = 0$ 时的弹簧预压缩量。

减压阀和节流阀的开口都是薄壁孔形式，所以通过减压阀和节流阀的流量分别为

$$q_R = C_{dR}w_Rx_R\sqrt{\frac{2}{\rho}(p_1 - p_m)}$$

$$q_T = C_{dT}w_Tx_T\sqrt{\frac{2}{\rho}(p_m - p_2)}$$

于是

$$q_T = C_{dT}w_Tx_T\sqrt{\frac{2k_sx_c}{\rho A_R}\left[\frac{1 - \dfrac{x_R}{x_c}}{1 + \dfrac{2C_{dT}^2w_T^2x_T^2}{A_RC_{dR}w_Rx_R}\cos\varphi}\right]^{\frac{1}{2}}} \qquad (6\text{-}22)$$

考虑到

$$\frac{x_R}{x_c} \ll 1, \qquad \frac{2C_{dT}^2w_T^2x_T^2}{A_RC_{dR}w_Rx_R}\cos\varphi \ll 1 \qquad (6\text{-}23)$$

则

$$q_T \approx C_{dT}w_Tx_T\sqrt{\frac{2k_sx_c}{\rho A_R}} \qquad (6\text{-}24)$$

由式（6-24）可见，在满足式（6-23）的条件下，通过调速阀的流量可以基本上保持不变。

调速阀的 q 与 Δp 间的关系曲线如图 6-37 所示。图中也示出了节流阀的流量特性，以资比较。调速阀因有减压阀和节流阀两个液阻串联，所以它在正常工作时，至少要有 0.4～0.5MPa 的压差。这是因为在压差很小时，减压阀阀心在弹簧作用下处于最下端位置，阀口全开，不能起到稳定节流阀前后压差的缘故。

（三）应用

调速阀在液压系统中的应用和节流阀相仿，它适用于执行元件负载变化大而运动速度要求稳定的系统中，也可用在容积-节流调速回路中。

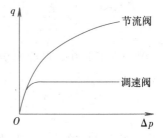

图 6-37　调速阀和节流阀的流量特性

三、旁通式调速阀

旁通式调速阀亦称溢流节流阀，图 6-38 所示旁通式调速阀是由定差溢流阀与节流阀并联而成。当负载压力变化时，由于定差溢流阀的补偿作用使节流阀两端压差保持恒定，从而

使流量与节流阀的通流面积成正比，而与负载压力无关。由图可见，进口处高压油 p_1，一部分通过节流阀4的阀口由出油口处流出，压力降到 p_2，进入液压缸1克服负载 F 而以速度 v 运动。另一部分则通过溢流阀3的阀口溢回油箱。溢流阀上端的油腔与节流阀后的压力油 p_2 相通，下端的油腔与节流阀前的压力油 p_1 相通。忽略阀心自重和摩擦力，溢流阀阀心的受力平衡方程为

$$p_2 A + k_s (x_o + x_R + x_c) + F_{fs} = p_1 A_1 + p_1 A_2 \tag{6-25}$$

式中　k_s——溢流阀弹簧刚度；

　　　x_o——溢流阀阀心在底部限位时的弹簧预压缩量；

　　　x_R——阀开口量；

　　　x_c——溢流阀开启（$x_R = 0$）时阀心位移；

　　　F_{fs}——溢流阀阀心稳态液动力。

p_1、p_2、A、A_1、A_2 如图 6-38 所示。

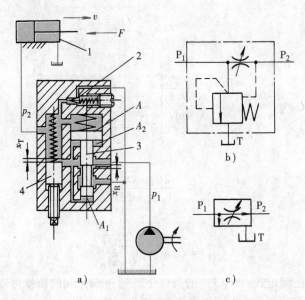

图 6-38　旁通式调速阀
1—液压缸　2—安全阀　3—溢流阀　4—节流阀

式（6-25）中，阀心面积 $A = A_1 + A_2$，设计时使 $x_o + x_c \gg x_R$，若忽略稳态液动力 F_{fs}，则有

$$p_1 - p_2 \approx \frac{k_s (x_o + x_c)}{A} \tag{6-26}$$

即节流阀两端压差 $p_1 - p_2$ 基本保持恒定。

在稳态工况下，当负载力 F 发生变化，例如增加时，p_2 即上升，溢流阀阀心力平衡破坏，这时溢流阀阀心向下运动，溢流阀口 x_R 减小，进口压力 p_1 上升，溢流阀阀心建立新的力平衡，节流阀口两端压差 $p_1 - p_2$ 仍然不变；反之，若负载力 F 减小时，p_2 下降，但 p_1 也下降，压差 $p_1 - p_2$、流量和速度也保持不变。

当调节节流阀开度 x_T，例如增大时，通过节流阀的流量和活塞运动速度 v 均将增加，溢

流阀口 x_R 将减小,但 $p_1 - p_2$ 仍保持不变,同理可分析 x_T 减小的情况。

图 6-38 中 2 为安全阀。当负载压力 p_2 超过其调定压力时,安全阀将开启,流过安全阀的流量在节流阀口 x_T 处的压差增大,使溢流阀阀心克服弹簧力向上运动,溢流阀口 x_R 将开大,泵通过溢流阀口的溢流加大,进口压力 p_1 得到限制。

调速阀和溢流节流阀虽都是通过压力补偿来保持节流阀两端的压差不变,但在性能和应用上有一定差别。调速阀应用在由液压泵和溢流阀组成的定压油源供油的节流调速系统中,可以安装在执行元件的进油路、回油路或旁油路上。旁通式调速阀只能用在进油路上,泵的供油压力 p_1 将随负载压力 p_2 而改变,因此系统功率损失小,效率高,发热量小,这是其最大的优点。此外,旁通式调速阀本身具有溢流和安全功能,因而与调速阀不同,进口处不必单独设置溢流阀。但是,旁通式调速阀中流过的流量比调速阀的大(一般是系统的全部流量),阀心运动时阻力较大,弹簧较硬,其结果是使节流阀前后压差 Δp 加大(须达 0.3 ~ 0.5MPa),因此它的稳定性稍差。

第六节　电液伺服阀

电液伺服阀是一种变电气信号为液压信号以实现流量或压力控制的转换装置。它充分发挥了电气信号传递快,线路连接方便,适于远距离控制,易于测量、比较和校正的优点,和液压动力输出力大、惯性小、反应快的优点。这两者的结合使电液伺服阀成为一种控制灵活、精度高、快速性好、输出功率大的控制元件。

按输出和反馈的液压参数不同,电液伺服阀分为流量伺服阀和压力伺服阀两大类,前者应用远比后者广泛,本书只讨论流量伺服阀。

一、电液伺服阀的工作原理

电液伺服阀用伺服放大器进行控制。伺服放大器的输入电压信号来自电位器、信号发生器、同步机组和计算机的 D/A 数模转换器等输出的电压信号;其输出的电流与输入电压信号成正比。伺服放大器是具有深度电流负反馈的电子放大器,主要包括比较元件(即加法器或误差检测器)、电压放大元件和功率放大元件等三部分。电液伺服阀在系统中一般不用作开环控制,系统的输出参数必须进行反馈,形成闭环控制,因而其比较元件至少要有控制和反馈两个输入端。有的电液伺服阀还有内部状态参数的反馈。

图 6-39 所示为一典型的电液伺服阀,由电-机械转换器、液压控制阀和反馈机构三部分组成。

电液伺服阀的电-机械转换器的直接作用是将伺服放大器输入的电流转换为力矩或力(前者称为力矩马达、后者称为力马达),进而转化为在弹簧支承下阀的运动部件的角位移或直线位移以控制阀口的通流面积大小。

图 6-39a 的上部及图 6-39b 表示电-机械转换器的结构。衔铁 7 和挡板 2 连为一体,由固定在阀体 9 上的弹簧管 3 支承。挡板下端的球头插入滑阀 10 的凹槽,前后两块永久磁铁 5 与导磁体 6、8 形成一固定磁场。当线圈 4 内无控制电流时,导磁体 6、8 和衔铁间四个间隙中的磁通相等均为 ϕ_g,且方向相同,衔铁受力平衡处于中位。当线圈中有控制电流时,一组对角方向气隙中的磁通增加,另一组对角方向气隙中的磁通减小,于是衔铁在磁力作用下克服弹簧管的弹力,偏转一角度。挡板随衔铁偏转而改变其与两个喷嘴 1 间的间隙,一个间

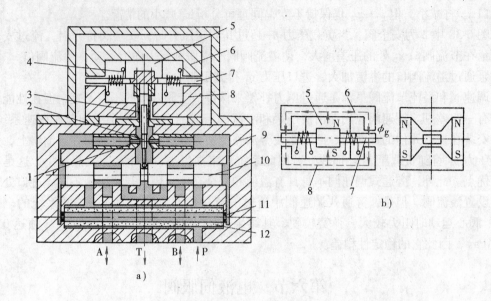

图 6-39　电液伺服阀

a）电液伺服阀结构　b）电-机械转换器结构

1—喷嘴　2—挡板　3—弹簧管　4—线圈　5—永久磁铁　6、8—导磁体　7—衔铁

9—阀体　10—滑阀　11—节流孔　12—过滤器

隙减小，另一个间隙相应增大。

　　该电液伺服阀的液压阀部分为双喷嘴挡板先导阀控制的功率级滑阀式主阀。压力油经 P 口直接为主阀供油，但进喷嘴挡板的油则需经过滤器 12 进一步过滤。

　　当挡板偏转使其与两个喷嘴间的间隙不等时，间隙小的一侧的喷嘴腔压力升高，反之间隙大的一侧喷嘴腔压力降低。这两腔压差作用在滑阀的两端面上，使滑阀产生位移，阀口开启。这时压力油经 P 口和滑阀的一个阀口并经通口 A 或 B 流向液压缸，液压缸的排油则经通口 B 或 A 和另一阀口并经通口 T 与回油相通。

　　滑阀移动时带动挡板下端球头一起移动，从而在衔铁挡板组件上产生力矩，形成力反馈，因此这种阀又称力反馈伺服阀。稳态时衔铁挡板组件在驱动电磁力矩、弹簧管的弹性反力矩、喷嘴液动力产生的力矩、阀心位移产生的反馈力矩作用下保持平衡。输入电流越大，电磁力矩也越大，阀心位移即阀口通流面积也越大，在一定阀口压差（例如 7MPa）下，通过阀的流量也越大，即在一定阀口压差下，阀的流量近似与输入电流成正比。当输入电流极性反向时，输出流量也反向。

　　电液伺服阀的反馈方式除上述力反馈外还有阀心位置直接反馈、阀心位移电反馈、流量反馈、压力反馈（压力伺服阀）等多种形式。电液伺服阀内的某些反馈主要是改善其动态特性，如动压反馈等。

　　上述电液伺服阀液压部分为二级阀，伺服阀也有单级的和三级的，三级伺服阀主要用于大流量场合。图 6-39 所示由喷嘴-挡板阀和滑阀组成的力反馈型电液伺服阀是最典型的、最普遍的结构形式。电液伺服阀的电-机械转换器除动铁式外，还有动圈式和压电陶瓷等形式。

二、常用的结构形式

液压伺服阀中常用的液压控制元件的结构有滑阀、射流管和喷嘴-挡板三种。

（一）滑阀

根据滑阀上控制边数（起控制作用的阀口数）的不同，有单边、双边和四边滑阀控制式三种类型（图6-40）。

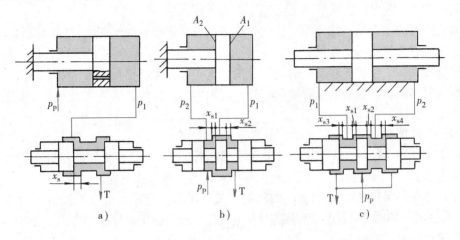

图6-40 单边、双边和四边滑阀

a) 单边 b) 双边 c) 四边

图6-40a为单边滑阀控制式，它有一个控制边。活塞上的阻尼孔使液压缸左右两腔相通。控制边的开口量 x_s 控制了缸中油液的压力和流量，从而改变了缸的运动速度和方向。

图6-40b为双边滑阀控制式，它有两个控制边。压力油一路进入液压缸左腔，另一路经滑阀控制边 x_{s1} 的开口和液压缸右腔相通，并经控制边 x_{s2} 的开口流回油箱。当滑阀移动时，x_{s1} 增大，x_{s2} 减小，或相反，这样就控制了液压缸右腔的压力，因而改变了液压缸的运动速度和方向。

图6-40c为四边滑阀控制式，它有四个控制边。x_{s1} 和 x_{s2} 是控制压力油进入液压缸左、右油腔的，x_{s3} 和 x_{s4} 是控制左、右油腔通向油箱的。当滑阀移动时，x_{s1} 和 x_{s4} 增大，x_{s2} 和 x_{s3} 减小，或相反，这样就控制了进入液压缸左、右腔的油液压力和流量，从而控制了液压缸的运动速度和方向。

由上可见，单边、双边和四边滑阀的控制作用是相同的。单边式、双边式只用以控制单杆的液压缸；四边式用来控制双杆的液压缸。控制边数多时控制质量好，但结构工艺性差。一般说来，四边式控制用于精度和稳定性要求较高的系统；单边式、双边式控制则用于一般精度的系统。滑阀式伺服阀装配精度要求较高，价格较贵，对油液的污染也较敏感。

四边滑阀根据在平衡位置时阀口初始开口量的不同，可以分为三种类型，即负预开口、零开口和正预开口（参阅表6-2）。

伺服阀阀心除了作直线移动的滑阀之外，还有一种阀心作旋转运动的转阀，它的作用原理和上述滑阀相类似。

（二）射流管

图6-41所示为射流管装置的工作原理。它由射流管3、接受板2和液压缸1组成。射流管3可绕垂直于图面的轴线左右摆动一个不大的角度。接受板2上有两个并列着的接受孔道

a 和 b，它们把射流管 3 端部锥形喷嘴中射出的压力油分别通向液压缸 1 左右两腔。当射流管 3 处于两个接受孔道的中间位置时，两个接受孔道内油液的压力相等，液压缸 1 不动；如有输入信号使射流管 3 向左偏转一个很小的角度时，两个接受孔道内的压力不相等，液压缸 1 左腔的压力大于右腔的，液压缸 1 便向左移动，直到跟着液压缸 1 移动的接受板 2 使射流孔又处于两接受孔道的中间位置时为止；反之亦然。可见，在这种伺服元件中，液压缸运动的方向取决于输入信号的方向，运动的速度取决于输入信号的大小。

　　射流管装置的优点是：结构简单，元件加工精度要求低；射流管出口处面积大，抗污染能力强；射流管上没有不平衡的径向力，不会产生"卡住"现象。它的缺点是：射流管运动部分惯量较大，工作性能较差；射流能量损失大，零位无功损耗亦大，效率较低；供油压力高时容易引起振动，且沿射流管轴向有较大的轴向力。因此，这种伺服元件主要用于多级伺服阀的第一级的场合。

　　（三）喷嘴-挡板

　　图 6-42 所示为喷嘴-挡板装置的工作原理。它由喷嘴 3、挡板 2 和液压缸 1 组成。液压泵来的压力油 p_p 一部分直接进入液压缸 1 有杆腔，另一部分经过固定节流孔 a 进入液压缸 1 的无杆腔，并有一部分经喷嘴-挡板间的间隙 δ 流回油箱。当输入信号使挡板 2 的位置（亦即是 δ）改变时，喷嘴-挡板间的节流阻力发生变化，液压缸 1 无杆腔的压力 p_1 亦发生变化，液压缸 1 就产生相应的运动。

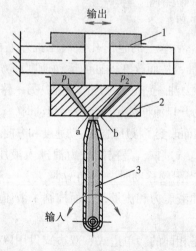

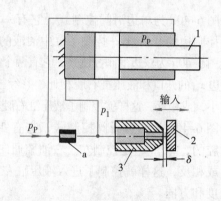

图 6-41　射流管
1—液压缸　2—接受板　3—射流管

图 6-42　喷嘴-挡板的工作原理
1—液压缸　2—挡板　3—喷嘴

　　上述结构是单喷嘴-挡板式的，还有双喷嘴-挡板式的（见图 6-39），它的工作原理与单喷嘴-挡板式相似。

　　喷嘴-挡板式控制的优点是：结构简单，运动部分惯性小，位移小，反应快，精度和灵敏度高，加工要求不高，没有径向不平衡力，不会发生"卡住"现象，因而工作较可靠。它的缺点是：无功损耗大，喷嘴-挡板间距离很小时抗污染能力差，因此宜在多级放大式伺服元件中用作第一级（前置级）控制装置。

　　如果射流管或喷嘴-挡板装置作为伺服阀的第一级使用时，则受其控制的不是液压缸，而是伺服阀的第二放大级。一般第二放大级是滑阀。

三、伺服阀的特性分析

（一）静态特性

1. 伺服阀的流量-压力特性

伺服阀的流量-压力特性是指它在负载下阀心作某一位移时通过阀口的流量 q_L 与负载压力 p_L 之间的关系。以图 6-43 所示的理想零开口阀为例，假定阀口棱边锋利，油源压力稳定，油液是理想液体，阀心和阀套间的径向间隙忽略不计，执行元件是双杆液压缸。当阀心向右移动时，阀口 1、3 打开，2、4 关闭，伺服阀在进油、回油路上各有一个节流开口，进油开口处压力从 p_p 降到 p_1，回油开口处从 p_2 降到零。油流的方程为

$$q_p = q_1 = q_L = q_3 \qquad (6\text{-}27)$$

式中　q_p、q_L——在负载下通过伺服阀和通向液压缸的流量；

q_1、q_3——通过阀口 1、3 的流量，且

$$q_1 = C_d A_1 \sqrt{\frac{2}{\rho}(p_p - p_1)}$$

$$q_3 = C_d A_3 \sqrt{\frac{2}{\rho}p_2}$$

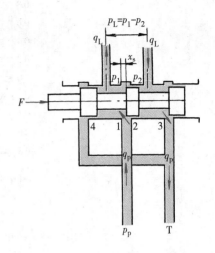

图 6-43　零开口伺服阀计算简图

式中　A_1、A_3——阀口 1、3 处的通流面积，其他符号意义同前。

伺服阀的各个控制口大多是配作而且对称的，因此 $A_1 = A_3$，且 $q_1 = q_3$。由于 $p_p = p_1 + p_2$（可由 $q_1 = q_3$ 推得），且负载压力 $p_L = p_1 - p_2$，故有 $p_1 = (p_p + p_L)/2$，$p_2 = (p_p - p_L)/2$，在这种情况下

$$q_L = C_d A_1 \sqrt{\frac{2}{\rho}\frac{p_p - p_L}{2}} = C_d w x_s \sqrt{\frac{p_p - p_L}{\rho}} \qquad (6\text{-}28)$$

将上式两边同乘 x_{smax}，并平方后化成无量纲式，得

$$\frac{p_L}{p_p} = 1 - \frac{\left(\dfrac{q_L}{C_d w x_{smax} \sqrt{\dfrac{p_p}{\rho}}}\right)^2}{\left(\dfrac{x_s}{x_{smax}}\right)^2} \qquad (6\text{-}29)$$

这是一组抛物线方程，其图形如图 6-44 所示。图中上半部是伺服阀右移时的情况，下半部是伺服阀左移时的情况。由图可见，伺服阀的"流量-压力"曲线对零点是对称的，亦即是阀的控制性能在两个方向上是一样的。

其他开口形式伺服阀的"流量-压力"特性可以仿照上述方法进行分析。

由图 6-44 可得阀的流量-压力系数

$$K_C = -\frac{\partial q_L}{\partial p_L}\bigg|_{x_s = \text{const}} = \frac{C_d w x_s}{2\sqrt{\rho(p_p - p_L)}} \qquad (6\text{-}30)$$

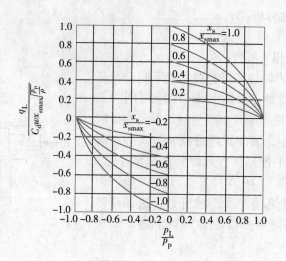

图 6-44   零开口伺服阀的"流量-压力"特性曲线

2. 流量特性

伺服阀的流量特性如图 6-45 所示，其中图 6-45a 所示为零开口阀的理论流量曲线和实际流量曲线，图 6-45b 和图 6-45c 所示分别为负预开口阀和正预开口阀的流量曲线。

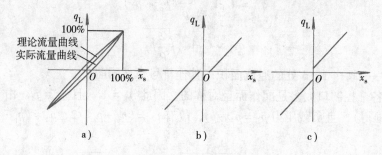

图 6-45   伺服阀的流量特性
a）零开口阀   b）负预开口阀   c）正预开口阀

由图 6-45 可得阀的流量增益（流量放大系数），定义是

$$K_q = \frac{\partial q_L}{\partial x_s}\bigg|_{p_L = \text{const}}$$

对理想零开口阀而言，得

$$K_q = C_d w \sqrt{\frac{p_p - p_L}{\rho}} \tag{6-31}$$

3. 压力特性

图 6-46 所示为伺服阀的压力特性曲线。由图可得阀的压力增益（压力放大系数），其定义为

$$K_p = \frac{\partial p_L}{\partial x_s}\bigg|_{q_L = \text{const}}$$

由于 $\dfrac{\partial q_{\mathrm{L}}}{\partial x_{\mathrm{s}}} = -\left(\dfrac{\partial q_{\mathrm{L}}}{\partial p_{\mathrm{L}}}\right)\left(\dfrac{\partial p_{\mathrm{L}}}{\partial x_{\mathrm{s}}}\right)$，因此可推得

$$K_p = \frac{K_q}{K_\mathrm{C}} \qquad (6\text{-}32)$$

对理想零开口阀来说

$$K_p = \frac{2(p_\mathrm{p} - p_\mathrm{L})}{x_\mathrm{s}} \qquad (6\text{-}33)$$

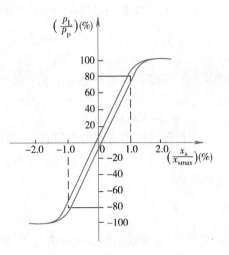

上述三个系数 K_q、K_C 和 K_p 称为液压伺服阀的特性系数。这些系数不仅表示了液压伺服系统的静特性，而且在分析伺服系统的动特性时也非常重要。流量增益对系统的稳定性有影响。流量-压力系数对系统的阻尼比和系统刚度有影响。阀的压力增益则表明阀心在很小位移时，系统能否有起动较大负载的能力，故对灵敏度有影响。

图 6-46　伺服阀的压力特性

阀在原点附近的特性系数称为零位特性系数。几种常用伺服阀的零位特性系数，如表 6-8 所示。

表 6-8　几种液压伺服阀的零位特性系数

伺服阀种类 零位特性系数	单边滑阀	双边滑阀	零开口四边滑阀	正开口四边滑阀
K_{q0}	$C_\mathrm{d}w\sqrt{\dfrac{p_\mathrm{p}}{\rho}}$	$2C_\mathrm{d}w\sqrt{\dfrac{p_\mathrm{p}}{\rho}}$	$C_\mathrm{d}w\sqrt{\dfrac{p_\mathrm{p}}{\rho}}$	$2C_\mathrm{d}w\sqrt{\dfrac{p_\mathrm{p}}{\rho}}$
$K_{\mathrm{C}0}$	$\dfrac{2C_\mathrm{d}wx_{s0}}{\sqrt{\rho p_\mathrm{p}}}$	$\dfrac{2C_\mathrm{d}wx_{s0}}{\sqrt{\rho p_\mathrm{p}}}$	0	$\dfrac{2C_\mathrm{d}wx_{s0}}{\sqrt{\rho p_\mathrm{p}}}$
K_{p0}	$\dfrac{p_\mathrm{p}}{2x_{s0}}$	$\dfrac{p_\mathrm{p}}{x_{s0}}$	∞	$\dfrac{2p_\mathrm{p}}{x_{s0}}$

表 6-8 中单边滑阀和双边滑阀的零位特性系数表达式是指由它们驱动的液压缸是小腔有效工作面积和大腔有效工作面积之比为 0.5 的液压缸而言。而单边滑阀的 x_{s0}，指在零负载和液压缸不动（$q_\mathrm{L} = 0$）这一平衡状态下的开口量。对正开口四边滑阀，x_{s0} 是它的预开口量。

4. 内泄漏特性

阀的内泄漏特性和图 6-7 中所示的相仿。

若为零开口滑阀，滑阀处于中间位置时，通过径向缝隙产生的泄漏为

$$q = \frac{\pi w c_\mathrm{r}^2}{32\mu}p_\mathrm{p} \qquad (6\text{-}34)$$

式中　w——阀的面积梯度；

$\quad\quad c_\mathrm{r}$——阀心和阀孔间的半径向缝隙；

$\quad\quad \mu$——油液的动力粘度；

$\quad\quad p_\mathrm{p}$——供油压力。

若为正开口滑阀，阀在中间位置时的泄漏量为

$$q = 2C_\mathrm{d}wx_{s0}\sqrt{\frac{p_\mathrm{p}}{\rho}} \tag{6-35}$$

式中　C_d——流量系数；

　　　x_{s0}——阀中位时的预开口量；

　　　ρ——油液的密度。

当负开口四边滑阀的阀口有 $1\sim3\mu\mathrm{m}$ 的遮盖量时，可部分补偿径向缝隙的影响。

因为阀有内泄漏，所以对实际的零开口四边滑阀来说，它的零位流量-压力系数不为零，经推导得

$$K_{C0} = \frac{\pi wc_\mathrm{r}^2}{32\mu} \tag{6-36}$$

上式表明 K_{C0} 和阀的结构尺寸有关。

同理，可推得它的零位压力放大系数不是无穷大，而是

$$K_{p0} = \frac{32\mu C_\mathrm{d}\sqrt{\dfrac{p_\mathrm{p}}{\rho}}}{\pi c_\mathrm{r}^2} \tag{6-37}$$

可见，K_{p0} 虽和阀的结构尺寸无关，但却和径向缝隙 c_r 有关。c_r 增大时，K_{p0} 急剧减小。

必须指出，上面所述的是液压伺服阀的特性，如果是电液伺服阀，因输入是电流，则只要用输入电流 I 代替阀的位移 x_s，便可得到电液伺服阀的特性。

由静态特性可以确定阀的一些指标，如线性度、对称度、滞环、分辨率、零漂和内漏等。

（二）动态特性（频率特性）曲线

伺服阀的动态特性一般用频率特性表示，如图 6-47 所示。频宽通常以幅值比为 $-3\mathrm{dB}$ 和相位差为 $-90°$ 时所对应的频率来度量，而分别命名为幅频宽和相频宽。频宽是衡量电液伺服阀动态特性的一个重要参数。为了使液压伺服系统有较好的性能，应有一定的频宽。但频带过宽，可能使电噪声和高频干扰信号传给系统，对系统工作不利。

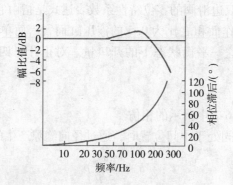

图 6-47　动态特性曲线

四、电液伺服阀的选用

由于伺服阀的控制精度高、响应速度快，所以在工业设备、航天航空以及军事装备中获得广泛的应用，它常用来实现电液位置、速度、加速度和力的控制。它的正确使用，直接影

响到系统的性能、工作可靠性和寿命。图6-48所示为依传递功率大小和动态特性指标（以－90°时的相频宽表示）的要求而使用伺服阀的情况。

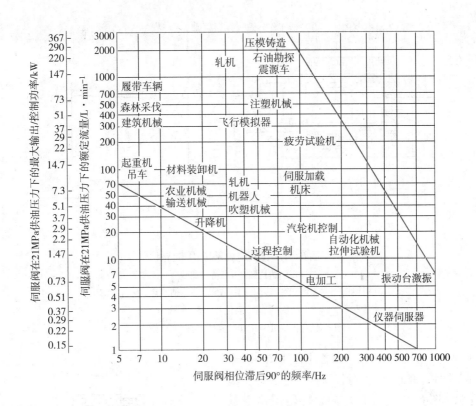

图6-48 伺服阀的应用情况

第七节 电液比例阀

一、概述

电液比例阀是一种按输入的电气信号连续地、按比例地对油液的压力、流量或方向进行控制的液压阀。与手动调节的普通液压阀相比，它能提高系统参数的控制水平。与电液伺服阀相比，虽在某些性能方面稍稍逊色些，但它的结构简单，成本较低，所以被广泛应用于要求对液压参数进行连续控制或程序控制，但对控制精度和动态特性要求一般的液压系统中。

电液比例阀按控制功能可以分为：电液比例压力阀、电液比例流量阀、电液比例方向阀和电液比例复合阀（如比例压力流量阀）；按液压放大级的级数可以分为：直动式和先导式；按阀内级间参数是否有反馈可以分为：不带反馈型和带反馈型。带反馈型又分为流量反馈、位移反馈和力反馈。也可以把一些反馈量转换成电量后再进行级间反馈，又可构成多种形式的反馈型比例阀，如位移电反馈、流量电反馈等。

二、比例阀的结构

比例阀结构主要有电-机械转换器（比例电磁铁）和阀两部分。比例阀有开环控制的，也有闭环控制的。

比例电磁铁是在传统湿式直流阀用开关电磁铁基础上发展起来的。目前所应用的耐高压直流比例电磁铁具有图 6-49a 所示的盆式结构。

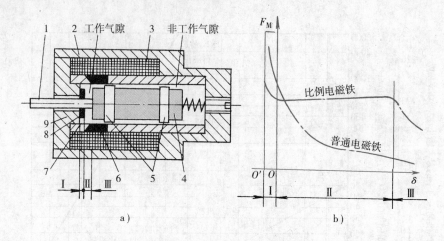

图 6-49　比例电磁铁结构与特性

a）结构图　b）特性曲线

1—推杆　2—壳体　3—线圈　4—衔铁　5—轴承环　6—隔磁环

7—导套　8—限位片　9—极靴

Ⅰ—吸合区　Ⅱ—工作行程区　Ⅲ—空行程区

由于磁路结构的特点，使之具有如图 6-49b 所示的几乎水平的电磁力-行程特性，这有助于阀的稳定性。图 6-49 所示的电磁铁的输出是电磁推力，故称为力输出型，还有一种带位移反馈的位置输出型比例电磁铁，如图 6-50 所示。后者由于有衔铁位移的电反馈闭环，因此当输入控制电信号一定时，不管与负载相匹配的比例电磁铁输出电磁力如何变化，其输出位移仍保持不变。所以它能抑制摩擦力等扰动影响，使之具有极为优良的稳态控制精度和抗干扰特性。

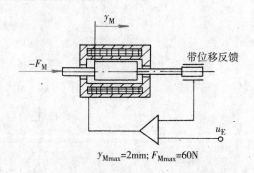

图 6-50　带位移反馈比例电磁铁

与电液伺服阀相似，控制比例阀的比例放大器也是具有深度电流负反馈的电子控制放大器，其输出电流和输入电压成正比。比例放大器的构成与伺服放大器也相似，但一般要复杂一些，如比例放大器一般均带有颤振信号发生器，还有零区电流跳跃（比例方向阀）等功能。

（一）比例压力阀

1. 直动式比例压力阀

用比例电磁铁取代压力阀的手调弹簧力控制机构便可得到比例压力阀，如图6-51所示。图6-51a 所示的比例压力阀采用普通力输出型比例电磁铁 1，其衔铁可直接作用于锥阀 4。图 6-51b 所示的则为位移反馈型比例电磁铁，必须借助弹簧转换为力后才能作用锥阀 4 进行压力控制。后者由于有位移反馈闭环控制，可抑制电磁铁内的摩擦等扰动，因而控制精度显著高于前者，当然复杂性和价格也随之增加。这两种比例压力阀，可用作小流量时的直动式溢流阀，也可取代先导式

148

溢流阀和先导式减压阀中的先导阀，组成先导式比例溢流阀和先导式比例减压阀。

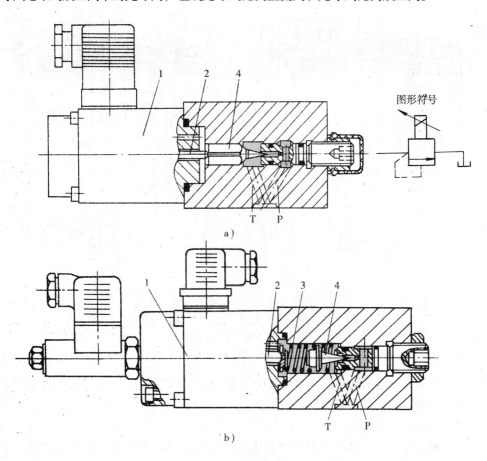

图 6-51 直动式比例压力阀

a) 普通比例电磁铁控制 b) 带位移反馈比例电磁铁控制

1—比例电磁铁 2—推杆 3—弹簧 4—锥阀

2. 先导式比例压力阀

图 6-52 为两个应用输出压力直接检测反馈和在先导级与主级间动压反馈的比例压力阀。

两种阀的先导阀心 4 均为有直径差的二节同心滑阀，大、小端面积差与压力反馈推杆 5 面积相等，稳态时动态阻尼孔 R_2 两侧液压力相等，先导阀心大端受压面积（大端面积减去反馈推杆面积）和小端受压面积相等，因而先导阀心两端静压平衡。

图 6-52a 和图 6-52b 的主阀结构与传统先导式溢流阀和减压阀相同，均有 A、B 两通口。

如前所述，传统先导式压力阀的先导阀控制的是主阀上腔压力，先导阀所受弹簧力和主阀上腔压力相平衡，当流量变化引起主阀液动力的变化以及减压阀进口压力 p_B 变化时会产生调压偏差。而图 6-52 所示的先导式压力阀，若忽略先导阀液动力、阀心质量和摩擦力等影响，其输入电磁力主要与输出压力 p_A 作用在反馈推杆上的力相平衡，因而形成反馈闭环控制，当流量和减压阀的进口压力变化时控制输出压力 p_A 均能保持恒定。

所谓级间动压反馈原理是，主阀心运动时在动态阻尼孔 R_2 两端产生的压差作用在先导阀心两端面，经先导阀的控制对主阀心的运动产生阻尼作用。应用此原理的比例压力阀动态

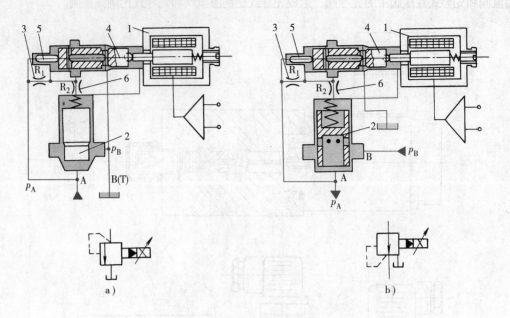

图 6-52 先导式比例压力阀

a) 溢流阀 b) 减压阀

1—比例电磁铁 2—主阀心 3、6—不可调节流孔 4—先导阀心 5—压力反馈推杆

稳定性显著提高，不会出现传统压力阀易产生的振荡和啸叫现象。同时改变动态阻尼孔 R_2 孔径，可调节阀的快速性而对阀的稳态性能无任何影响。

（二）比例流量阀

比例流量阀包括比例节流阀和比例调速阀。也有直动式和先导式之分。它用电-机械转换器（如比例电磁铁）来调节阀口的通流面积，使输出流量与输入的电信号成比例。

图 6-53 所示为反馈型直动式比例流量阀的工作原理。图中实线表示利用弹簧来实现的位移-力反馈，虚线所示是用位移传感器的直接位置反馈。采用两路反馈后，改善了比例阀的静、动态控制性能。

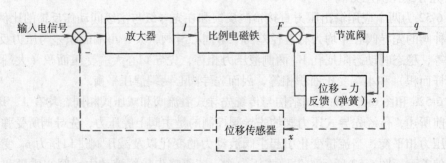

图 6-53 反馈型直动式比例流量阀工作原理

（三）比例方向阀

比例方向阀也有直动式和先导式之分，并各有开环控制和阀心位移反馈闭环控制两大类。有的比例方向阀还用定差减压阀或定差溢流阀对其阀口进行压差补偿，构成比例方向流量阀。

图 6-54 所示为先导式开环控制的比例方向（节流）阀，其先导阀及主阀均为四边滑阀。该阀的先导阀为一双向控制的直动式比例减压阀，其外供油口为 X，回油口为 Y。比例电磁铁未通电时，先导阀心 4 在左右两个对中弹簧（图中未画出）作用下处于中位，四阀口均关闭。当某一比例电磁铁例如 A 通电时，先导阀心左移，使其两个凸肩右边的阀口开启，先导压力油从 X 口经先导阀心的阀口和左固定阻尼孔 5 作用在主阀心 8 左端面，压缩主阀对中弹簧 10 使主阀心右移，主阀口 P—B 及 A—T 接通，主阀心的右端面的油则经右固定阻尼孔和先导阀心的阀口进入先导阀回油口 Y；同时，进入先导阀心的压力油，又经阀心的径向孔作用于阀心的轴向孔，而其油压则形成对减压阀控制压力的反馈。若忽略先导阀和主阀的液动力、摩擦力、阀心质量和弹簧力等的影响，先导减压阀的控制压力与电磁力成正比，进而又与主阀心位移成正比。同理也可分析比例电磁铁 B 通电时的情况。这样通过改变输入比例电磁铁的电流便可控制主阀心的位移，这就是该比例方向阀的工作原理。图中两个固定阻尼孔仅起动态阻尼作用，目的是提高阀的稳定性。

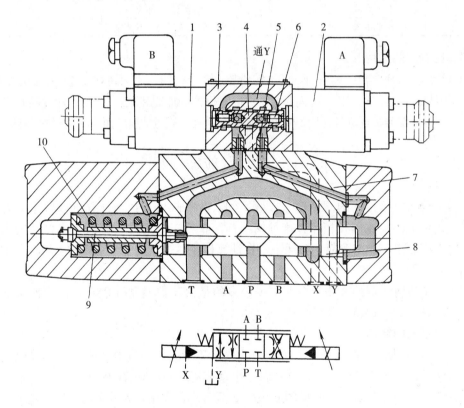

图 6-54　比例方向（节流）阀

1、2—比例电磁铁　3—先导阀体　4—先导阀心　5—固定阻尼孔　6—反馈活塞
7—主阀体　8—主阀心　9—弹簧座　10—主阀对中弹簧

三、比例阀的特点

比例阀是介于普通液压阀和电液伺服阀之间的一种控制阀，比例阀结构简单，制造精度要求和价格均比电液伺服阀低，抗污染性好，维护保养方便，虽动态快速性比电液伺服阀低，但在很多领域中已得到广泛的应用。比例阀和电液伺服阀的区别见表 6-9。

表 6-9　比例阀和电液伺服阀的比较

项　目	比 例 阀	伺 服 阀
阀的功能	压力控制、流量控制、方向控制	多为四通阀，同时控制方向和流量
电-位移转换器	功率较大（约 50W）的比例电磁铁，用来直接驱动阀心或压缩弹簧	功率较小（约 0.1 ~ 0.3W）的力矩马达，用来带动喷嘴-挡板或射流管放大器。其先导级的输出功率约为 100W
过滤精度 GB/T 14039 —2002	−/16/13 ~ −/18/14 由于是由普通阀发展起来的，没有特殊要求	−/13/9 ~ −/15/11 为了保护滑阀或喷嘴-挡板精密通流截面，要求进口过滤
线性度	在低压降（0.8MPa）下工作，通过较大流量时，阀体内部的阻力对线性度有影响（饱和）	在高压降（7MPa）下工作，阀体内部的阻力对线性度影响不大
遮盖	20% 一般精度，可以互换	0 极高精度，单件配作
响应时间	8 ~ 60ms	2 ~ 10ms
频率响应	10 ~ 150Hz	100 ~ 500Hz
电子控制	电子控制板与阀一起供应，比较简单	电子电路针对应用场合专门设计，包括整个闭环电路
应用领域	执行元件开环或闭环控制	执行元件闭环控制
价格	约为普通阀的 3 ~ 6 倍	约为普通阀的 10 倍以上

四、比例阀的选用

如系统的某液压参数（如压力）的设定值超过 3 个，使用比例阀对其进行控制是最恰当的。另外，利用斜坡信号作用在比例方向阀上，可以对机构的加速和减速实现有效的控制；利用比例方向阀和压力补偿器实现负载补偿，便可精确地控制机构的运动速度而不受负载的影响。

第八节　电液数字阀

用数字信号直接控制的阀，称电液数字阀。数字阀可直接与计算机接口，不需要 D/A 转换器。与伺服阀、比例阀相比，这种阀结构简单，工艺性好，制造成本低，抗污染能力强，重复性好，工作稳定可靠，功耗小。在计算机实时控制的电液系统中，可部分取代比例阀或伺服阀。

用数字量进行控制的方法很多，用得最多的是由脉数调制（PNM）演变而来的增量控制法以及脉宽调制（PWM）控制法。

一、数字阀的结构

图 6-55 所示为由步进电动机直接驱动的数字流量阀。步进电动机 4 依计算机的指令转动，通过滚珠丝杠 5 把转角变为轴向位移，带动节流阀阀心 6 移动将阀口开启，从而控制了流量。这个阀有两个节流口，它们的面积梯度不同，右节流口为非全周开口，左节流口为全周开口。阀心向右移动时首先打开右节流口，由于非全界通流，故流量较小；继续向右移动时打开全周界通流的左节流口，流量增大。在这里，由于液流从轴向流入，且流出时与轴线垂直，所以阀在开启时的液动力可以将向右作用的液压力部分抵销掉。这个阀从阀心 6、阀套 1 和连接杆 2 的相对热膨胀中获得温度补偿。

图 6-55 所示阀是开环控制的，但装有单独的零位位移传感器 3。在每个控制周期终了，阀可由零位位移传感器控制回到零位。这样可保证每个控制周期都在相同位置开始，使阀的重复精度提高。

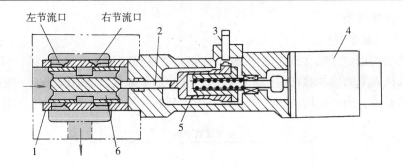

图 6-55　步进电动机直接带动的数字流量阀
1—阀套　2—连接杆　3—零位位移传感器　4—步进电动机
5—滚珠丝杠　6—阀心

图 6-56 所示为用力矩马达和球阀组成的高速开关型数字阀。力矩马达某一线圈通电时如衔铁顺时针偏转，便推动先导级球阀 2 向下运动，关闭压力油口 P_p。L_2 腔与回油 P_R 接通，球阀 4 在液压力作用下上升，P_A 腔与压力油 P_p 相通。而左边的先导级球阀 1 压在上边位置，L_1 腔与压力油通，球阀 3 向下关闭，P_A 腔与回油腔 P_R 断开。反之，当另一线圈通电使衔铁逆时针偏转时，情况刚好相反，P_A 腔与回油腔 P_R 相通。这种阀的流量小，仅 1.2 L/min，工作压力可达 20MPa，最短切换时间 0.8ms。

图 6-57 所示为锥阀型高速开关电磁阀。当线圈 4 通电时，与阀心 1 为一体的铁心 2 被固定元件 3 吸引而使阀开启，油液由 P 口流入 T 口。为防止开启时阀因稳态液动力而关闭和减小控制电磁力，该阀通过射流对铁心的作用来补偿液动力。断电时则由弹簧复位。该阀的行程为 0.3mm，动作时间 3ms，控制电流 0.7A，额定流量 12L/min。

153

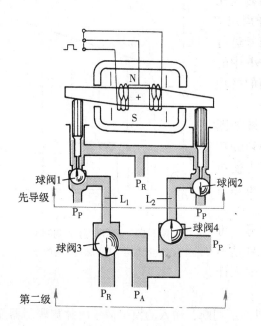

图 6-56　球阀型二位三通高速开关阀

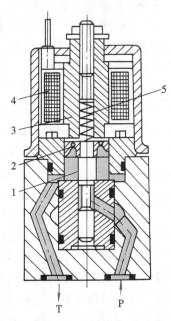

图 6-57　锥阀型高速开关电磁阀（二位二通，常闭）
1—阀心　2—铁心　3—固定元件　4—线圈　5—弹簧

二、数字阀的使用

（一）增量式数字阀

增量式数字阀用步进电动机作电-机械转换器。增量控制法是在脉数调制（PNM）信号中，使每个采样周期的脉冲数在前一采样周期的脉冲数基础上，增加或减少一些脉冲数，从而达到需要的幅值，因而称增量法，用这种方法控制的阀称增量式数字阀（见图6-58）。

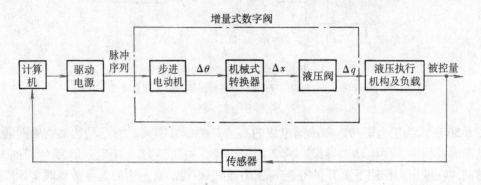

图 6-58　增量式数字阀控制的电液系统

增量式数字阀控制的电液系统框图如图 6-58 所示。由计算机发出需要的脉冲序列，经驱动电源放大后使步进电动机按信号动作，步进电动机每得到一个脉冲后便沿控制信号给定方向转一步距角。步进电动机转动时，带动凸轮、螺纹或齿轮齿条等机构将转角 $\Delta\theta$ 转换成直线位移 Δx，从而带动阀心或挡板等移动。按步进电动机原有位置和实际转动的步数，得到数字阀的开度，计算机可因此控制液压缸按需要规律运动。

（二）脉宽调制式数字阀

脉宽调制信号是具有恒定频率、不同开启时间比率的信号，如图 6-59 所示。脉宽时间 t_p 对采样周期 T 的比值称为脉宽占空比。用脉宽信号对连续信号进行调制，可将图 6-59a 中的连续信号调制成图 6-59b 中的脉宽信号。如调制的量是流量，则每采样周期的平均流量 $\bar{q} = q_n t_p / T$ 就与连续信号处的流量相对应。

脉宽调制（PWM）式数字阀电液控制系统如图6-60所示。由计算机产生的脉宽调制的脉冲序列经功率放大后驱动快速开关数字阀，控制流量、压力使执行元件克服负载阻力运动。在闭环系统中，由传感器检测的输出信号反馈到计算机中形成闭环控制。

如果信号是确定的周期信号或其他给定信号，可预先编程由计算机产生脉宽调制信号；如果信号是不确定的，则信号源需经模数转换器 A/D 转换后输入计算机，再将信号进行脉宽调制后输出。

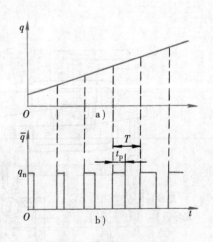

图 6-59　信号的脉宽调制
a）连续信号　b）脉宽调制信号

系统也可采用模拟信号控制。此时将计算机通道切断，输入的模拟信号由脉宽调制器完成脉宽调制，经功率放大后驱动高速开关阀和执行元件。计算机控制和模拟信号控制时功放

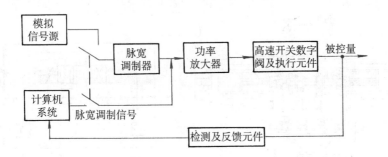

图 6-60 脉宽调制（PWM）式数字阀电液控制系统

部分是相同的。

目前，电液数字阀已在机床、成形机械、工程机械、冶金机械、试验机、汽车、飞行器等方面得到了应用。随着计算机在工业控制中的普遍应用，作为联系计算机与液压系统的桥梁的数字阀，定将不断发展并形成液压技术的一个新分支。

第九节 叠加阀和插装阀

根据安装形式的不同，阀类元件曾制成各种结构形式。管式连接和法兰式连接的阀，占用的空间较大，装拆和维修保养都不太方便，现在已越来越少用。相反，板式连接和插装式连接的阀则日益占有优势。板式连接的普通液压阀，可以将它们安装到集成块（油路块）上，利用集成块上的孔道实现油路间的连接，也有直接将阀做成叠装式的结构，这就是叠加阀。而插装式结构的阀称为插装阀。

一、叠加阀

叠加阀是液压系统集成化的一种方式。由叠加阀组成的叠加阀系统如图 6-61 所示。

叠加阀系统最下面一般为底板，其上有进、回油口及执行元件的接口。一个叠加阀组一般控制一个执行元件。如系统中有几个执行元件需要集中控制，可将几个叠加阀组竖立并排安装在多联底板块上。

叠加阀系统各单元叠加阀间无需管子和其他形式的连接体，因而结构紧凑，尤其是系统的更改较方便。叠加阀是标准化元件，仅需按工艺要求绘制液压系统原理图即可进行组装，设计工作量小，目前已广泛应用于冶金、机床、工程机械等领域。

二、插装阀

插装阀在高压大流量的液压系统中应用很广。由于插装元件已标准化、模块化，将几个插装式元件组合一下便可组成复合阀。和普通液压阀相比，它有如下的优点：

1）采用锥阀结构，内阻小，响应快，密封好，泄漏少。

2）机能多，集成度高。配置不同的先导控制级，就能实现方向、压力、流量的多种控制。

3）通流能力大，特别适用于大流量的场合。它的最大通径可达 200～250mm，通过的流量可达 10000L/min。

4）结构简单，易于实现标准化、系列化。

插装阀按通口数量分为二通、三通和四通插装阀；按结构分为盖板式插装阀和螺纹式插

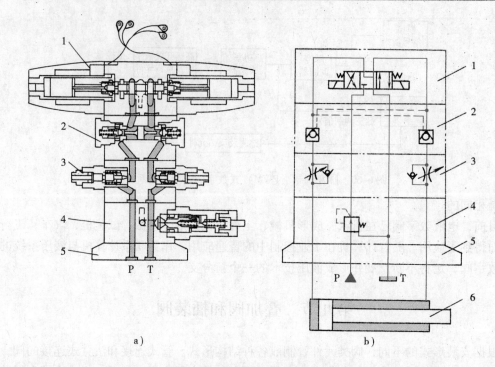

a)   b)

图 6-61　叠加阀组成的系统

1—电磁换向阀　2—液控单向阀　3—单向节流阀　4—减压阀　5—底板　6—液压缸

装阀。主流产品则是盖板式二通插装阀。

（一）盖板式二通插装阀

1. 阀的组成

盖板式二通插装阀（以下简称插装阀）主要由插装件和控制盖板两部分构成，如图 6-62 所示。其中插装件由阀套 1、阀心 2 和弹簧 3 以及密封件等组成，它有多种面积比和弹簧刚度，主要功能是控制主油路中油流的方向、压力和流量。控制盖板 4 内加工有各种控制油道，与先导控制阀组合后可以控制插装件的工作状态。先导控制阀采用小通径电磁滑阀或球阀，通过电信号或其他信号控制插装阀的启闭，从而实现各种控制功能。

2. 工作原理

从工作原理而言，插装阀是一个液控单向阀，图6-62中，A、B 为主油路通口。X 为控制油路通口。设 A、B、X 油口的压力及其作用面积分别为 p_A、p_B、p_X 和 A_A、A_B、A_X，$A_X = A_A + A_B$，F_s 为弹簧作用力。如不考虑阀心的质量、液动力和摩擦力等的影响，则当 $p_A A_A + p_B A_B > p_X A_X + F_s$ 时，阀心开启，油路 A、B 接通；当 $p_A A_A + p_B A_B < p_X A_X + F_s$ 时，阀心关闭，A、B 不通。可见，只要改变

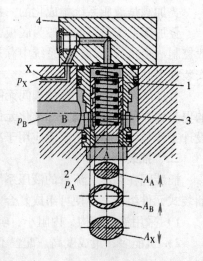

图 6-62　盖板式二通插装阀
的结构原理图

1—阀套　2—阀心
3—弹簧　4—控制盖板

控制油口 X 的压力 p_X 就可以控制油口 A、B 的通断。因此，插装阀通过不同的控制盖板和各种先导阀组合，便可构成方向控制阀、压力控制阀和流量控制阀。

（1）面积比 A_A、A_B 和 A_X 三个面积之间的比例关系对插装阀的性能和用途有很大影响。一般定义 $\alpha = A_X/A_A$ 为面积比，此外还有 $\alpha_A = A_A/A_X$、$\alpha_B = A_B/A_X$、$A_A:A_X$、$A_A:A_B$ 等不同表示方法。

目前国内外厂商生产的插装阀的面积比（$A_A:A_X$）根据不同的用途大致有：1:1.0、1:1.07、1:1.1、1:1.2、1:1.5、1:1.6、1:2.0 等。

（2）图形符号 ISO1219 – 1—1991 和 JB/T 5922—2005 标准规定了插装阀的图形符号。但各厂商都仍沿用着各自的图形符号。表 6-10 所示为 TJ 型插装件图形符号，以供参考。

表 6-10 TJ 型插装件图形符号

插装件类型	面积比 $A_A:A_X$	图 形 符 号	用　途
基本型插装件	≤1:1.5		用于方向控制
阀心带阻尼孔的插装件	≤1:1.5		用于方向及压力控制；也可用于 B→A 单向阀
阀心带 2 或 4 个三角形节流窗口尾部的插装件	≤1:1.5		用于方向及流量控制
阀心带缓冲尾部的插装件	≤1:1.5		用于方向控制，具有启闭缓冲功能
阀心侧向钻孔的插装件	≤1:1.5		常用于 A→B 单向阀
阀心带 O 形密封圈的插装件	≤1:1.5		用于无泄漏方向控制，或使用低粘度介质的场合

157

（续）

插装件类型	面积比 $A_A : A_X$	图形符号	用　途
基本型插装件	= 1 : 1.1	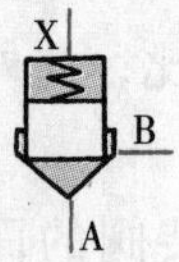	用于方向及压力控制
阀心带底部阻尼孔的插装件	= 1 : 1.1		用于方向及压力控制
阀心带 4 个三角形节流窗口尾部的插装件	= 1 : 1.1	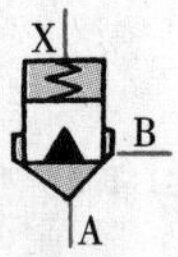	用于方向及流量控制
基本型插装件	= 1 : 1 或 = 1 : 1.1	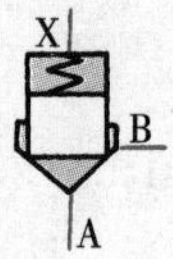	用于压力控制
阀心带底部阻尼孔的插装件	= 1 : 1 或 = 1 : 1.1	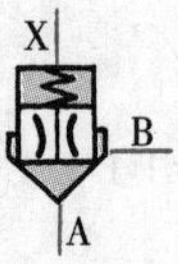	用于压力控制
减压阀型插装件	= 1 : 1 或 = 1 : 1.1	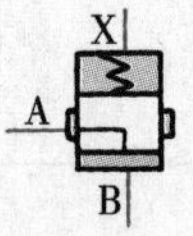	用于减压控制

158

3. 应用举例

图 6-63 所示为二通插装阀组成方向控制阀的几个例子。图 6-63a 为单向阀。当 $p_A > p_B$ 时，阀心关闭，A、B 不通；而当 $p_B > p_A$ 时，阀心开启，油液可从 B 流向 A。图 6-63b 用作二位三通阀。当电磁铁断电时，A、T 接通；电磁铁通电时，A、P 接通。图 6-63c 用作二位二通阀。当二位三通电磁阀断电时，阀心开启，A、B 接通；电磁铁通电时，阀心关闭，A→B 不通，B→A 可通，相当于一个单向阀。图 6-63d 用作二位四通阀。电磁铁断电时，P 和 B 接通，A 和 T 接通；电磁铁通电时，P 和 A 接通，B 和 T 接通。

对插装阀的控制腔 X 的压力进行控制，便可构成压力控制阀。图 6-64 所示为插装阀用作压力控制阀的示意图。图 6-64a 中，如 B 接油箱，则插装阀起溢流阀作用；B 接另一油

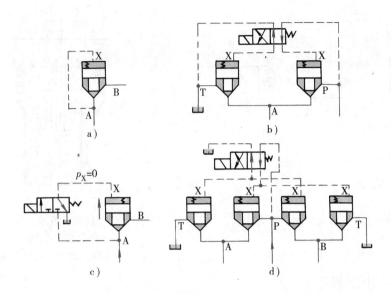

图 6-63 插装阀用作方向控制阀的示意图

a) 单向阀 b) 二位三通阀 c) 二位二通阀 d) 二位四通阀

口，则插装阀起顺序阀作用。图 6-64b 中，用常开式滑阀阀心作减压阀，B 为一次压力油 p_1 进口，A 为出口。由于控制油取自 A 口，因而能得到恒定的二次压力 p_2，所以这里的插装阀用作减压阀。图 6-64c 中，插装阀的控制腔再接一个二位二通电磁阀，当电磁铁通电时，插装阀便用作卸荷阀。

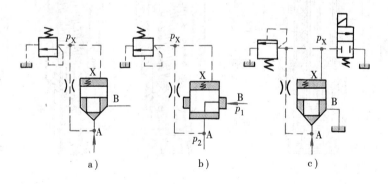

图 6-64 插装阀用作压力控制阀的示意图

a) 溢流阀或顺序阀 b) 减压阀 c) 卸荷阀

图 6-65 所示为插装阀用作流量控制阀的示意图。在阀的顶盖上有阀心升高限位装置（见图 6-66），通过改变阀心行程调节杆 1 的位置，便可调节阀口通流截面的大小，从而调节了流量。图 6-65a 中插装阀用作节流阀，而图 6-65b 中则用作调速阀。

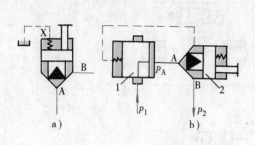

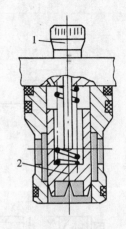

图 6-65 插装阀用作流量控制阀的示意图
　　　a）节流阀　b）调速阀
　　1—定差减压阀　2—节流阀

图 6-66 插装式节流阀结构图
1—阀心行程调节杆
2—带三角形节流窗口尾部的阀心

（二）螺纹式插装阀

螺纹式插装阀通过螺纹与阀块上的标准插孔相连接（见图 6-67）。在阀块上钻孔将各种功能的螺纹式插装阀连接成阀系统。螺纹式插装阀已发展为具有压力、流量和方向控制阀以及手动、电磁、电液、比例、数字等多种控制方式以及各种尺寸系列的阀类。

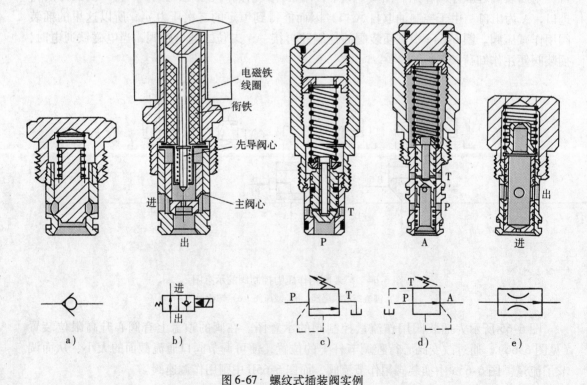

图 6-67 螺纹式插装阀实例
a）单向阀　b）锥阀型电液常开二通阀　c）直动式溢流阀
d）滑阀型直动式三通减压阀　e）压力补偿型定流量阀

螺纹式插装阀的阀心既有锥阀，也有滑阀，又有二、三、四通多种通口形式，且不必另用螺钉固定，因而结构紧凑、装卸方便、布置灵活。螺纹式插装阀的尺寸、流量规格一般比盖板式二通插装阀要小。螺纹式插装阀的实例如图 6-67 所示。

螺纹式插装阀目前在小型工程机械、农业机械、起重运输机械等领域有广泛应用，且有较好的发展前景。

习 题

6-1 如图 6-68 所示圆柱形阀心，$D = 20\text{mm}$，$d = 10\text{mm}$，阀口开度 $x = 2\text{mm}$。压力油在阀口处的压力降为 $\Delta p_1 = 0.3\text{MPa}$，在阀腔 a 点到 b 点的压力降 $\Delta p_2 = 0.03\text{MPa}$，油的密度 $\rho = 900\text{kg/m}^3$，通过阀口时的角度 $\varphi = 69°$，流量系数 $C_d = 0.65$，试求油液对阀心的作用力。

6-2 图 6-69 所示液压缸直径 $D = 100\text{mm}$，活塞杆直径 $d = 60\text{mm}$，负载 $F = 2000\text{N}$，进油压力 $p_p = 5\text{MPa}$，滑阀阀心直径 $d_V = 30\text{mm}$，阀口开度 $x_V = 0.4\text{mm}$，射流角 $\varphi = 69°$，阀口速度系数 $C_v = 0.98$，流量系数 $C_d = 0.62$。不考虑沿程损失，试求阀心受力大小和方向以及活塞运动的速度。

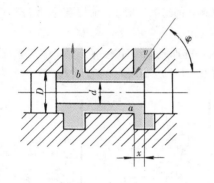

图 6-68 题 6-1 图

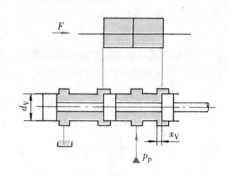

图 6-69 题 6-2 图

6-3 如图 6-70 所示液压缸，$A_1 = 30 \times 10^{-4}\text{m}^2$，$A_2 = 12 \times 10^{-4}\text{m}^2$，$F = 30000\text{N}$，液控单向阀用作闭锁以防止液压缸下滑。阀的控制活塞面积 A_K 是阀心承压面积 A 的三倍。若摩擦力、弹簧力均忽略不计，试计算需要多大的控制压力才能开启液控单向阀? 开启前液压缸中最高压力为多少?

6-4 如图 6-71 所示回路，内泄式液控单向阀的控制压力由电磁阀控制。试车时发现电磁铁断电时，液控单向阀无法迅速切断油路；此外，开启液控单向阀所需的控制压力 p_K 也较高。试分析原因并提出改进的方法。

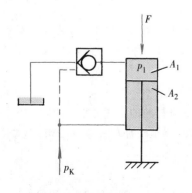

图 6-70 题 6-3 图

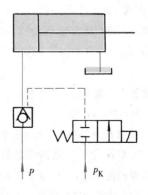

图 6-71 题 6-4 图

6-5 三位换向阀的哪些中位工作机能能满足表列特性,请在相应位置打"√"。

特　性 ＼ 中位机能	O	P	M	Y	H
系统保压					
系统卸荷					
换向精度高					
起动平稳					
液压缸浮动					

6-6 图 6-72 所示系统中溢流阀的调整压力分别为 $p_A = 3\mathrm{MPa}$,$p_B = 1.4\mathrm{MPa}$,$p_C = 2\mathrm{MPa}$。试求当系统外负载为无穷大时,液压泵的出口压力为多少?如将溢流阀 B 的遥控口堵住,液压泵的出口压力又为多少?

6-7 图 6-73 所示两系统中溢流阀的调整压力分别为 $p_A = 4\mathrm{MPa}$,$p_B = 3\mathrm{MPa}$,$p_C = 2\mathrm{MPa}$。当系统外负载为无穷大时,液压泵的出口压力各为多少?对图 6-73a 的系统,请说明溢流量是如何分配的?

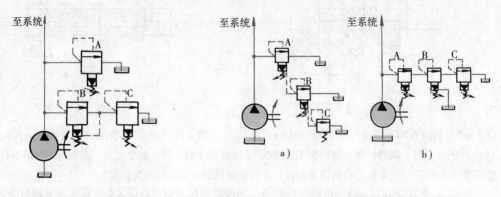

图 6-72 题 6-6 图　　　　　　图 6-73 题 6-7 图

6-8 图 6-74 所示系统溢流阀的调定压力为 5MPa,减压阀的调定压力为 2.5MPa。试分析下列各工况,并说明减压阀阀口处于什么状态?

1) 当液压泵出口压力等于溢流阀调定压力时,夹紧缸使工件夹紧后,A、C 点压力各为多少?

2) 当液压泵出口压力由于工作缸快进,压力降到 1.5MPa 时(工件仍处于夹紧状态),A、C 点压力各为多少?

3) 夹紧缸在夹紧工件前作空载运动时,A、B、C 点压力各为多少?

6-9 如图 6-75 所示的减压回路,已知液压缸无杆腔、有杆腔的面积分别为 $100 \times 10^{-4}\mathrm{m}^2$、$50 \times 10^{-4}\mathrm{m}^2$,最大负载 $F_1 = 14000\mathrm{N}$、$F_2 = 4250\mathrm{N}$,背压 $p = 0.15\mathrm{MPa}$,节流阀的压差 $\Delta p = 0.2\mathrm{MPa}$,试求:

1) A、B、C 各点压力(忽略管路阻力)。

2) 液压泵和液压阀 1、2、3 应选多大的额定压力?

3) 若两缸的进给速度分别为 $v_1 = 3.5 \times 10^{-2}\mathrm{m/s}$,$v_2 = 4 \times 10^{-2}\mathrm{m/s}$,液压泵和各液压阀的额定流量应选多大?

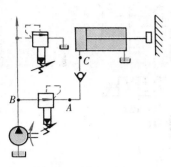

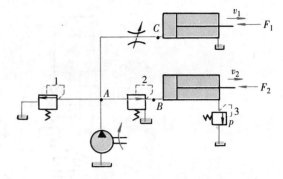

图 6-74　题 6-8 图　　　　　　　　　　　　图 6-75　题 6-9 图

6-10　如图 6-76 所示回路，顺序阀和溢流阀串联，调整压力分别为 p_X 和 p_Y，当系统外负载为无穷大时，试问：

1）液压泵的出口压力为多少？

2）若把两阀的位置互换，液压泵的出口压力又为多少？

6-11　如图 6-77 所示回路，顺序阀的调整压力 $p_X = 3\text{MPa}$，溢流阀的调整压力 $p_Y = 5\text{MPa}$，试问在下列情况下 A、B 点的压力各为多少？

1）液压缸运动，负载压力 $p_L = 4\text{MPa}$ 时。

2）如负载压力 p_L 变为 1MPa 时。

3）活塞运动到右端时。

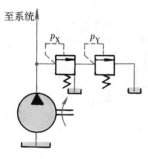

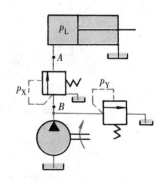

图 6-76　题 6-10 图　　　　　　　　　　　　图 6-77　题 6-11 图

6-12　如图 6-78 所示系统，液压缸的有效面积 $A_1 = A_2 = 100 \times 10^{-4}\text{m}^2$，液压缸 I 负载 $F_L = 35000\text{N}$，液压缸 II 运动时负载为零，不计摩擦阻力、惯性力和管路损失，溢流阀、顺序阀和减压阀的调定压力分别为 4MPa、3MPa 和 2MPa，试求下列三种工况下 A、B 和 C 处的压力。

1）液压泵起动后，两换向阀处于中位时。

2）1YA 通电，液压缸 I 运动时和到终端停止时。

3）1YA 断电，2YA 通电，液压缸 II 运动时和碰到固定挡块停止运动时。

6-13　如图 6-79 所示八种回路，已知：液压泵流量 $q_P = 10\text{L/min}$，液压缸无杆腔面积 $A_1 = 50 \times 10^{-4}\text{m}^2$，有杆腔面积 $A_2 = 25 \times 10^{-4}\text{m}^2$，溢流阀调定压力 $p_Y = 2.4\text{MPa}$，负载 F_L 及节流阀通流面积 A_T 均已标在图上，试分别计算各回路中活塞的运动速度和液压泵的工作压力。（设 $C_d = 0.62$，$\rho = 870\text{kg/m}^3$）

6-14　液压缸活塞面积 $A = 100 \times 10^{-4}\text{m}^2$，负载在 500~40000N 的范围内变化，为使负载变化时活塞运动速度恒定，在液压缸进口处使用一个调速阀。如将液压泵的工作压力调到其额定压力 6.3MPa，试问这是

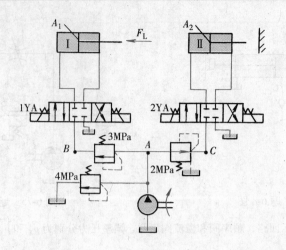

图 6-78　题 6-12 图

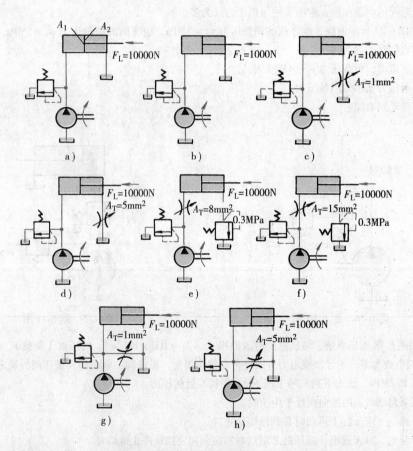

图 6-79　题 6-13 图

否合适？

6-15　零开口四边伺服阀的额定流量为 $2.5 \times 10^{-4} \mathrm{m^3/s}$，供油压力 $p_\mathrm{p} = 14\mathrm{MPa}$，阀的流量放大系数 $K_q = 1\mathrm{m^2/s}$，流量系数 $C_\mathrm{d} = 0.62$，油液密度 $\rho = 900\mathrm{kg/m^3}$，试求阀心的直径和开口量。

6-16　6mm 直径的阀心，全周界通油，阀心移动 1mm 时一个阀口上有 7MPa 的压降。试问：当系统具

有供油压力为 14MPa、21MPa 时，该阀的流量增益有多大？（ρ 和 C_d 与题 6-15 相同）

6-17 一个全周开口的零遮盖双边伺服阀，油的密度 $\rho = 845\text{kg/m}^3$，阀心直径 $d = 9\text{mm}$，阀口流量系数为 0.62，供油压力 $p_p = 12\text{MPa}$，无杆腔有效面积 $A_h = 0.004\text{m}^2$，有杆腔有效面积 $A_r = 0.002\text{m}^2$，液压缸运动速度 $v = 0.03\text{m/s}$，当负载压力 $p_L = \frac{2}{3}p_p$ 时，试计算阀心的位移是多少？

6-18 试利用比例调速阀组成一个能实现"快进→工进（无级调速）→快退"的液压回路，且要求回路能承受负向负载。

6-19 图 6-80 所示为二通插装阀组成换向阀的两个例子。如果阀关闭时 A、B 有压差，试判断电磁铁通电和断电时，图 6-80a 和图 6-80b 的压力油能否开启插装阀而流动，并分析各自是作何种换向阀使用的。

6-20 试用二通插装阀组成实现图 6-81 所示三种形式的三位换向阀。

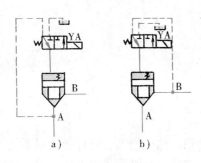

图 6-80　题 6-19 图

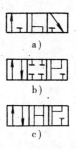

图 6-81　题 6-20 图

第七章

辅 助 装 置

液压系统中的辅助装置，如蓄能器、过滤器、油箱、热交换器、管件等，对系统的动态性能、工作稳定性、工作寿命、噪声和温升等都有直接影响，必须予以重视。其中油箱须根据系统要求自行设计，其他辅助装置则已做成标准件，供设计时选用。

第一节 蓄 能 器

一、功用和分类

蓄能器的功用主要是储存油液的压力能。在液压系统中蓄能器常用来：

（1）在短时间内供应大量压力油液　实现周期性动作的液压系统（见图 7-1），在系统不需大量油液时，可以把液压泵输出的多余压力油液储存在蓄能器内，到需要时再由蓄能器快速释放给系统。这样就可以使系统选用流量等于循环周期内平均流量 q_m 的较小的液压泵，以减少电动机功率消耗，降低系统温升（详见第九章）。

（2）维持系统压力　在液压泵停止向系统提供油液的情况下，蓄能器能把储存的压力油液供给系统，补偿系统泄漏或充当应急能源，使系统在一段时间内维持系统压力，避免停电或系统发生故障时油源突然中断所造成的机件损坏。

（3）减小液压冲击或压力脉动　蓄能器能吸收系统在液压泵突然起动或停止、液压阀突然关闭或开启、液压缸突然运动或停止时所出现的液压冲击，也能吸收液压泵工作时的压力脉动，大

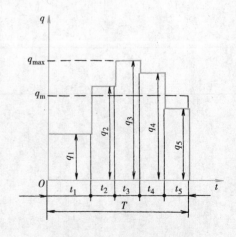

图 7-1　周期动作系统中的流量供应情况
T——一个循环周期

大减小其幅值。

蓄能器的种类主要有弹簧式和充气式两种，它们的结构简图和特点见表7-1所示。

表7-1 蓄能器的种类和特点

名称		结构简图	特点和说明
弹簧式			1. 利用弹簧的压缩和伸长来储存、释放压力能 2. 结构简单，反应灵敏，但容量小 3. 供小容量、低压（$p \leqslant 1 \sim 1.2MPa$）回路缓冲之用，不适用于高压或高频的工作场合
充气式	气瓶式	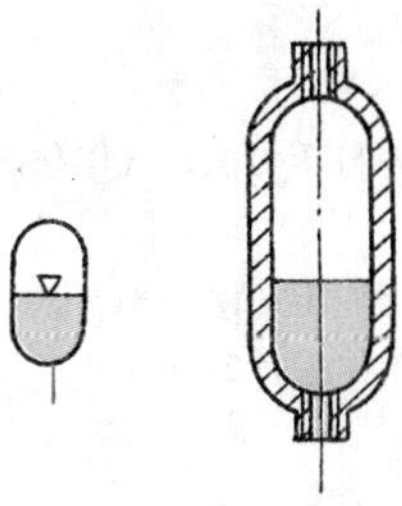	1. 利用气体的压缩和膨胀来储存、释放压力能；气体和油液在蓄能器中直接接触 2. 容量大，惯性小，反应灵敏，轮廓尺寸小，但气体容易混入油内，影响系统工作平稳性 3. 只适用于大流量的中、低压回路
	活塞式		1. 利用气体的压缩和膨胀来储存、释放压力能；气体和油液在蓄能器中由活塞隔开 2. 结构简单，工作可靠，安装容易，维护方便，但活塞惯性大，活塞和缸壁间有摩擦，反应不够灵敏，密封要求较高 3. 用来储存能量，或供中、高压系统吸收压力脉动之用
	气囊式		1. 利用气体的压缩和膨胀来储存、释放压力能；气体和油液在蓄能器中由气囊隔开 2. 带弹簧的菌状进油阀使油液能进入蓄能器但防止气囊自油口被挤出。充气阀只在蓄能器工作前气囊充气时打开，蓄能器工作时则关闭 3. 结构尺寸小，质量小，安装方便，维护容易，气囊惯性小，反应灵敏；但气囊和壳体制造都较难 4. 折合型气囊容量较大，可用来储存能量；波纹型气囊适用于吸收冲击
	隔膜式	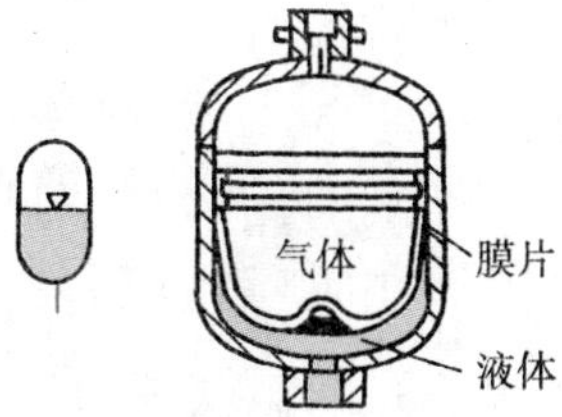 气体 膜片 液体	1. 利用气体的压缩和膨胀来储存、释放压力能；气体和油液在蓄能器中由膜片隔开 2. 液气隔离可靠，密封性能好，无泄漏 3. 隔膜动作灵敏，容积小（$0.16 \sim 2.8L$） 4. 用于补偿系统泄漏，吸收流量脉动和压力冲击；最高工作压力21MPa

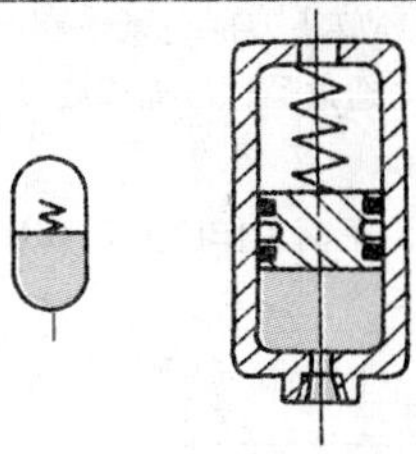

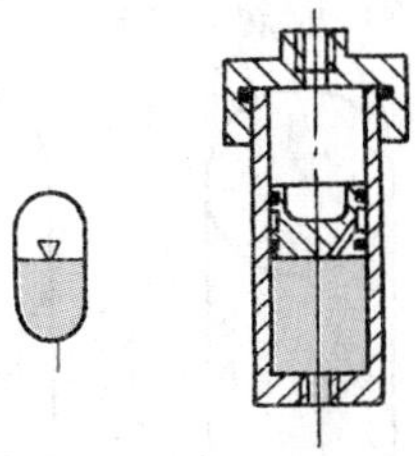

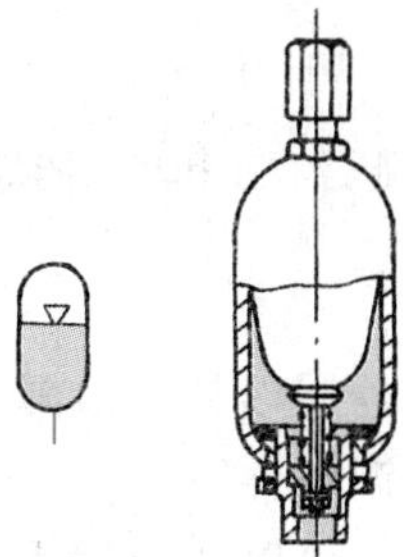

167

（续）

名称		结 构 简 图	特 点 和 说 明
充气式	盒式	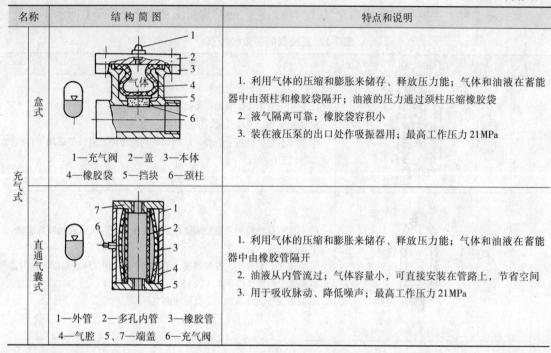 1—充气阀 2—盖 3—本体 4—橡胶袋 5—挡块 6—颈柱	1. 利用气体的压缩和膨胀来储存、释放压力能；气体和油液在蓄能器中由颈柱和橡胶袋隔开；油液的压力通过颈柱压缩橡胶袋 2. 液气隔离可靠；橡胶袋容积小 3. 装在液压泵的出口处作吸振用；最高工作压力 21MPa
	直通气囊式	1—外管 2—多孔内管 3—橡胶管 4—气腔 5、7—端盖 6—充气阀	1. 利用气体的压缩和膨胀来储存、释放压力能；气体和油液在蓄能器中由橡胶管隔开 2. 油液从内管流过；气体容量小，可直接安装在管路上，节省空间 3. 用于吸收脉动、降低噪声；最高工作压力 21MPa

二、容积计算

蓄能器的总容积是指气腔和液腔容积之和。它的大小和其用途有关，下面以气囊式蓄能器为例进行说明。

（一）用于贮存和释放压力能时（图7-2）

蓄能器的容积 V_0 是由充气压力 p_0、工作中要求输出的油液体积 V_W、系统的最高工作压力 p_1 和最低工作压力 p_2 决定的。气体状态方程为

$$p_0 V_0^n = p_1 V_1^n = p_2 V_2^n = \text{const} \qquad (7\text{-}1)$$

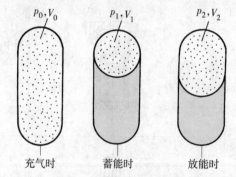

图 7-2 气囊式蓄能器贮存和释放能量的过程

式中 V_1、V_2——分别为气体在最高和最低压力下的体积；

    n——多变指数，其值由气体工作条件所决定。当蓄能器用以补偿泄漏、保持压力时，它释放能量过程很慢，可以认为气体在等温条件下工作，$n=1$；当蓄能器瞬时提供大量油液时，释放能量速度很快，可以认为气体在绝热条件下工作，$n=1.4$。

由于 $V_W = V_1 - V_2$，故由式（7-1）可得

$$V_0 = \frac{V_W \left(\dfrac{1}{p_0}\right)^{\frac{1}{n}}}{\left[\left(\dfrac{1}{p_2}\right)^{\frac{1}{n}} - \left(\dfrac{1}{p_1}\right)^{\frac{1}{n}}\right]} \qquad (7\text{-}2)$$

p_0 值理论上可与 p_2 相等，但为了保证系统的压力为 p_2 时蓄能器还有能力补偿泄漏起见，

宜使 $p_0 < p_2$，一般对折合型气囊，$p_0 = (0.8 \sim 0.85) p_2$，波纹型气囊，$p_0 = (0.6 \sim 0.65) p_2$。如能使气囊工作时的容腔在其充气容腔的 1/3～2/3 的区段内变化，则它可更加经久耐用。

（二）用于吸收因阀换向而在管路中产生的液压冲击时

这时蓄能器的容积 V_0 可以近似地由其充气压力 p_0、系统中允许的最高工作压力 p_1 和瞬时吸收的液体动能 $\rho A l v^2 / 2$（见第三章第六节）来确定。由于蓄能器中气体在绝热过程中压缩所吸收的能量为

$$\int_{V_0}^{V_1} p \mathrm{d}V = \int_{V_0}^{V_1} p_0 \left(\frac{V_0}{V}\right)^{1.4} \mathrm{d}V = -\frac{p_0 V_0}{0.4} \left[\left(\frac{p_1}{p_0}\right)^{0.286} - 1\right] = \frac{1}{2} \rho A l v^2$$

故得

$$V_0 = \frac{\rho A l v^2}{2} \left(\frac{0.4}{p_0}\right) \left[\left(\frac{p_1}{p_0}\right)^{0.286} - 1\right]^{-1} \tag{7-3}$$

上式未考虑油液压缩性和管道弹性，式中 p_0 的值常取系统工作压力的 90%。

在工程实际中，蓄能器的容积 V_0 也可以采用下述经验公式计算得到

$$V_0 = 0.004 p_2 q (0.0164 l - t) / (p_2 - p_1) \tag{7-4}$$

式中　q——阀口关闭前管道内流量，单位为 L/min；

l——产生冲击波的管道长度，单位为 m；

p_1——阀口开、闭前的工作压力，单位为 MPa；

p_2——系统允许的最高冲击压力，单位为 MPa，一般取 $p_2 \approx 1.5 p_1$；

t——阀口由打开到关闭的持续时间，单位为 s，$t < 0.0164 l$。

（三）用于吸收液压泵压力脉动时

这时蓄能器的容积与其动态特性及相应管路的动态性能有关，见第十二章第三节。

三、使用和安装

蓄能器在液压回路中的安放位置随其功用而不同：吸收液压冲击或压力脉动时宜放在冲击源或脉动源近旁；补油保压时宜放在尽可能接近有关的执行元件处。

使用蓄能器须注意如下几点：

1）充气式蓄能器中应使用惰性气体（一般为氮气），允许工作压力视蓄能器结构形式而定，例如，气囊式为 3.5～32MPa。

2）不同的蓄能器各有其适用的工作范围，例如，气囊式蓄能器的气囊强度不高，不能承受很大的压力波动，且只能在 −20～70℃ 的温度范围内工作。

3）气囊式蓄能器原则上应垂直安装（油口向下），只有在空间位置受限制时才允许倾斜或水平安装。

4）装在管路上的蓄能器须用支板或支架固定。

5）蓄能器与管路系统之间应安装截止阀，供充气、检修时使用。蓄能器与液压泵之间应安装单向阀，防止液压泵停车时蓄能器内储存的压力油液倒流入泵。

第二节　过　滤　器

一、功用和类型

过滤器的功用在于滤除混在液压油液中的杂质，使进到系统中去的油液的污染度降低，

保证系统能正常地工作。

过滤器按其滤心材料的过滤机制来分，有表面型过滤器、深度型过滤器和吸附型过滤器三种。

（1）表面型过滤器　整个过滤作用是由一个几何面来实现的。污染杂质被截留在滤心靠油液上游的一面。滤心材料具有均匀的标定小孔，可以滤除比小孔尺寸大的杂质。由于污染杂质积聚在滤心表面上，因此它很容易被阻塞住。编网式滤心、线隙式滤心属于这种类型。

（2）深度型过滤器　这种滤心材料为多孔可透性材料，内部具有曲折迂回的通道。大于表面孔径的杂质直接被截留在外表面，较小的污染杂质进入滤材内部，撞到通道壁上，由于吸附作用而得到滤除。滤材内部曲折的通道也有利于污染杂质的沉积。纸心、毛毡、烧结金属、陶瓷和各种纤维制品等属于这种类型。

（3）吸附型过滤油器　这种滤心材料把油液中的有关杂质吸附在其表面上。磁心即属于此类。

常见的过滤器式样及其特点示于表7-2中。

表7-2　常见的过滤器及其特点

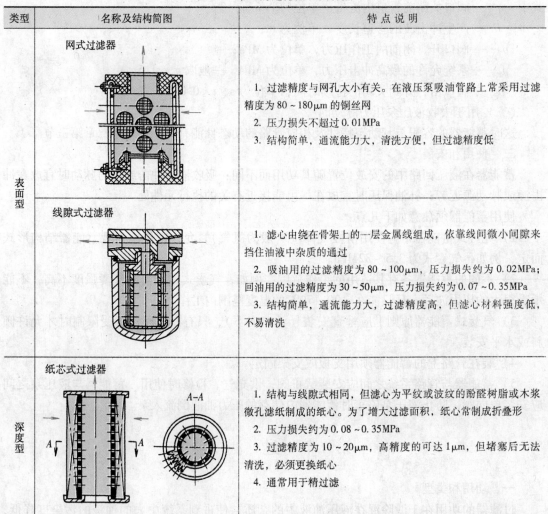

类型	名称及结构简图	特点说明
表面型	网式过滤器	1. 过滤精度与网孔大小有关。在液压泵吸油管路上常采用过滤精度为 $80 \sim 180 \mu m$ 的铜丝网 2. 压力损失不超过 $0.01 MPa$ 3. 结构简单，通流能力大，清洗方便，但过滤精度低
表面型	线隙式过滤器	1. 滤心由绕在骨架上的一层金属线组成，依靠线间微小间隙来挡住油液中杂质的通过 2. 吸油用的过滤精度为 $80 \sim 100 \mu m$，压力损失约为 $0.02 MPa$；回油用的过滤精度为 $30 \sim 50 \mu m$，压力损失约为 $0.07 \sim 0.35 MPa$ 3. 结构简单，通流能力大，过滤精度高，但滤心材料强度低，不易清洗
深度型	纸芯式过滤器　$A-A$	1. 结构与线隙式相同，但滤心为平纹或波纹的酚醛树脂或木浆微孔滤纸制成的纸心。为了增大过滤面积，纸心常制成折叠形 2. 压力损失约为 $0.08 \sim 0.35 MPa$ 3. 过滤精度为 $10 \sim 20 \mu m$，高精度的可达 $1 \mu m$，但堵塞后无法清洗，必须更换纸心 4. 通常用于精过滤

（续）

类型	名称及结构简图	特点说明
深度型	烧结式过滤器 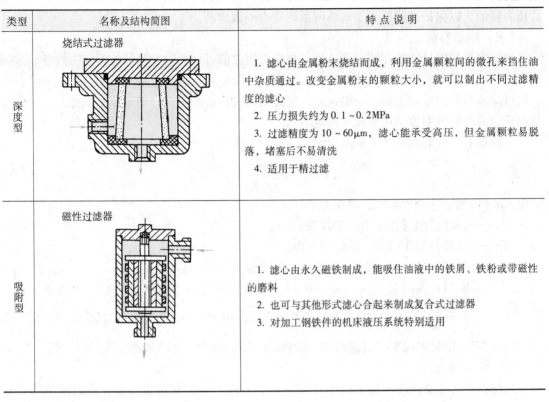	1. 滤心由金属粉末烧结而成，利用金属颗粒间的微孔来挡住油中杂质通过。改变金属粉末的颗粒大小，就可以制出不同过滤精度的滤心 2. 压力损失约为 0.1~0.2MPa 3. 过滤精度为 10~60μm，滤心能承受高压，但金属颗粒易脱落，堵塞后不易清洗 4. 适用于精过滤
吸附型	磁性过滤器	1. 滤心由永久磁铁制成，能吸住油液中的铁屑、铁粉或带磁性的磨料 2. 也可与其他形式滤心合起来制成复合式过滤器 3. 对加工钢铁件的机床液压系统特别适用

二、过滤器的主要性能指标

（一）过滤精度

过滤精度表示过滤器对各种不同尺寸的污染颗粒的滤除能力，用绝对过滤精度、过滤比和过滤效率等指标来评定。

绝对过滤精度是指通过滤心的最大硬球状颗粒的尺寸（y），它反映了过滤材料中最大的通孔尺寸，以 μm 表示。它可以用试验的方法进行测定。

过滤比（β_x 值）是指过滤器上游油液单位容积中大于某给定尺寸的颗粒数 N_u 与下游油液单位容积中大于同一尺寸的颗粒数 N_d 之比，即对某一尺寸 x（单位为 μm）的颗粒来说，其过滤比 β_x 的表达式为

$$\beta_x = \frac{N_u}{N_d} \tag{7-5}$$

由式（7-5）可见，β_x 越大，过滤精度越高。当 $\beta_x \geqslant 75$ 时，x 即被认为是过滤器的过滤精度。过滤比能确切地反映过滤器对不同尺寸颗粒污染物的过滤能力。

过滤效率 E_c 可以通过下式由过滤比 β_x 值直接换算出来

$$E_c = \frac{N_u - N_d}{N_u} = 1 - \frac{1}{\beta_x} \tag{7-6}$$

（二）压降特性

过滤器是利用滤心上的小孔和微小间隙来过滤油液中杂质的，因此，油液流过滤心时必然产生压力降（即压力损失）。一般说来，在滤心尺寸和流量一定的情况下，压力降随过滤

精度提高而增加，随油液粘度的增大而增加，随过滤面积增大而下降。过滤器有一个最大允许压力降值，以保护过滤器不受破坏或系统压力不致过高。

（三）纳垢容量

纳垢容量是指过滤器在压力降达到其规定限值之前可以滤除并容纳的污染物数量，这项性能指标可以用多次通过性试验来确定。过滤器的纳垢容量愈大，使用寿命愈长，所以它是反映过滤器寿命的重要指标。一般说来，过滤器的过滤面积愈大，纳垢容量就愈大。增大过滤面积，可以使纳垢容量至少成比例地增加。

过滤器有效过滤面积 A（单位为 m^2）可按下式计算

$$A = \frac{\mu q}{\alpha \Delta p} \tag{7-7}$$

式中 μ——油液的动力粘度，单位为 Pa·s；

q——过滤器的通流能力，单位为 m^3/s；

Δp——过滤器的压力降，单位为 MPa；

α——过滤器的单位面积通流能力，单位为 m^3/m^2。α 由实验确定。网式滤心，$\alpha = 0.34$；线隙式滤心，$\alpha = 0.17$；纸质滤心，$\alpha = 0.006$；烧结式滤心，$\alpha = \frac{1.04 d^2 \times 10^3}{\delta}$，其中 d 为粒子平均直径，单位为 m，δ 为滤心的壁厚，单位为 m。

式（7-7）清楚地说明了过滤面积与油液的流量、粘度、压降和滤心形式的关系。

三、选用和安装

过滤器按其过滤精度（滤去杂质的颗粒大小）的不同，有粗过滤器、普通过滤器、精密过滤器和特精过滤器四种，它们分别能滤去大于 $100\mu m$、$10 \sim 100\mu m$、$5 \sim 10\mu m$ 和 $1 \sim 5\mu m$ 大小的杂质。

选用过滤器时，要考虑下列几点：

1）过滤精度应满足预定要求。

2）能在较长时间内保持足够的通流能力[⊖]。

3）滤心具有足够的强度，不因油液压力的作用而损坏。

4）滤心抗腐蚀性能好，能在规定的温度下持久地工作。

5）滤心清洗或更换简便。

因此，过滤器应根据液压系统的技术要求，按过滤精度、通流能力、工作压力、油液粘度、工作温度等条件来选定其型号。

过滤器在液压系统中的安装位置及其有关的简单说明示于图 7-3 中。

液压系统中除了整个系统所需的过滤器外，还常常在一些重要元件（如伺服阀、精密节流阀等）的前面单独安装一个专用的精过滤器来确保它们的正常工作。

⊖ 这对于在野外尘土飞扬环境中工作的农机和工程机械的液压系统，对于把安全可靠性放在首位的航天和航空上的液压系统来说是绝对必要的，因为这里追求的是正常运行。但是在一些环境受到控制、工作条件良好的场合来说，不但要求系统正常运行，而且应从尽可能延长允许的使用寿命的要求出发寻求精度更高的过滤。实践证明这样可获得极大的经济效益。

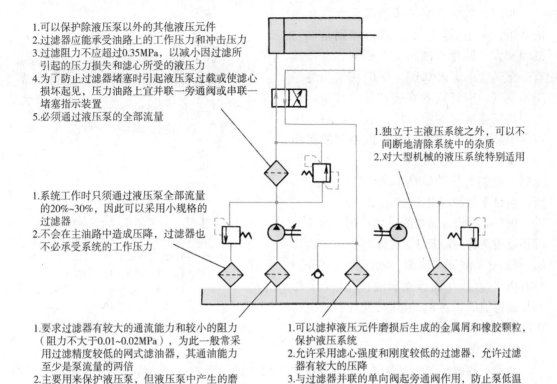

1.可以保护除液压泵以外的其他液压元件
2.过滤器应能承受油路上的工作压力和冲击压力
3.过滤阻力不应超过0.35MPa，以减小因过滤所引起的压力损失和滤心所受的液压力
4.为了防止过滤器堵塞时引起液压泵过载或使滤心损坏起见，压力油路上宜并联一旁通阀或串联一堵塞指示装置
5.必须通过液压泵的全部流量

1.独立于主液压系统之外，可以不间断地清除系统中的杂质
2.对大型机械的液压系统特别适用

1.系统工作时只须通过液压泵全部流量的20%~30%，因此可以采用小规格的过滤器
2.不会在主油路中造成压降，过滤器也不必承受系统的工作压力

1.要求过滤器有较大的通流能力和较小的阻力（阻力不大于0.01~0.02MPa），为此一般常采用过滤精度较低的网式滤油器，其通油能力至少是泵流量的两倍
2.主要用来保护液压泵，但液压泵中产生的磨损生成物仍将进入系统
3.必须通过液压泵的全部流量

1.可以滤掉液压元件磨损后生成的金属屑和橡胶颗粒，保护液压系统
2.允许采用滤心强度和刚度较低的过滤器，允许过滤器有较大的压降
3.与过滤器并联的单向阀起旁通阀作用，防止泵低温起动时，高粘度油通过滤心或滤心堵塞等引起的系统压力升高
4.必须通过液压泵的全部流量

图 7-3 过滤器在液压系统中的安装位置

第三节 油 箱

一、功用

油箱在液压系统中的主要功用是：

1）贮存供系统循环所需的油液。

2）散发系统工作时所产生的热量。

3）释出混在油液中的气体。

4）为系统中元件的安装提供位置。

油箱不应该是一个纳污的地方，应及时去除油液中沉淀的污物，在油箱中的油液必须是符合液压系统清洁度要求的油液，因而对油箱的设计、制造、使用和维护等各方面提出了更高的要求。

二、结构

液压系统中的油箱有整体式油箱、分离式油箱；开式油箱、闭式油箱等之分。

整体式油箱是利用主机的内腔作为油箱，结构紧凑，易于回收漏油，但维修不便，散热条件不好，且会使主机产生热变形。分离式油箱单独设置，与主机分开，减少了油箱发热和液压源的振动对主机工作精度的影响，应用较为广泛。

所谓开式油箱是油箱液面和大气相通的油箱，应用最广。而闭式油箱则是油箱液面和大气隔绝。油箱整个密封，在顶部有一充气管，送入 $0.05 \sim 0.07$MPa 的纯净压缩空气。空气或者直接和油液接触，或者输到气囊内对油液施压。这种油箱的优点在于泵的吸油条件较好，但系统的回油管、泄油管要承受背压。油箱还须配置安全阀、电接点压力表等以稳定充气压力，所以它只在特殊场合下使用。

图7-4 所示为油箱的典型结构。油箱内部用隔板7将吸油管3、过滤器9和泄油管2、回油管1隔开。顶部、侧面和底部分别装有空气过滤/注油器4和液位/温度计12和排放污油的堵塞8。液压泵及其驱动电动机的安装板固定在油箱顶面上。

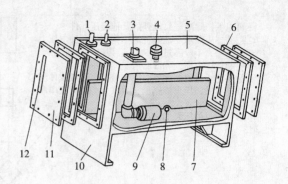

图 7-4　油箱
1—回油管　2—泄油管　3—吸油管
4—空气过滤/注油器　5—安装板
6—密封衬垫　7—隔板　8—堵塞
9—过滤器　10—箱体　11—端盖
12—液位/温度计

三、容量

油箱的容量，即油面高度为油箱高度80%时的油箱有效容积，应根据液压系统的发热、散热平衡的原则来计算。对于一般情况而言，油箱的容量可按液压泵的额定流量估算出来。如对于机床和其他一些固定式装置，油箱的容量 V（单位为 L）可依下式估算

$$V = \xi q_{\mathrm{p}} \tag{7-8}$$

式中　q_{p}——液压泵的额定流量，单位为 L/min；

　　　ξ——与压力有关的经验数据。低压系统 $\xi = 2 \sim 4$，中压系统 $\xi = 5 \sim 7$，高压系统 $\xi = 10 \sim 12$。

四、设计时的注意事项

1）吸油管和回油管应尽量相距远些，两管之间要用隔板隔开，以增加油液循环距离，使油液有足够的时间分离气泡，沉淀杂质，消散热量。隔板高度最好为箱内油面高度的3/4。

吸油管入口处要装粗过滤器。粗过滤器与回油管管端在油面最低时仍应没在油中，防止吸油时卷吸空气或回油冲入油箱时搅动油面而混入气泡。回油管管端宜斜切45°，以增大出油口截面积，减慢出口处油流速度。此外，应使回油管斜切口面对箱壁，以利油液散热。当回油管排回的油量很大时，宜使它出口处高出油面，向一个带孔或不带孔的斜槽（倾角为5°~15°）排油，使油流散开，一方面减慢流速，另一方面排走油液中空气（见图7-5）。减慢回油流速、减少它的冲击搅拌作用，也可以采取让它通过扩散室的办法来达到（见图7-6）。泄油管管端亦可斜切并面壁，但不可没入油中。

管端与箱底、箱壁间距离均不宜小于管径的3倍。粗过滤器距箱底不应小于20mm。

2）为了防止油液污染起见，油箱上各盖板、管口处都要妥善密封。注油器上要加滤油网。防止油箱出现负压而设置的通气孔上须装空气滤清器。空气滤清器的容量至少应为液压泵额定流量的2倍。油箱内回油集中部分及清污口附近宜装设一些磁性块，以去除油液中的铁屑和带磁性颗粒（见图7-7）。

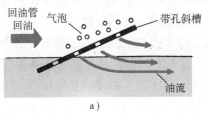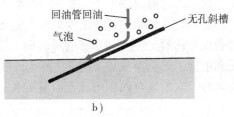

图 7-5　油箱中的排气斜槽

a）带孔斜槽　b）无孔斜槽

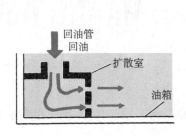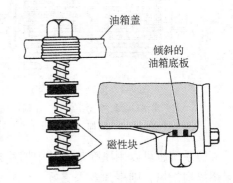

图 7-6　油箱中的扩散室　　　　图 7-7　油箱中的磁性块

175

3）为了易于散热和便于对油箱进行搬移及维护保养，箱底离地至少应在 150mm 以上。箱底应适当倾斜，在最低部位处设置堵塞或放油阀，以便排放污油。箱体上注油口的近旁必须设置液位计。过滤器的安装位置应便于装拆。箱内各处应便于清洗。

4）油箱中如要安装热交换器，必须考虑好它的安装位置，以及测温、控制等措施。

5）分离式油箱一般用 2.5 ~ 4mm 普通钢板或不锈钢板焊成。箱壁愈薄，散热愈快[⊖]。大尺寸油箱要加焊角板、肋条，以增加刚性。当液压泵及其驱动电动机和其他液压件都要装在油箱上时，油箱顶要相应地加厚。

6）普通钢板的油箱内壁应涂上耐油防锈的涂料或进行磷化处理。外壁如无色彩要求，可涂上一层极薄的黑漆（不超过 0.025mm 厚度），会有很好的辐射冷却效果。

第四节　热交换器

液压系统的工作温度一般希望保持在 30 ~ 50℃ 的范围之内，最高不超过 65℃，最低不低于 15℃。液压系统如依靠自然冷却仍不能使油温控制在上述范围内时，就须安装冷却器；反之，如环境温度太低无法使液压泵起动或正常运转时，就须安装加热器。

一、冷却器

液压系统中用得较多的冷却器是强制对流式冷却器。图 7-8 所示为多管式冷却器的结构。油液从进油口 5 流入，从出油口 3 流出；而冷却水从进水口 7 流入，通过多根水管后由

⊖　有资料建议 100L 容量的油箱箱壁厚度取 1.5mm，400L 以下的取 3mm，400L 以上的取 6mm。箱底厚度应大于箱壁，箱盖厚度应为箱壁的 3 ~ 4 倍。

出水口 1 流出。冷却器内设置了隔板 4，在水管外部流动的油液的行进路线因隔板的上下布置变得迂回曲折，从而增强了热交换效果。这种冷却器的冷却效果较好。

翅片管式冷却器是在冷却水管的外表面上装了许多横向或纵向的散热翅片，大大扩大了散热面积和增强了热交换效果。图 7-9 所示的翅片管式冷却器，是在圆管或椭圆管外嵌套了许多径向翅片，它的散热面积可比光滑管大 8~10 倍。椭圆管的散热效果比圆管更好。

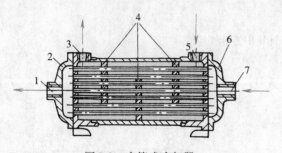

图 7-8　多管式冷却器

1—出水口　2、6—端盖　3—出油口
4—隔板　5—进油口　7—进水口

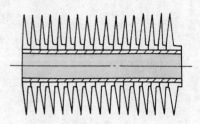

图 7-9　翅片管式冷却器

液压系统也可以用风冷却，其中翅片式风冷却器结构紧凑、体积小、强度高、效果好。如果用风扇鼓风，则冷却效果更好。

在要求较高的装置上，可以采用冷媒式冷却器。它是利用冷媒介质在压缩机中绝热压缩后进入散热器放热，蒸发器吸热的原理，带走油中的热量而使油冷却。这种冷却器冷却效果好，但价格过于昂贵。

液压系统最好装有油液的自动控温装置，以确保油液温度准确地控制在要求的范围内。

冷却器一般安放在回油管或低压管路上，图 7-10 示出了冷却器在液压系统中的各种安装位置。

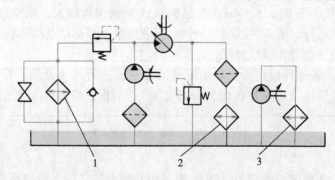

图 7-10　冷却器在液压系统中的各种安装位置

1—冷却器装在主溢流阀溢流口，溢流阀产生的热油直接获得冷却，同时也不受系统冲击压力影响，单向阀起保护作用，截止阀可在起动时使液压油液直接回油箱　2—冷却器直接装在主回油路上，冷却速度快，但系统回路有冲击压力时，要求冷却器能承受较高的压力　3—单独的液压泵将热的工作介质通入冷却器，冷却器不受液压冲击的影响

油液流经冷却器时的压力损失一般约为 0.01~0.1MPa。

二、加热器

油液可用热水或蒸气来加热，也可用电加热。电加热因为结构简单，使用方便，能按需要自动调节温度，因而得到广泛的使用。如图7-11所示，电加热器用法兰安装在油箱壁上，发热部分全部浸在油液内。加热器应安装在箱内油液流动处，以利于热量的交换。同时，单个电加热器的功率容量也不能太大，一般不超过$3W/cm^2$，以免其周围油液因局部过度受热而变质。在电路上应设置联锁保护装置，当油液没有完全包围加热元件，或没有足够的油液进行循环时，加热器应不能工作。

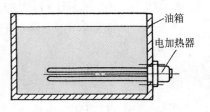

图7-11 电加热器的安装位置

第五节 管 件

管件包括管道和管接头，它的主要功用是连接液压元件和输送油液。对它的主要要求是：有足够的强度，密封性好，压力损失小和装拆方便。

一、管道

液压系统中使用的管道有钢管、纯铜管、尼龙管、塑料管和橡胶管等，须依其安装位置、工作条件和工作压力来正确选用。各种常用管道的特点及适用场合如表7-3所示。

表7-3 各种常用管道的特点及适用场合

种	类	特点和适用场合
硬管	钢管	能承受高压，价格低廉，耐油，抗腐蚀，刚性好，但装配时不能任意弯曲；常在装拆方便处用作压力管道（中、高压用无缝管，低压用焊接管）
	紫铜管	易弯曲成各种形状，但承压能力一般不超过$6.5 \sim 10MPa$，抗振能力较弱，又易使油液氧化；通常用在液压装置内配接不便之处
软管	尼龙管	加热后可以随意弯曲成形或扩口，冷却后又能定形不变，承压能力因材质而异，自$2.5MPa$至$8MPa$不等，最高可达$16MPa$
	塑料管	质轻耐油，价格便宜，装配方便，但承压能力低，长期使用会变质老化，只宜用作压力低于$0.5MPa$的回油管、泄油管等
	橡胶管	高压管由耐油橡胶夹几层钢丝编织网制成，钢丝网层数越多，耐压越高，价昂，用作中、高压系统中两个相对运动件之间的压力管道 低压管由耐油橡胶夹帆布制成，可用作回油管道

管道的规格尺寸指的是它的内径和壁厚，可依下式算出后，查阅有关的标准选定

$$d = 2\sqrt{\frac{q}{\pi v}} \qquad (7-9)$$

$$\delta = \frac{pdn}{2\sigma_b} \qquad (7-10)$$

式中 d——管道内径；

q——管内流量；

v——管中油液的流速，吸油管取$0.5 \sim 1.5m/s$，压油管取$2.5 \sim 5m/s$（压力高的取大值，低的取小值，如压力在$6MPa$以上的取$5m/s$，在$3 \sim 6MPa$之间的取

4m/s,在 3MPa 以下的取 2.5~3m/s；管道短时取大值；油液粘度大时取小值），
回油管取 1.5~2.5m/s，短管及局部收缩处取 5~7m/s；

δ——管道壁厚；

p——管内工作压力；

n——安全系数，对钢管来说，$p < 7MPa$ 时取 $n = 8$，$7MPa < p < 17.5MPa$ 时取 $n = 6$，$p > 17.5MPa$ 时取 $n = 4$；

σ_b——管道材料的抗拉强度。对于铜管，可取 $\sigma_b/n \leqslant 25MPa$。

金属管道的爆破压力 p_B（单位为 MPa）可按下述经验公式计算得到

$$p_B = \sigma_b \left[\frac{\dfrac{d}{\delta_{min}} + 1}{\dfrac{1}{2}\left(\dfrac{d}{\delta_{min}}\right)^2 + \dfrac{d}{\delta_{min}} + 1} \right] \tag{7-11}$$

式中 d——管道内径，单位为 mm；

δ_{min}——管道最小壁厚，单位为 mm；

σ_b——管道材料的抗拉强度，单位为 MPa。

二、管接头

管接头是管道之间、管道与元件之间的可拆式连接件。管接头在满足强度足够的前提下，应当装拆方便，连接牢固，密封性好，外形尺寸小，压力损失小以及工艺性好。

管接头的种类很多，其规格品种可查阅有关手册。液压系统中常用的管接头如表 7-4 所示。管接头的连接螺纹采用国家标准米制锥螺纹（ZM）和普通细牙螺纹（M）。锥螺纹可依靠自身的锥体旋紧和采用聚四氟乙烯生料带进行密封，广泛用于中、低压系统；细牙螺纹常在采用组合垫圈或 O 形圈，有时也采用纯铜垫圈进行端面密封后用于高压液压系统。

表 7-4 液压系统中常用的管接头

名　　　称	结构简图	特点和说明
焊接式管接头	球形头	1. 连接牢固，利用球面进行密封，简单可靠 2. 焊接工艺必须保证质量，必须采用厚壁钢管，装拆不便 3. 工作压力可达 32MPa 或更高
卡套式管接头	油管　卡套	1. 用卡套卡住油管进行密封，轴向尺寸要求不严，装拆简便 2. 对管子径向尺寸精度要求较高，为此要采用冷拔无缝钢管 3. 工作压力可达 32MPa 4. 适用于油液及一般腐蚀性介质的管路系统
扩口式管接头	油管　管套	1. 用管端的扩口在管套的压紧下进行密封，结构简单，可重复进行连接 2. 适用于纯铜管、薄壁钢管、尼龙管和塑料管等低压管道的连接 3. 喇叭口扩成 74°~90° 4. 适用于不超过 8MPa 的中低压系统

(续)

名　称	结构简图	特点和说明
扣压式管接头	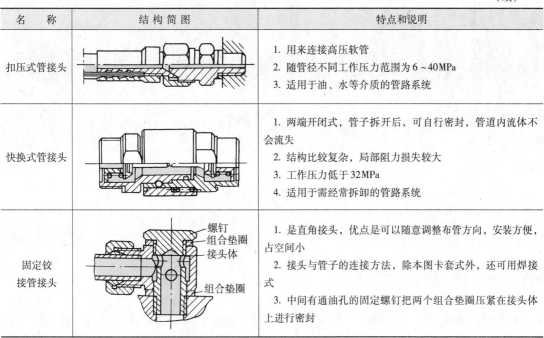	1. 用来连接高压软管 2. 随管径不同工作压力范围为 6~40MPa 3. 适用于油、水等介质的管路系统
快换式管接头		1. 两端开闭式，管子拆开后，可自行密封，管道内流体不会流失 2. 结构比较复杂，局部阻力损失较大 3. 工作压力低于 32MPa 4. 适用于需经常拆卸的管路系统
固定铰接管接头	螺钉 组合垫圈 接头体 组合垫圈	1. 是直角接头，优点是可以随意调整布管方向，安装方便，占空间小 2. 接头与管子的连接方法，除本图卡套式外，还可用焊接式 3. 中间有通油孔的固定螺钉把两个组合垫圈压紧在接头体上进行密封

　　另外，有一种用镍钛合金制造的特殊管接头，能使低温下受力后发生的变形在升温时消除，即把管接头放入液氮中用心棒扩大其内径，然后取出来迅速套装在管端上，便可使它在常温下得到牢固、紧密的结合。这种"热缩"式的连接已在航空和其他一些加工行业中得到了应用，它能保证在 40~55MPa 的工作压力下不出现泄漏。这是一个十分值得注意的动向。

179

习　题

　　7-1　某液压系统的叶片泵流量为 40L/min，吸油口安装 XU-80×100-J 线隙式过滤器（该型号表示额定流量 $q_n=80$L/min，过滤精度 100μm，压力损失 $\Delta p_n=0.06$MPa）。试问该过滤器是否会引起泵吸油不充分现象？

　　7-2　某一蓄能器的充气压力 $p_0=9$MPa（所给压力均为绝对压力），用流量 $q=5$L/min 的泵充油，升压到压力 $p_1=20$MPa 时快速向系统排油，当压力降到 $p_2=10$MPa 时排出的体积为 5L，试确定蓄能器的容积 V_0。

　　7-3　气囊式蓄能器容量为 2.5L，气体的充气压力为 2.5MPa，试问当工作压力从 $p_1=7$MPa 变化到 $p_2=4$MPa 时，蓄能器能输出的油液体积是多少？（提示：按等温过程计算）

　　7-4　有一液压回路，换向阀前管道长 20m，内径 35mm，流过的流量为 200L/min，工作压力为 5MPa，若要求瞬时关闭换向阀时，冲击压力不超过正常工作压力的 5%，试确定蓄能器的容量（油的密度为 900kg/m³）。

　　7-5　某液压系统，使用 YB-A36B 型叶片泵，压力为 7MPa，流量为 40L/min，试选油管的尺寸。

　　7-6　若液压系统中的吸油管选 ϕ42mm×2mm，压油管选 ϕ28mm×2mm，都是无缝钢管，试问它可用在多大压力和流量的系统？

第八章

调速回路

任何液压系统都是由一个或多个基本液压回路组成的。所谓基本液压回路是指那些为了实现特定的功能而把某些液压元件和管道按一定的方式组合起来的油路结构。例如，调节执行元件（液压缸或液压马达）运动速度的油路、控制系统整体或局部压力的油路、变更执行元件运动方向的油路等等，都是最常见的基本液压回路。熟悉和掌握这些回路有助于更好地分析、设计和使用各种液压系统。

在一切液压系统中，实现功率传递的调速回路占有头等重要的地位，因为液压传动的根本任务就在于此。因此，本章专门介绍这种回路的结构、性能和应用。其他的基本回路则放到下一章去介绍。

第一节 概 述

对任何液压传动系统来说，调速回路是它的核心部分。这种回路可以通过事先的调整或在工作过程中通过自动调节来改变执行元件的运行速度，但是它的主要功能却是在传递动力（功率）。因而从本质上来看，它应命名为动力回路才更确切、更全面，才能把某些主机（例如，压机）液压系统中同样是传递功率但不须调速的主回路也概括进去。

调速回路的调速特性、机械特性和功率特性基本上决定了它所在液压系统的性质、特点和用途，为此必须详加分析和讨论。事实上，这就是在对液压系统的静态特性进行概括和描述。当液压系统含有一个以上的调速回路时，它在不同工作阶段内呈现出来的性质和特点，就由当时起主导作用的那个调速回路来规定。

调速回路按其调速方式的不同，分成节流调速回路、容积调速回路和容积节流调速回路三类。速度不可调的"调速"回路应另列一类，例如由定量液压泵驱动液压缸或定量液压马达的回路，它其实是容积调速回路的一个特例。

第二节 节流调速回路

节流调速回路的工作原理，是通过改变回路中流量控制元件通流截面积的大小来控制流入执行元件或自执行元件流出的流量，以调节其运动速度。这种回路按其在工作中回路压力是否随负载变化而分成定压式节流调速回路和变压式节流调速回路两种。

一、定压式节流调速回路

图 8-1 所示为定压式节流调速回路的一般形式。这种回路都使用定量泵并且必须并联一个溢流阀。图 8-1a 所示为进油路上串接节流阀的结构，称为进口节流式；图 8-1b 所示为回油路上串接节流阀的结构，称为出口节流式。这些回路中泵的压力经溢流阀调定后，基本上保持恒定不变，所以称为定压式节流调速回路。回路中液压缸的输入流量由节流阀调节，而定量泵输出的多余油液经溢流阀排回油箱，这是这种回路能够正常工作的必要条件。

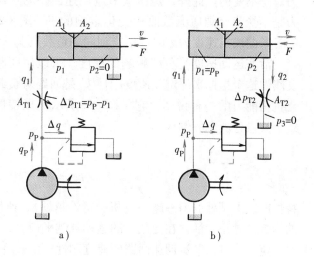

图 8-1 定压式节流调速回路
a）进口节流式 b）出口节流式

调速回路的机械特性是以它所驱动的液压缸工作速度和外负载之间的关系来表达的。当不考虑回路中各处摩擦力的作用时，对图 8-1a 所示的回路来说，活塞工作速度、活塞受力方程和进油路上的流量连续方程分别为

$$v = \frac{q_1}{A_1} \tag{8-1}$$

$$p_1 A_1 = F \tag{8-2}$$

$$q_1 = CA_{T1}\Delta p_{T1}^\varphi = CA_{T1}(p_P - p_1)^\varphi \tag{8-3}$$

式中 v ——活塞运动速度；

q_1 ——流入液压缸的流量；

A_1 ——液压缸工作腔有效工作面积；

p_P ——液压泵供油压力（即回路工作压力）；

p_1 ——液压缸工作腔压力；

Δp_{T1} ——进油路上节流阀处的工作压差（节流口前后的压力差）；

A_{T1} ——节流阀通流截面积；

C、φ ——节流阀的系数和指数；

F ——液压缸上的外负载（例如，机床工作部件上切削负载、摩擦负载等的总和）。

由以上三式可得

$$v = \frac{q_1}{A_1} = \frac{CA_{T1}}{A_1}\left(p_P - \frac{F}{A_1}\right)^\varphi = \frac{CA_{T1}(p_P A_1 - F)^\varphi}{A_1^{1+\varphi}} \tag{8-4}$$

将式（8-4）按不同的 A_{T1} 作图，可得一组机械特性曲线，如图 8-2 所示。由图及式（8-4）可见，当溢流阀的压力 p_P 和节流阀的通流截面积 A_{T1} 调定之后，活塞工作速度随负载加大而减小，当 $F = A_1 p_P$ 时，工作速度降为零，活塞停止运动；反之，负载减小时活塞速度加大。但是不管负载如何变化，回路的工作压力总是不变的。此外，定压式节流调速回路的承载能力是不受节流阀通流截面积变化影响的——图 8-2 中的各条曲线在速度为零时都汇交到同一负载点上。

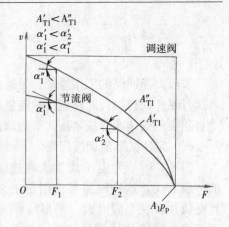

图 8-2　定压式进口节流调速
回路的机械特性

活塞运动速度受负载影响的程度，可以用回路速度刚性这个指标来评定，速度刚性 k_v 是回路对负载变化抗衡能力的一种说明，它是图 8-2 所示机械特性曲线上某点处斜率的倒数[一]。

$$k_v = - \frac{\partial F}{\partial v} = - \frac{1}{\tan\alpha} \tag{8-5}$$

特性曲线上某处的斜率越小（机械特性越硬），速度刚性就越大，活塞运动速度受负载波动的影响就越小，活塞在变载下的运动就越平稳。

定压式进口节流调速回路的速度刚性可由式（8-4）和式（8-5）求得如下

$$k_v = \frac{A_1^{1+\varphi}}{CA_{T1}(p_P A_1 - F)^{\varphi-1}\varphi} = \frac{p_P A_1 - F}{\varphi v} \tag{8-6}$$

由图 8-2 和式（8-6）可以看到，当节流阀通流截面积不变时，负载越小，速度刚性越高；当负载一定时，节流阀通流截面积越小，速度刚性越高。不论是提高溢流阀的调定压力，还是增大液压缸的有效工作面积或减小节流阀的指数，都能提高调速回路的速度刚性；但是这些参数的变动多半要受到其他条件的限制。

调速回路的功率特性是以其自身的功率损失（不包括液压泵、液压缸和管路中的功率损失）、功率损失分配情况和效率来表达的。定压式进口节流调速回路的输入功率（即定量泵的输出功率）、输出功率和功率损失分别为

$$P_P = p_P q_P \tag{8-7}$$

$$P_1 = p_1 q_1 \tag{8-8}$$

$$\Delta P = P_P - P_1 = p_P q_P - p_1 q_1 = p_P \Delta q + \Delta p_{T1} q_1 \tag{8-9}$$

式中　P_P——回路的输入功率；

　　　P_1——回路的输出功率；

　　　ΔP——回路的功率损失；

　　　q_P——液压泵在供油压力 p_P 下的输出流量；

　　　Δq——通过溢流阀的流量。

　⊖　活塞速度和负载的变化方向相反，所以 $\partial F / \partial v$ 总是负值；为了方便起见，k_v 常用正数来表示，因此等式右边要加个负号。

其余符号意义见前。

式（8-9）表明，这种回路的功率损失由两部分组成：一部分是溢流损失 ΔP_1，它是流量 Δq 在压力 p_P 下流过溢流阀所造成的功率损失；另一部分是节流损失 ΔP_2，它是流量 q_1 在压差 Δp_{T1} 下通过节流阀所造成的功率损失。两部分损失都转变成热量，使回路中的油液温度升高。

当液压缸在恒载下工作时，工作压力 p_1、液压泵供油压力 p_P（它按 p_1 调定）、节流阀工作压差 Δp_{T1} 都是定值，工作流量 q_1 只随节流阀通流截面积变化。这时调速回路的有效功率 P_1 和节流功率损失 ΔP_2 都随工作流量加大而线性地加大，溢流功率损失 ΔP_1 则随工作流量加大而线性地减小，如图 8-3 所示。这种情况下的回路效率为

$$\eta_C = \frac{p_1 q_1}{p_P q_P} = \frac{p_1 q_1}{(p_1 + \Delta p_{T1}) q_P} \tag{8-10}$$

此式表明，通过溢流阀的流量越小，q_1/q_P 越大，效率就越高；负载越大，p_1/p_P 越大，效率也越高。在机床上，节流阀处的工作压差一般为 $0.2 \sim 0.3\text{MPa}$。

当液压缸在变载下工作时，工作压力 p_1 是个变量，液压泵供油压力 p_P 按所需的最大工作压力 p_{1max} 调定。这时如节流阀的通流截面积保持不变，则工作流量将随负载而变化，如图 8-4 所示。在这里回路的有效功率 P_1 可由式（8-3）代入式（8-8）中得到

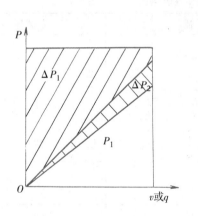

图 8-3 定压式进口节流调速回路
在恒载下的功率特性

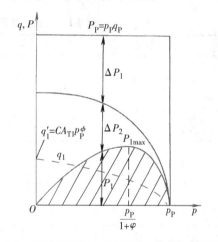

图 8-4 使用节流阀的定压式进口节流调速回路
在变载下的功率特性

$$P_1 = CA_{T1} p_1 (p_P - p_1)^\varphi \tag{8-11}$$

此式在 $p_1 = 0$ 和 $p_1 = p_P$ 处都等于零，在这两者之间的 $p_1 = \dfrac{p_P}{1+\varphi}$ 处则有一极大值

$$P_{1max} = \frac{CA_{T1}}{\varphi} \left(\frac{\varphi p_P}{1+\varphi} \right)^{1+\varphi} \tag{8-12}$$

由式（8-12）及图 8-4 可见，这时即便液压缸在其最大输出功率下工作，整个回路的功率损失还会是很大的，回路的效率很低

$$\eta_C \leqslant \frac{CA_{T1}}{q_P(1+\varphi)} \left(\frac{\varphi p_P}{1+\varphi} \right)^\varphi \tag{8-13}$$

183

由于 $CA_{T1}p_P^\varphi \leqslant q_P$，故当 $\varphi = 0.5$ 时，$\eta_C \leqslant 0.385$。

调速回路的调速特性是以其所驱动的液压缸在某个负载下可能得到的最大工作速度和最小工作速度之比（调速范围）来表示的。按式（8-4）可求得定压式进口节流调速回路的调速范围为

$$R_C = \frac{v_{max}}{v_{min}} = \frac{A_{T1max}}{A_{T1min}} = R_{T1} \tag{8-14}$$

式中 R_C、R_{T1}——调速回路和节流阀的调速范围；

$\quad\quad v_{max}$、v_{min}——活塞可能达到的最大和最小工作速度；

$\quad A_{T1max}$、A_{T1min}——节流阀可能的最大和最小通流截面积。

上式表明，定压式进口节流调速回路的调速范围只受流量控制元件（这里是节流阀）调节范围的限制。

定压式节流调速回路中组成元件的泄漏对回路各项性能的影响不大，液压泵处的泄漏虽较大，但它只影响通过溢流阀的流量，节流阀和液压缸处的泄漏都是很小的。

以上一些分析讨论虽是针对图 8-1a 所示进口节流式作出的，但这些结果对图 8-1b 所示的出口节流式同样适用，不同之处只在于它们特性表达式的具体内容有些差别而已，如表 8-1 所示。

184

表 8-1 定压式节流调速回路的特性表达式

进 口 节 流	出 口 节 流	公式序号
$q_1 = CA_{T1}(p_P - p_1)^\varphi$	$q_2 = CA_{T2}p_2^\varphi$	(8-3)
$v = \dfrac{q_1}{A_1} = \dfrac{CA_{T1}(p_PA_1 - F)^\varphi}{A_1^{1+\varphi}}$	$v = \dfrac{q_2}{A_2} = \dfrac{CA_{T2}(p_PA_1 - F)^\varphi}{A_2^{1+\varphi}}$	(8-4)
$k_v = \dfrac{p_PA_1 - F}{\varphi v}$	$k_v = \dfrac{p_PA_1 - F}{\varphi v}$	(8-6)
$P_1 = p_1q_1$	$P_1 = \left(p_P\dfrac{A_1}{A_2} - p_2\right)q_2$	(8-8)[①]
$\Delta P = p_P\Delta q + \Delta p_{T1}q_1$	$\Delta P = p_P\Delta q + \Delta p_{T2}q_2$	(8-9)
$P_1 = CA_{T1}p_1(p_P - p_1)^\varphi$	$P_1 = CA_{T2}\left(p_P\dfrac{A_1}{A_2} - p_2\right)p_2^\varphi$	(8-11)[②]
$P_{1max} = \dfrac{CA_{T1}}{\varphi}\left(\dfrac{\varphi p_P}{1+\varphi}\right)^{1+\varphi}$	$P_{1max} = \dfrac{CA_{T2}}{\varphi}\left[\dfrac{\varphi p_P}{1+\varphi} \times \left(\dfrac{A_1}{A_2}\right)\right]^{1+\varphi}$	(8-12)[②]
$R_C = R_{T1} = \dfrac{A_{T1max}}{A_{T1min}}$	$R_C = R_{T2} = \dfrac{A_{T2max}}{A_{T2min}}$	(8-14)

① 恒载下工作时。

② 变载下工作时。

出口节流式调速回路能承受"负方向"的负载（即与活塞运动方向相同的负载），进口节流式调速回路则要在其回油路上设置背压阀后才能承受这种负载；出口节流式调速回路中油液通过节流阀所产生的热量直接排回油箱消散掉，进口节流式调速回路中的这部分热量则

随着油液进入液压缸。这些便是这两种调速回路在使用性能方面的主要差别。

综上所述，可以看到，使用节流阀的定压式节流调速回路，结构简单，价格低廉，但效率较低，只宜用在负载变化不大、低速、小功率的场合。

使用比例阀、伺服阀或数字阀的定压式节流调速回路能使回路实现自动控制或远距离控制，但在静态性能上仍与使用节流阀的回路没有区别。这就是说，上面的分析、讨论对它们也都完全适用。例如，图 8-5 所示使用伺服阀的回路，可以看作是进口节流和出口节流同时进行的调速回路，不过在这里 $A_1 = A_2 = A$，$A_{T1} = A_{T2}$，$\Delta p_1 = \Delta p_2$，且 $q_1 = q_2$ 而已。由式 (6-28) 可得通过伺服阀阀口的流量为

$$q_L = C_d w x_s \left(\frac{p_P - p_L}{\rho} \right)^\varphi \tag{8-15}$$

因此得到这个回路的机械特性表达式为

$$v = \frac{C_d w x_s}{A^{1+\varphi} \rho^\varphi} (A p_P - F)^\varphi \tag{8-16}$$

鉴于伺服阀的开度 x_s 是个变量，其最大值为 x_{smax}，所以上式写成无量纲表达式时成为

$$\left[\frac{v}{\dfrac{C_d w x_{smax} (p_P/\rho)^\varphi}{A}} \right]^{\frac{1}{\varphi}} = \left(\frac{x_s}{x_{smax}} \right)^{\frac{1}{\varphi}} \left(1 - \frac{F}{A p_P} \right) \tag{8-17}$$

按照此式画出来的图形与图 6-44 完全一样，只是坐标变量不同而已。此图与图 8-2 极为相似，它的下半图是伺服阀使执行元件向左移动时的情况，这是前面几种回路所没有的。

二、变压式节流调速回路

图 8-6 所示为变压式节流调速回路。这种回路使用定量泵，必须并联一个安全阀，并把节流阀接在与主油路并联的分支油路上（因此它又称为旁路节流调速回路）。这种回路的工作压力随负载而变；节流阀调节排回油箱的流量，从而间接地对进入液压缸的流量进行控制；安全阀只在回路过载时才打开。

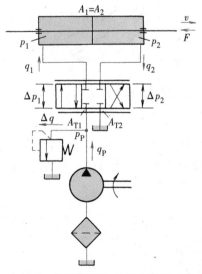

图 8-5　使用伺服阀的节流调速回路

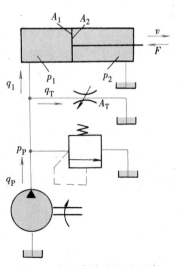

图 8-6　变压式节流调速回路

这种回路的机械特性可用上面同样的方法进行分析，但是液压泵的流量损失（主要是泄漏）在这里对液压缸的工作速度有很大影响，泄漏的大小则直接与回路的工作压力有关（见第四章第一节）。

$$q_P = q_t - k_1 p_P \tag{8-18}$$

式中　q_t——液压泵的几何流量；

　　　k_1——液压泵的泄漏系数；

其余符号意义同前。

因此，液压缸的工作速度为

$$v = \frac{q_P - CA_T p_P^{\varphi}}{A_1} = \frac{q_t - k_1\left(\dfrac{F}{A_1}\right) - CA_T\left(\dfrac{F}{A_1}\right)^{\varphi}}{A_1} \tag{8-19}$$

将式（8-19）按不同的 A_T 值作图，可得一组机械特性曲线，如图 8-7 所示。式（8-19）和图 8-7 表明，这种回路在节流阀通流截面积不变的情况下，活塞速度因液压缸外负载的增大而减小很多，因而其机械特性比定压式进口节流和出口节流调速回路"软"得多；当负载增大到某值时，活塞会停止运动。节流阀的通流截面积越大（活塞的运动速度越小），使活塞停止运动的负载就越小。因此旁路节流调速回路的承载能力是变化的（图 8-7 中各条曲线在速度为零时并不汇聚到同一点上），低速下的承载能力很差。

旁路节流调速回路的速度刚性表达式为

$$k_v = \frac{A_1 F}{\varphi(q_t - A_1 v) + (1 - \varphi)k_1\left(\dfrac{F}{A_1}\right)} \tag{8-20}$$

式（8-20）和图 8-7 表明，当节流阀通流截面积不变时，负载越大，速度刚性越好；当负载一定时，节流阀通流截面积越小（活塞工作速度越高），速度刚性越好。这种回路的速度刚性是可以通过增大液压缸的有效工作面积、减小节流阀的指数、减小液压泵的泄漏系数来提高的。

旁路节流调速回路在恒载和变载下工作时的功率特性如图 8-8 和图 8-9 所示，它们分别与图 8-3 和图 8-4 有类似之处。这种回路的效率表达式为

$$\eta_c = \frac{p_P q_1}{p_P q_P} = \frac{q_1}{q_P} = 1 - \frac{CA_T p_P^{\varphi}}{q_t - k_1 p_P} \tag{8-21}$$

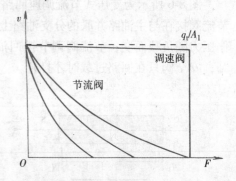

图 8-7　旁路节流调速回路的机械特性

上式表明，进入液压缸的流量越多（活塞速度越大），回路的效率就越高。旁路节流调速回路的效率比进口和出口节流调速回路高，因为它的输入功率随工作压力而变化，不是一个定值。

旁路节流调速回路的调速特性表达式为

$$R_c = 1 + \frac{R_T - 1}{\dfrac{q_t - k_1\left(\dfrac{F}{A_1}\right)}{CA_{T\min}\left(\dfrac{F}{A_1}\right)^{\varphi}} - R_T} \tag{8-22}$$

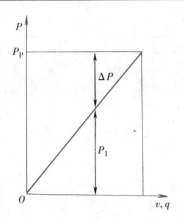

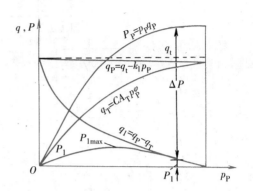

图 8-8　旁路节流调速回路
在恒载下的功率特性

图 8-9　使用节流阀的旁路节流调速回路
在变载下的功率特性

此式表明，这种回路的调速范围不仅与节流阀可用的调速范围 R_T 有关，而且亦与负载 F、液压泵泄漏系数 k_1 等因素有关，可见调速回路的调速范围与流量控制元件的调速范围并非总是一回事。此外，式中的 R_T 不是节流阀可能的调速范围，因为它的通流截面积在加大到某值时已使活塞速度下降为零，再增大已不起调速作用了。

由以上的分析不难看出，这种变压式旁路节流调速回路的工作特性是把液压泵的特性亦综合进去了，这是它和定压式回路根本不同的地方。

综上所述可以看到，这种在主油路内不出现节流损失和发热现象、在某些负载下也能保持较高效率的调速回路，最宜用在速度较高、负载较大、负载变化不大、对运动平稳性要求不高的场合，但是它不能承受"负方向"的负载。

三、节流调速回路工作性能的改进

使用节流阀的节流调速回路，机械特性都比较软，变载下的运动平稳性都比较差。为了克服这个缺点，回路中的流量控制元件可以改用调速阀或溢流节流阀，如图 8-10 所示。图 8-10a 和图 8-10b 是定压式的（注意：图 8-10b 中的调速阀使用了先节流后减压式的，当然也可使用先减压后节流式的），图 8-10c 和图 8-10d 是变压式的，它们都能使节流阀处的工作压差在负载变化时基本上保持恒定，使回路的机械特性得到改善。这里的变压式回路的承载能力不会因为活塞运动速度的降低而减小。它们在变载下工作时的功率特性分别如图 8-11 和图 8-12 所示，都不出现极值。所有这些性能上的改进都是以加大整个流量控制阀的工作压差为代价的——一般工作压差最少须 0.5 MPa，高压调速阀则须 1 MPa。

使用调速阀的节流调速回路在机床的中、低压小功率进给系统中得到了广泛的应用；使用溢流节流阀的回路则适用于机床上功率较大的传动系统。

使用比例阀、伺服阀或数字阀的节流调速回路如采用闭环控制，则回路的工作性能可以大为提高。这些回路的控制装置结构复杂、价格昂贵，因而只宜在运动精度和平稳性要求很高的场合下使用。

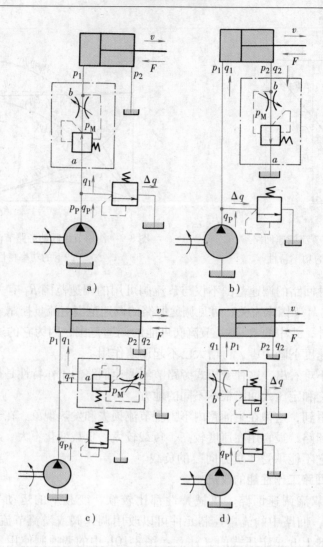

图 8-10　使用调速阀或溢流节流阀的节流调速回路

a) 调速阀在进油路上　b) 调速阀在回油路上　c) 调速阀在旁油路上　d) 溢流节流阀在进油路上

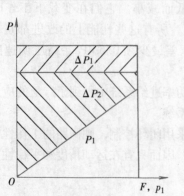

图 8-11　使用调速阀的进口节流和出口节流调速
回路在变载下的功率特性

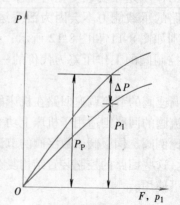

图 8-12　使用调速阀的旁路节流调速回路
在变载下的功率特性

第三节 容积调速回路

容积调速回路的工作原理是通过改变回路中变量泵或变量马达的排量来调节执行元件的运动速度的。在这种回路中,液压泵输出的油液直接进入执行元件,没有溢流损失和节流损失,而且工作压力随负载变化而变化,因此效率高,发热少。

根据油路的循环方式,容积调速回路可以分为开式回路和闭式回路。在开式回路中,液压泵从油箱吸油,执行元件的回油直接回油箱。这种回路结构简单,油液在油箱中能得到充分冷却,但油箱体积较大,空气和脏物易进入回路。在闭式回路中,执行元件的回油直接与泵的吸油腔相连,结构紧凑,只需很小的补油箱,空气和脏物不易进入回路,但油液的冷却条件差,需附设辅助泵补油、冷却和换油等。补油泵的流量一般为主泵流量的 $10\% \sim 15\%$,压力通常为 $0.3 \sim 1.0\mathrm{MPa}$ 左右。

容积调速回路按所用执行元件的不同而有泵-缸式回路和泵-马达式回路两类。

一、泵-缸式容积调速回路

图 8-13 所示为泵-缸式的开式容积调速回路。这里的活塞运动速度由改变变量泵 1 的排量来调节,回路中的最大压力则由安全阀 2 限定。

当不考虑液压泵以外的元件和管道的泄漏时,这种回路的活塞运动速度为

$$v = \frac{q_P}{A_1} = \frac{q_t - k_1 \dfrac{F}{A_1}}{A_1} \tag{8-23}$$

式中 符号意义同前。

将上式按不同的 q_t 值作图,可得一组平行直线,如图 8-14 所示。由图可见,由于变量泵有泄漏,活塞运动速度会随着负载的加大而减小。负载增大至某值时,在低速下会出现活塞停止运动的现象(图 8-14 中 F' 点)。可见这种回路在低速下的承载能力是很差的。

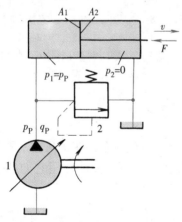

图 8-13 泵-缸式的开式容积调速回路
1—变量泵 2—安全阀

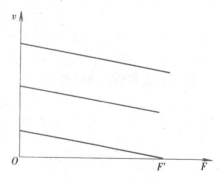

图 8-14 泵-缸式容积调速
回路的机械特性

这种调速回路的速度刚性表达式为

$$k_v = \frac{A_1^2}{k_1} \tag{8-24}$$

189

这说明这种回路的 k_v 不受负载影响，加大液压缸的有效工作面积，减小泵的泄漏，都可以提高回路的速度刚性。

这种回路的调速特性可用下式表示

$$R_C = 1 + \frac{R_P - 1}{1 - \frac{k_1 F R_P}{A_1 q_{tmax}}} \qquad (8-25)$$

式中　R_P——变量泵变量机构的调节范围，$R_P = q_{tmax}/q_{tmin}$；

q_{tmax}、q_{tmin}——变量泵最大和最小几何流量；

其他符号意义同前。

式（8-25）表明，这种回路的调速范围除了与泵的变量机构调节范围有关以外，还受负载、泵的泄漏系数等因素影响。

图 8-15 所示为泵-缸式的闭式容积调速回路。这里的双向变量泵 7 除能给液压缸供应所需的油液外，还可以改变输油方向，使液压缸运动换向（换向过程比使用换向阀平稳，但换向时间长）。两个安全阀 6 和 8 用以限制回路每个方向的最高压力；两个单向阀 5 和 9 和"补油—变向"辅助装置供补偿回路中泄漏和液压缸两腔流量差额之用。换向时，换向阀 3 变换工作位置，辅助泵 1 输出的低压油一方面改变液动阀 4 的工作位置，并作用在变量泵定子的控制缸 a 和 b 上，使变量泵改变输油方向，另一方面又接通变量泵的吸油路，补偿封闭油路中的泄漏，并使吸油路保持一定压力以改善变量泵吸油情况。辅助泵输出的多余油液经溢流阀 2 回油箱，变量泵只在换向过程中通过单向阀直接从油箱吸油。

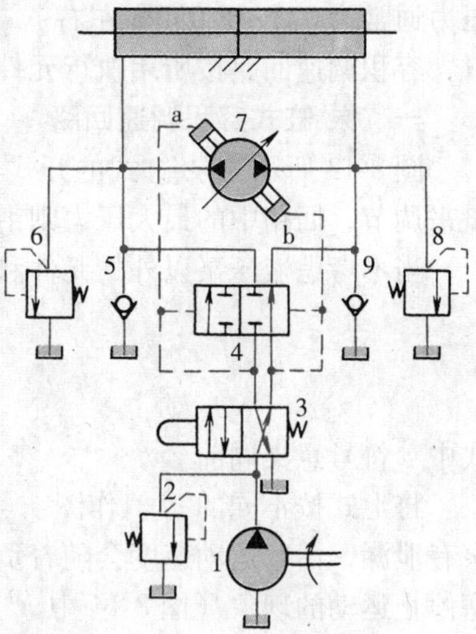

图 8-15　泵-缸式的闭式容积调速回路

1—辅助泵　2—溢流阀　3—换向阀
4—液动阀　5—单向阀　6—安全阀
7—变量泵　8—安全阀　9—单向阀

这种闭式回路的各项工作特性与上述开式回路完全相同。

泵-缸式容积调速回路适用于负载功率大、运动速度高的场合，例如大型机床的主体运动系统或进给运动系统。

二、泵-马达式容积调速回路

这类调速回路有变量泵和定量马达、定量泵和变量马达及变量泵和变量马达三种组合形式。它们普遍用于工程机械、行走机械以及无级变速装置中。下面简略介绍它们的主要概况。

（一）变量泵-定量马达式调速回路

在这种回路中，液压泵转速 n_P 和液压马达排量 V_M 都是恒量，改变液压泵排量 V_P 可使马达转速 n_M 和输出功率 P_M 随之成比例地变化。马达的输出转矩 T_M 和回路的工作压力 p 都由负载转矩决定，不因调速而发生变化，所以这种回路常被称为恒转矩调速回路（见图 8-16）。另一方面，由于泵和马达处的泄漏不容忽视，这种回路的速度刚性是要受负载变化影响的，在全载下马达的输出转速降落量可达 10% ~ 25%，而在邻近 $V_P = 0$ 处实际的 n_M、T_M

和 P_M 也都等于零。下面具体说明泄漏和摩擦损失对马达转速的影响。

液压马达的理论转速为

$$n_M = \frac{q_t}{V_M}$$

考虑泄漏损失后，有

$$n_M = \frac{q_t - k_1\Delta p}{V_M} = \frac{V_P n_P - k_1\Delta p}{V_M} \qquad (8\text{-}26)$$

式中　q_t——回路的理论流量，$q_t = V_P n_P$；

　　　Δp——回路的工作压差；

　　　k_1——回路的总泄漏系数。

液压马达的理论转矩为

$$T_M = \frac{\Delta p V_M}{2\pi}$$

考虑摩擦损失后，有

$$T_M = \frac{\Delta p V_M}{2\pi} - k_T n_M \qquad (8\text{-}27)$$

式中　k_T——转矩损失系数。

故有

$$\Delta p = \frac{2\pi(T_M + k_T n_M)}{V_M} \qquad (8\text{-}28)$$

把式（8-28）代入式（8-26），并略去微小项后，得

$$n_M \approx \frac{V_P n_P}{V_M} - \frac{2\pi k_1 T_M}{V_M^2} \qquad (8\text{-}29)$$

上式说明液压马达的转速其实是要受到负载影响的，且在 $V_P \leqslant \dfrac{2\pi k_1 T_M}{n_P V_M}$ 处，$n_M = 0$，即 $V_P\text{-}n_M$ 曲线不通过坐标原点（见图 8-16）。

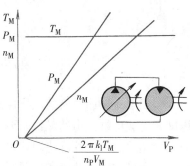

这种回路的调速范围是很大的，一般可达 $R_c \approx 40$。当回路中泵和马达都能双向作用时，马达可以实现平稳的反向。这种回路在小型内燃机车、液压起重机、船用绞车等处的有关装置上都得到了应用。

（二）定量泵-变量马达式调速回路

在这种回路中，液压泵转速 n_P 和排量 V_P 都是恒量，改变液压马达排量 V_M 时马达输出转矩的变化与 V_M 成正

图 8-16　变量泵-定量马达式容积调速回路的工作特性

比，输出转速 n_M 则与 V_M 成反比。马达的输出功率 P_M 和回路工作压力 p 都由负载功率决定，不因调速而发生变化，所以这种回路常被称为恒功率调速回路（见图 8-17）。由于泵和马达处的泄漏损失和摩擦损失，这种回路在邻近 $V_M = 0$ 处的实际 n_M、T_M 和 P_M 也都等于零。

这种回路的调速范围很小，一般只有 $R_c \leqslant 3$。它不能用来使马达实现平稳的反向。所以

这种回路已很少单独使用。

（三）变量泵-变量马达式调速回路

这种回路的工作特性是上述两种回路工作特性的综合，如图 8-18 所示。这种回路的调速范围很大，等于泵的调速范围 R_P 和马达调速范围 R_M 的乘积，$R_C = R_P R_M$。这种回路适用于大功率的液压系统，特别适用于系统中有两个或多个液压马达要求共用一个液压泵又能各自独立进行调速的场合，如港口起重运输机械、矿山采掘机械、工程机械等处。

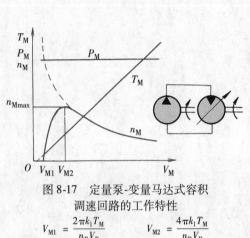

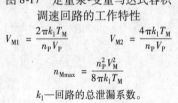

图 8-17　定量泵-变量马达式容积
调速回路的工作特性

$$V_{M1} = \frac{2\pi k_1 T_M}{n_P V_P} \qquad V_{M2} = \frac{4\pi k_1 T_M}{n_P V_P}$$

$$n_{Mmax} = \frac{n_P^2 V_P^2}{8\pi k_1 T_M}$$

k_1—回路的总泄漏系数。

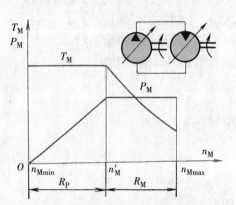

图 8-18　变量泵-变量马达式容积调速
回路的工作特性

第四节　容积节流调速回路

容积节流调速回路的工作原理是用压力补偿型变量泵供油，用流量控制元件确定进入液压缸或由液压缸流出的流量来调节活塞的运动速度，并使变量泵的输油量自动地与液压缸所需流量相适应。这种调速回路没有溢流损失、效率较高，速度稳定性也比单纯的容积调速回路好。常见的容积节流调速回路亦有定压式和变压式两种。

一、定压式容积节流调速回路

图 8-19 所示为定压式的容积节流调速回路。这种回路使用了限压式变量叶片泵 1 和调速阀 2，变量泵输出的压力油经调速阀进入液压缸 3 的工作腔，回油则经背压阀 4 返回油箱。活塞运动速度由调速阀中节流阀的通流截面积 A_T 来控制，变量泵输出的流量 q_P 则和进入液压缸的流量 q_1 自动适应——当 $q_P > q_1$ 时，泵的供油压力上升，使限压式叶片泵的流量自动减小到 $q_P \approx q_1$；反之，当 $q_P < q_1$ 时，泵的供油压力下降，该泵又会自动使 $q_P \approx q_1$。可见调速阀在这里的作用不仅是使进入液压缸的流量保持恒定，而且还使泵的供油量（因而亦使泵的供油压力）基本上恒定不变，从而使泵和缸的流量匹配。这种回路中的调速阀也可

以装在回油路上。

定压式容积节流调速回路的速度刚性、运动平稳性、承载能力和调速范围都和与它对应的节流调速回路相近。

图 8-20 所示为这种调速回路的调速特性。由图可见，这种回路虽无溢流损失，但仍有节流损失，其大小与液压缸工作腔压力 p_1 有关。当进入液压缸的工作流量为 q_1 时，泵的供油流量应为 $q_P = q_1$，供油压力为 p_P。很明显，液压缸工作腔压力的正常工作范围是

$$p_2 \frac{A_2}{A_1} \leqslant p_1 \leqslant (p_P - \Delta p) \tag{8-30}$$

式中 Δp——保持调速阀正常工作所需的压差，一般在 0.5MPa 以上。

其他符号意义同前。

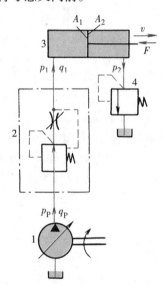

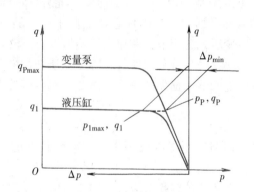

图 8-19 定压式容积节流调速回路
1—限压式变量叶片泵 2—调速阀 3—液压缸 4—背压阀

图 8-20 定压式容积节流调速回路的调速特性

当 $p_1 = p_{1max}$ 时，回路中的节流损失最小（见图 8-20）。p_1 越小，节流损失越大。这种调速回路的效率为

$$\eta_C = \frac{\left(p_1 - p_2 \dfrac{A_2}{A_1}\right)q_1}{p_P q_P} = \frac{p_1 - p_2 \dfrac{A_2}{A_1}}{p_P} \tag{8-31}$$

上式没有考虑泵的泄漏损失。当限压式变量叶片泵达到最高压力时，其泄漏量可达最大输出流量的 8%。泵的输出流量 q_P 愈小，泵的压力 p_P 愈高；负载愈小，则式（8-31）中的 p_1 便愈小，在调速阀中的压力损失相应增大。因此，在速度小（即 q_P 小）、负载小的场合下，这种调速回路的效率就较低。这种回路最宜用在负载变化不大的中、小功率场合，如组合机床的进给系统等处。

193

二、变压式容积节流调速回路

图 8-21 所示为变压式容积节流调速回路。这种回路使用稳流量泵 1 和节流阀 2，它的工作原理与上节所述回路很相似。节流阀控制着进入液压缸 3 的流量 q_1，并使变量泵输出流量 q_P 自动和 q_1 相适应。当 $q_P > q_1$ 时，泵的供油压力上升，泵内左、右两个控制柱塞便进一步压缩弹簧，推定子向右，减少泵的偏心距，使泵的供油量下降到 $q_P \approx q_1$。反之，当 $q_P < q_1$ 时，泵的供油压力下降，弹簧推定子和左、右柱塞向左，加大泵的偏心距，使泵的供油量增大到 $q_P \approx q_1$。

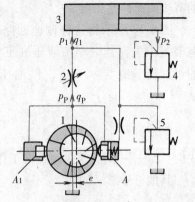

图 8-21　变压式容积节流调速回路
1—稳流量泵　2—节流阀　3—液压缸
4—背压阀　5—安全阀

在这种容积节流调速回路中，输入液压缸的流量基本上不受负载变化的影响，因为节流阀两端的压差 $\Delta p_T = p_P - p_1$ 基本上是由作用在稳流量泵控制柱塞上的弹簧力确定的，这和调速阀的原理相似。因此，这种回路的速度刚性、运动平稳性和承载能力都和采用限压式变量泵的回路不相上下。它的调速范围也只受节流阀调节范围限制。此外，这种回路因能补偿由负载变化引起的泵的泄漏变化，因此它在低速小流量的场合下使用显得特别优越。

变压式容积节流调速回路不但没有溢流损失，而且泵的供油压力随负载而变化，回路中的功率损失只有节流阀处压降 Δp_T 所造成的节流损失一项，它比定压式容积节流调速回路调速阀处的节流损失还要小，因此发热少，效率高。这种回路当 $p_2 = 0$ 时的效率表达式为

$$\eta_C = \frac{p_1 q_1}{p_P q_P} = \frac{p_1}{p_1 + \Delta p_T} \tag{8-32}$$

这种回路宜用在负载变化大，速度较低的中、小功率场合，如某些组合机床的进给系统中。

上述两种容积节流调速回路，由于液压泵的输出流量能与阀的调节流量自动匹配，节省能量消耗，因此亦称流量适应回路。

第五节　三类调速回路的比较和选用

一、调速回路的比较

液压系统中的调速回路应能满足如下的一些要求，这些要求是评比调速回路的依据。
1）能在规定的调速范围内调节执行元件的工作速度。
2）在负载变化时，已调好的速度变化愈小愈好，并应在允许的范围内变化。
3）具有驱动执行元件所需的力或转矩。
4）使功率损失尽可能小，效率尽可能高，发热尽可能小（这对保证运动平稳性亦有利）。
表 8-2 所示为前面所述三类调速回路主要性能的比较。

表8-2　三类调速回路主要性能比较

调速回路类型		节流调速回路				容积调速回路	容积节流调速回路	
主要性能		用节流阀调节		用调速阀或溢流节流阀调节		（变量泵-液压缸式）	定压式	变压式
		定压式	变压式	定压式	变压式			
机械特性	速度刚性	差	很差	好		较好	好	
	承载能力	好	较差	好		较好	好	
调速特性（调速范围）		大	小	大		较大	大	
功率特性	效率	低	较高	低	较高	最高	较高	高
	发热	大	较小	大	较小	最小	较小	小
适用范围		小功率、轻载或低速的中、低压系统				大功率、重载高速的中高压系统	中小功率的中压系统	

二、调速回路的选用

调速回路的选用与主机采用液压传动的目的有关，而且要综合考虑各方面的因素后才能作出决定。下面用机床作为例子来进行说明。

在机床上，首先考虑的是执行元件的运动速度和负载性质。一般说来，速度低的用节流调速回路；速度稳定性要求高的用调速阀式调速回路，要求低的用节流阀式调速回路；负载小、负载变化小的用节流调速回路，反之则用容积调速回路或容积节流调速回路。

其次考虑的是功率大小。一般认为3kW以下的用节流调速回路；3～5kW的用容积节流调速回路或容积调速回路；5kW以上的则用容积调速回路。

再次，从设备费用上考虑。要求费用低廉时用节流调速回路；允许费用高些时则用容积节流调速回路或容积调速回路。

习　　题

8-1　图8-22所示的进口节流调速回路，已知液压泵的供油流量 $q_P = 6L/min$，溢流阀调定压力 $p_P = 3.0MPa$，液压缸无杆腔面积 $A_1 = 20 \times 10^{-4} m^2$，负载 $F = 4000N$，节流阀为薄壁孔口，开口面积为 $A_T = 0.01 \times 10^{-4} m^2$，$C_d = 0.62$，$\rho = 900kg/m^3$，试求：

1）活塞的运动速度 v。

2）溢流阀的溢流量和回路的效率。

3）当节流阀开口面积增大到 $A_{T1} = 0.03 \times 10^{-4} m^2$ 和 $A_{T2} = 0.05 \times 10^{-4} m^2$ 时，分别计算液压缸的运动速度和溢流阀的溢流量。

8-2　图8-23所示调速回路中的活塞在其往返运动中受到的阻力 F 大小相等，方向与运动方向相反，试比较：

1）活塞向左和向右的运动速度哪个大？

2）活塞向左和向右运动时的速度刚性哪个大？

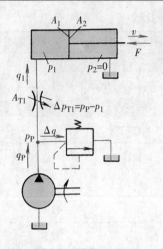

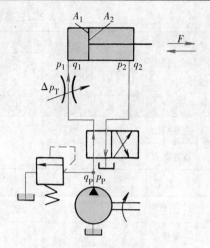

图 8-22　题 8-1 图

图 8-23　题 8-2 图

8-3　图 8-24 所示为液压马达进口节流调速回路，液压泵排量为 120mL/r，转速为 1000r/min，容积效率为 0.95。溢流阀使液压泵压力限定为 7MPa。节流阀的阀口最大通流面积为 $27 \times 10^{-6} \text{m}^2$，流量系数为 0.65。液压马达的排量为 160mL/r，容积效率为 0.95，机械效率为 0.8，负载转矩为 61.2N·m，试求马达的转速和从溢流阀流回油箱的流量。

8-4　图 8-25 所示的出口节流调速回路，已知液压泵的供油流量 $q_P = 25\text{L/min}$，负载 $F = 40000\text{N}$，溢流阀调定压力 $p_P = 5.4\text{MPa}$，液压缸无杆腔面积 $A_1 = 80 \times 10^{-4} \text{m}^2$，有杆腔面积 $A_2 = 40 \times 10^{-4} \text{m}^2$，液压缸工进速度 $v = 0.18\text{m/min}$，不考虑管路损失和液压缸的摩擦损失，试计算：

1）液压缸工进时液压回路的效率。

2）当负载 $F = 0$ 时，活塞的运动速度和回油的压力。

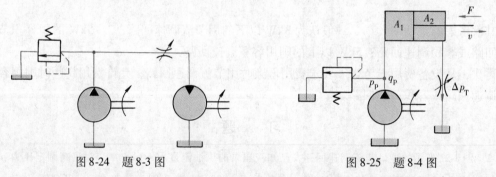

图 8-24　题 8-3 图

图 8-25　题 8-4 图

8-5　在图 8-26 所示的调速阀出口节流调速回路中，已知 $q_P = 25\text{L/min}$，$A_1 = 100 \times 10^{-4} \text{m}^2$，$A_2 = 50 \times 10^{-4} \text{m}^2$，$F$ 由零增至 30000N 时活塞向右移动速度基本无变化，$v = 0.2\text{m/min}$，若调速阀要求的最小压差为 $\Delta p_{min} = 0.5\text{MPa}$，试求：

1）不计调压偏差时溢流阀调整压力 p_Y 是多少？液压泵的工作压力是多少？

2）液压缸可能达到的最高工作压力是多少？

3）回路的最高效率为多少？

8-6　图 8-27 所示的回路能否实现节流调速？为什么？

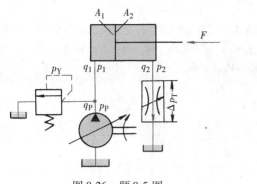

图 8-26　题 8-5 图

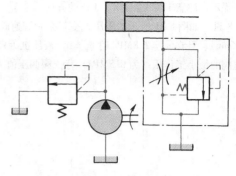

图 8-27　题 8-6 图

8-7　在图 8-28 所示的容积调速回路中，如变量泵的转速 $n_P = 1000\text{r/min}$，排量 $V_P = 40\text{mL/r}$，泵的容积效率 $\eta_V = 0.8$，机械效率 $\eta_m = 0.9$，泵的工作压力 $p_P = 6\text{MPa}$，液压缸大腔面积 $A_1 = 100 \times 10^{-4}\text{m}^2$，小腔面积 $A_2 = 50 \times 10^{-4}\text{m}^2$，液压缸的容积效率 $\eta_V' = 0.98$，机械效率 $\eta_m' = 0.95$，管道损失忽略不计，试求：

1）回路速度刚性。

2）回路效率。

3）系统效率。

8-8　图 8-29 所示为变量泵-定量马达式调速回路，低压辅助液压泵输出压力 $p_Y = 0.4\text{MPa}$，变量泵最大排量 $V_{P\max} = 100\text{mL/r}$，转速 $n_P = 1000\text{r/min}$，容积效率 $\eta_{VP} = 0.9$，机械效率 $\eta_{mP} = 0.85$。马达的相应参数为 $V_M = 50\text{mL/r}$，$\eta_{VM} = 0.95$，$\eta_{mM} = 0.9$。不计管道损失，试求当马达的输出转矩为 $T_M = 40\text{N}\cdot\text{m}$、转速为 $n_M = 160\text{r/min}$ 时，变量泵的排量、工作压力和输入功率。

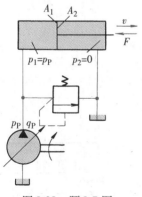

图 8-28　题 8-7 图

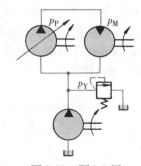

图 8-29　题 8-8 图

8-9　有一变量泵-定量马达式调速回路，液压泵和液压马达的参数如下：泵的最大排量 $V_{P\max} = 115\text{mL/r}$，转速 $n_P = 1000\text{r/min}$，机械效率 $\eta_{mP} = 0.9$，总效率 $\eta_P = 0.84$；马达的排量 $V_M = 148\text{mL/r}$，机械效率 $\eta_{mM} = 0.9$，总效率 $\eta_M = 0.84$，回路最大允许压力 $p_r = 8.3\text{MPa}$，若不计管道损失，试求：

1）液压马达最大转速及该转速下的输出功率和输出转矩。

2）驱动液压泵所需的转矩。

8-10　在图 8-30 所示的容积调速回路中，变量液压泵的转速为 1200r/min，排量 V_P 在 0～8mL/r 间可调，安全阀调整压力 4MPa；变量液压马达排量 V_M 在 4～12mL/r 间可调。如在调速时要求液压马达输出尽可能大的功率和转矩，试分析（所有损失均不计）：

1）如何调整液压泵和液压马达才能实现这个要求？

2）液压马达的最高转速、最大输出转矩和最大输出功率可达多少？

提示：注意 V_P、V_M 使 n_M 变化的方向。

8-11　如图 8-31 所示的限压式变量泵和调速阀的容积节流调速回路，若变量泵的拐点坐标为（2MPa，10L/min），且在 $p_P = 2.8$MPa 时 $q_P = 0$，液压缸无杆腔面积 $A_1 = 50 \times 10^{-4} m^2$，有杆腔面积 $A_2 = 25 \times 10^{-4} m^2$，调速阀的最小工作压差为 0.5MPa，背压阀调压值为 0.4MPa，试求：

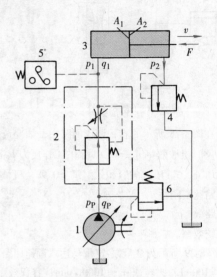

图 8-31　题 8-11 图

1—变量泵　2—调速阀　3—液压缸
4—背压阀　5—压力继电器　6—安全阀

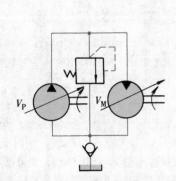

图 8-30　题 8-10 图

1）在调速阀通过 $q_1 = 5$L/min 的流量时，回路的效率为多少？

2）若 q_1 不变，负载减小 4/5 时，回路效率为多少？

3）如何才能使使负载减少后的回路效率得以提高？能提高多少？

8-12　试问：图 8-32a 所示的容积-节流调速回路在结构上、作用上与图 8-32b 所示的容积-节流调速回路有何不同？哪一种更合理？

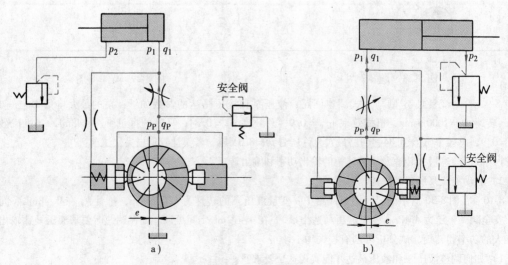

图 8-32　题 8-12 图

第九章

其他基本回路

第一节　概　　述

　　液压系统中的回路除了调速回路以外，还有一些其他回路，它们同样是使系统完成工作任务不可缺少的组成部分。这些回路的功用主要不在于传递动力，而在于实现某些特定的功能。为此在对它们进行描述、评论时，一般不宜从功率、效率的角度出发去判断其优劣，应从它们所要完成的工作出发去考察其质量。

　　为了确切地说明某种回路的功能，常常有必要让这种回路和另一些有关的回路（包括调速回路）一起出现，有时甚至还伴随着一些切换元件（换向阀、顺序阀等）。这样的图形实际上已是一种"回路组合"或系统的一部分，不是严格意义上的回路了。但是要真正确切地了解一个回路的功用，必须从该回路所在的总体中去对它进行考察，就像要真正确切地了解一个元件的作用，必须从它所在的回路中去对它进行考察一样。

　　不同行业的工作机械上所用的回路种类是很多的，其结构更是千差万别。本书只列出很少几种与书中典型系统有关的回路，概括地说明一些问题。

第二节　压　力　回　路

　　压力回路是控制液压系统整体或某部分的压力，以使执行元件获得所需的力或转矩或保持受力状态的回路。这类回路包括调压、减压、保压、卸压、平衡、卸荷等多种。

一、调压回路

　　调压回路的功用是使液压系统整体或某部分的压力保持恒定（见图 8-1）或不超过某个数值（见图 8-6）。有些调压回路还可以实现多级压力的变换。在图 9-1a 中，先导式溢流阀 1 的远程控制口串接远程调压阀 4 和二位二通换向阀 5。当两个压力阀的调定压力符合 $p_B < p_A$ 时，液压系统就可以通过换向阀的右位和左位分别得到 p_A 和 p_B 两种压力。

　　图 9-1b 所示的由溢流阀 1、2、3 分别控制系统的压力，从而组成了三级调压回路。在

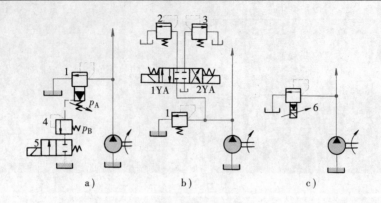

图 9-1　调压回路

a）单级、二级　b）多级　c）比例

1、2、3—先导式溢流阀　4—远程调压阀　5—二位二通电磁阀　6—比例溢流阀

图 9-1c 中，调节先导式比例溢流阀 6 的输入电流，即可实现系统压力的无级调节，这样不但回路结构简单、压力切换平稳，而且便于实现远距离控制或程控。

二、减压回路

减压回路的功用是使系统中的某一部分油路具有较低的稳定压力。最常见的减压回路通过定值减压阀与主油路相连，如图 9-2 所示。回路中的单向阀 3 供主油路压力降低（低于减压阀 2 的调整压力）时防止油液倒流，起短时保压作用。减压回路中也可以采用比例减压阀来实现无级减压。

为了使减压回路工作可靠起见，减压阀的最低调整压力应不小于 0.5MPa，最高调整压力至少应比系统压力小 0.5MPa。当减压回路上的执行元件需要调速时，调速元件应放在减压阀的后面，这样才可以避免减压阀泄漏（指由减压阀泄油口流回油箱的油液）对执行元件的速度发生影响。

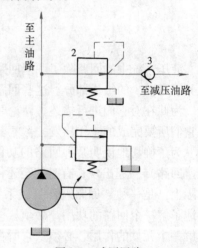

图 9-2　减压回路

1—溢流阀　2—定值减压阀　3—单向阀

三、增压回路

当液压系统中的某一支路需要压力较高但流量不大的压力油，若用高压泵又不经济，或者根本就没有这样高压力的液压泵时，可以采用增压回路。增压回路可节省能耗，而且工作可靠、噪声小。

图 9-3a 所示为单作用增压回路。在图示位置工作时，系统的供油压力 p_1 进入增压缸的大活塞左腔，此时在小活塞右腔即可得到所需的较高压力 p_2。当二位四通电磁换向阀右位接入系统时，增压缸返回，辅助油箱中的油液经单向阀补入小活塞右腔。因该回路只能间断增压，所以称之为单作用增压回路。

图 9-3b 所示为采用双作用增压缸的增压回路，能连续输出高压油。在图示位置时，液压泵输出的压力油经电磁换向阀 5 和单向阀 1 进入增压缸左端大、小活塞的左腔，大活塞右腔的回油通油箱，右端小活塞右腔增压后的高压油经单向阀 4 输出，此时单向阀 2、3 被关

闭。当增压缸活塞移到右端时，电磁换向阀通电换向，增压缸活塞向左移动，左端小活塞左腔输出的高压油经单向阀 3 输出。这样，增压缸的活塞不断往复运动，两端便交替输出高压油，从而实现了连续增压。

四、卸荷回路

卸荷回路的功用是在液压泵不停止转动时，使其输出的流量在压力很低的情况下流回油箱，以减少功率损耗，降低系统发热，延长泵和电动机的寿命。

M、H 和 K 型中位机能的三位换向阀处于中位时，液压泵即卸荷。图 9-4a 所示为采用 M 型中位机能的电液换向阀的卸荷回路。这种回路切换时压力冲击小，但回路中必须设置单向阀，以使系统能保持 0.3MPa 左右的压力，供控制油路之用。

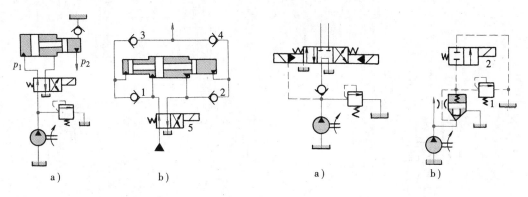

图 9-3　增压回路
a）单作用增压缸　b）双作用增压缸
1、2、3、4—单向阀　5—电磁换向阀

图 9-4　卸荷回路
a）换向阀　b）插装阀
1—溢流阀　2—二位二通电磁阀

图 9-1a 中，若去掉远程调压阀 4，使先导式溢流阀的远程控制口通过二位二通电磁阀 5 直接与油箱相连，便构成一种用先导式溢流阀的卸荷回路，这种卸荷回路切换时冲击小。

图 9-4b 所示为插装阀的卸荷回路。由于插装阀通流能力大，因而这种卸荷回路适用于大流量的液压系统。正常工作时，液压泵压力由阀 1 调定。当二位二通电磁阀 2 通电后，主阀上腔接通油箱，主阀口全部打开，泵即卸荷。

关于双泵供油回路中的卸荷方式问题，详见图 9-9。

五、平衡回路

平衡回路的功用在于防止垂直放置的液压缸和与之相连的工作部件因自重而自行下落。图 9-5 所示为一种使用单向顺序阀的平衡回路。由图可见，当换向阀 2 左位接入回路使活塞下行时，回油路上存在着一定的背压；只要调节单向顺序阀 3 使液压缸内的背压能支承得住活塞和与之相连的工作部件，活塞就可以平稳地下落。当换向阀处于中位时，活塞就停止运动，不再继续下移。这种回路在活塞向下快速运动时功率损失较大，锁住时活塞和与之相连的工作部件会因单向顺序阀 3 和换向阀 2 的泄漏而缓慢下落；因此它只适用于工作部件自重不大、活塞锁住时定位要求不高的场合。

在工程机械中常常用平衡阀（见图 6-33）直接形成平衡回路。

六、保压回路

保压回路的功用是使系统在液压缸不动或仅有极微小的位移下稳定地维持住压力。最简单的保压回路是使用密封性能较好的液控单向阀的回路，但是阀类元件处的泄漏使这种回路的保压时间不能维持很久。图9-6所示为一种采用液控单向阀和电接点压力表的自动补油式保压回路，其工作原理如下：当换向阀2右位接入回路时，液压缸上腔成为压力腔，在压力到达预定上限值时电接点压力表4发出信号，使换向阀切换成中位；这时液压泵卸荷，液压缸由液控单向阀3保压。当液压缸上腔压力下降到预定下限值时，电接点压力表又发出信号，使换向阀右位接入回路，这时液压泵给液压缸上腔补油，使其压力回升。换向阀左位接入回路时，活塞快速向上退回。这种回路保压时间长，压力稳定性高，适用于保压性能要求较高的高压系统，如液压机等。

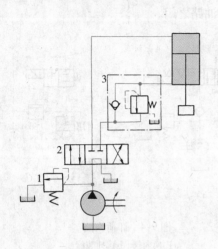

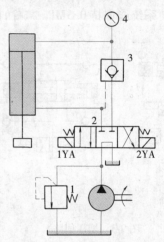

图9-5　平衡回路
1—溢流阀　2—换向阀　3—单向顺序阀

图9-6　自动补油的保压回路
1—溢流阀　2—换向阀　3—液控单向阀　4—电接点压力表

七、卸压回路

卸压回路的功用在于使高压大容量液压缸中储存的能量缓缓释放，以免它突然释放时产生很大的液压冲击。一般液压缸直径大于250mm、压力高于7MPa时，其油腔在排油前就先须卸压。图9-7所示为一种使用节流阀的卸压回路。由图可见，液压缸上腔的高压油在换向阀5处于中位（液压泵卸荷）时通过节流阀6、单向阀7和换向阀5卸压，卸压快慢由节流阀调节。当此腔压力降至压力继电器4的调定压力时，换向阀切换至左位，液控单向阀2打开，使液压缸上腔的油通过该阀排到液压缸顶部的副油箱3中去。使用这种卸压回路无法在卸压前保压；若卸压前有保压要求的，换向阀中位机能亦可用M型，但需另配相应的元件。

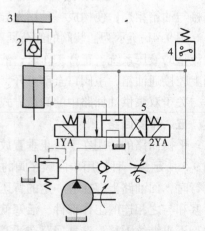

图9-7　使用节流阀的卸压回路
1—溢流阀　2—液控单向阀　3—副油箱
4—压力继电器　5—换向阀
6—节流阀　7—单向阀

202

第三节 快速运动和速度换接回路

一、快速运动回路

快速运动回路又称增速回路，其功用在于使液压执行元件获得所需的高速，缩短机械空程运动时间，以提高系统的工作效率。实现快速运动随方法不同可有多种结构方案。下面介绍几个常用的快速运动回路。

（一）液压缸差动连接回路

图 9-8 所示为利用液压缸差动连接来实现快速运动的回路。当阀 3 和阀 5 左位接入时，液压缸差动连接作快进运动。当阀 5 电磁铁通电，差动连接即被切断，液压缸回油经过单向调速阀 6，实现工进。阀 3 右位接入后，缸快退。这种连接方式，可在不增加泵流量的情况下提高执行元件的运动速度。但是，泵的流量和有杆腔排出的流量合在一起流过的阀和管路应按合成流量来选择，否则会使压力损失增大，泵的供油压力过高，致使泵的部分压力油从溢流阀溢回油箱而达不到差动快进的目的。

（二）双泵供油回路

图 9-9 所示为双泵供油快速运动回路，图中 1 为大流量泵，2 为小流量泵，在快速运动时，泵 1 输出的油液经单向阀 4 与泵 2 输出的油液共同向系统供油；工作行程时，系统压力升高，打开液控顺序阀 3 使泵 1 卸荷，由泵 2 单独向系统供油，系统的工作压力由溢流阀 5 调定。单向阀 4 在系统工进时关闭。这种双泵供油回路的优点是功率损耗小，系统效率高，因而应用较为普遍。

（三）用增速缸的快速运动回路

图 9-10 所示为采用增速缸的快速运动回路。当三位四通换向阀左位接入回路时，压力油经增速缸中的柱塞的通孔进入 B 腔，使活塞快速伸出，速度为 $v = 4q_p / \pi d^2$（d 为柱塞外径），

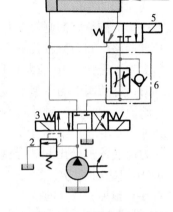

图 9-8 液压缸差动连接回路

1—液压泵 2—溢流阀

3—三位四通电磁换向阀

4—液压缸 5—二位三通电磁换向阀

6—单向调速阀

203

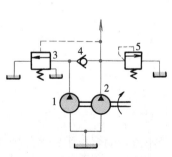

图 9-9 双泵供油回路

1—大流量泵 2—小流量泵 3—顺序阀

4—单向阀 5—溢流阀

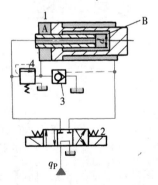

图 9-10 用增速缸的快速运动回路

1—增速缸 2—三位四通换向阀 3—液控单向阀 4—顺序阀

A腔中所需油液经液控单向阀3从辅助油箱吸入。活塞2伸出到工作位置时，由于负载加大，压力升高，打开顺序阀4，高压油进入A腔，同时关闭单向阀3。此时活塞杆在压力油作用下继续外伸，但因有效面积加大，速度变慢而推力加大，这种回路常被用于液压机的系统中。

（四）采用蓄能器的快速运动回路

图9-11a所示为一种使用蓄能器来实现快速运动的回路，其工作原理如下：当换向阀5处于中位时，液压缸6不动，液压泵1经单向阀3向蓄能器4充油，使蓄能器储存能量。当蓄能器压力升高到它的调定值时，卸荷阀2打开，液压泵卸荷，由单向阀保持住蓄能器压力。当换向阀的左位或右位接入回路时，泵和蓄能器同时向液压缸供油，使它得到快速运动。在这里，卸荷阀的调整压力应高于系统工作压力，以保证泵的流量全部进入系统。

这种回路中卸荷阀的结构是专门设计的（见图9-11b），它与一般先导式压力阀不同。其导阀8除了受弹簧10的力和b腔处液压力作用外，还要承受柱塞7的推力。当蓄能器开始充油时，卸荷阀中的导阀8和主阀12都处于关闭位置，油腔a和b处的压力都等于泵压，柱塞两端液压力平衡，对导阀不产生推力。随着进入蓄能器油液的不断增多，油腔a和b中的压力亦不断升高；当压力升高到b腔的液压力能克服导阀弹簧力，将导阀打开时，P口处来的压力油便经阻尼孔14、导阀阀口、主阀中心孔13和通口T流回油箱。由于阻尼孔的作用，b腔压力小于泵压，这使主阀阀口打开，泵开始卸荷。此时b腔压力小于a腔压力。柱塞便对导阀施加一额外的推力，促使导阀和主阀的阀口都开得更大，结果使b腔压力下降到零，柱塞处于其最上端位置。由于a腔的工作面积比b腔大，因此蓄能器中的压力即使因泄漏而有所下降，卸荷阀仍能使泵处于卸荷状态。蓄能器所能达到的最高压力由调节螺钉9调定。

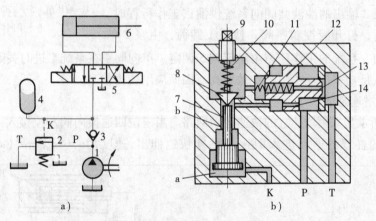

图9-11　采用蓄能器的快速运动回路
a）回路图　b）卸荷阀结构

1—液压泵　2—卸荷阀　3—单向阀　4—蓄能器　5—换向阀　6—液压缸　7—柱塞
8—导阀　9—调节螺钉　10—导阀弹簧　11—主阀弹簧　12—主阀　13—中心孔　14—阻尼孔

这种快速运动回路适用于短时内需要大流量、又希望以较小流量的泵提供较高速度的快速运动场合。但是系统在其整个工作循环内必须有足够长的停歇时间，以使液压泵能对蓄能器充分地进行充油。

二、速度换接回路

速度换接回路的功用是使液压执行机构在一个工作循环中从一种运动速度换到另一种运动速度，因而这个转换不仅包括快速转慢速的换接，而且也包括两个慢速之间的换接。实现这些功能的回路应该具有较高的速度换接平稳性。

（一）快速转慢速的换接回路

能够实现快速转慢速换接的方法很多，图9-8和图9-10所示的快速运动回路都可以使液压缸的运动由快速换接为慢速。下面再介绍一种在组合机床液压系统中常用的快慢速换接回路。

图9-12所示为用行程阀来实现快慢速转接的回路。在图示状态下，液压缸7快进。当活塞所连接的挡块压下行程阀6时，行程阀关闭，液压缸右腔的油液必须通过节流阀5才能流回油箱，活塞运动速度转变为慢速工进。当换向阀2左位接入回路时，压力油同时经单向阀4和节流阀进入液压缸右腔，活塞快速向右返回。这种回路的快慢速换接过程比较平稳，换接点的位置比较准确，缺点是行程阀的安装位置不能任意布置，管路连接较为复杂，若将行程阀改为电磁阀，安装连接比较方便，但速度换接的平稳性、可靠性以及换向精度都较差。

（二）两种慢速的换接回路

图9-13所示为用两个调速阀来实现不同工进速度的换接回路，图9-13a中的两个调速阀并联，由换向阀3实现换接。图示位置输入缸4的流量由调速阀1调节；换向阀3右位接入时，则由调速阀2调节，两个调速阀的调节互不影响。但是，一个调速阀工作时另一个调速阀内无油通过，它的减压阀处于最大开口位置，速度换接时大量油液通过该处将使工作部件产生突然前冲现象。因此它不宜用于在工作过程中的速度换接，只可用在速度预选的场合。

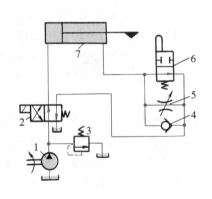

图9-12　用行程阀的速度换接回路

1—泵　2—换向阀　3—溢流阀　4—单向阀
5—节流阀　6—行程阀　7—液压缸

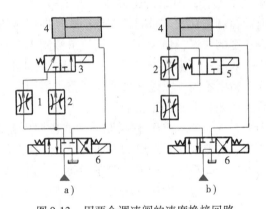

图9-13　用两个调速阀的速度换接回路

a）调速阀并联　b）调速阀串联

1、2—调速阀　3—二位三通电磁换向阀
4—缸　5—二位二通电磁阀　6—三位四通电磁换向阀

图9-13b所示为两调速阀串联的速度换接回路。当换向阀6左位接入回路时，在图示位置因调速阀2被阀5短接，输入缸4的流量由调速阀1控制。当阀5右位接入回路时，由于通过调速阀2的流量调得比调速阀1的小，所以输入缸的流量由调速阀2控制。在这种回路中调速阀1一直处于工作状态，它在速度换接时限制了进入调速阀2的流量，因此速度换接平稳性较好。但由于油液经过两个调速阀，所以能量损失较大。

第四节　换向回路和锁紧回路

一、往复直线运动换向回路

往复直线运动换向回路的功用是使液压缸和与之相连的主机运动部件在其行程终端处迅速、平稳、准确地变换运动方向。简单的换向回路只需采用标准的普通换向阀即可，但是在换向要求高的主机（例如，各类磨床）上换向回路中的换向阀就须特殊设计。这类换向回路还可以按换向要求的不同而分成时间控制制动式和行程控制制动式两种。

图 9-14 所示为一种比较简单的时间控制制动式换向回路。这个回路中的主油路只受换向阀 3 控制。在换向过程中，例如，当图中先导阀 2 在左端位置时，控制油路中的压力油经单向阀 I_2 通向换向阀 3 右端，换向阀左端的油经节流阀 J_1 流回油箱，换向阀阀心向左移动，阀心上的锥面逐渐关小回油通道，活塞速度逐渐减慢，并在换向阀 3 的阀心移过 l 距离后将通道闭死，使活塞停止运动。当节流阀 J_1 和 J_2 的开口大小调定之后，换向阀阀心移过距离 l 所需的时间（使活塞制动所经历的时间）就确定不变，因此，这种制动方式被称为时间控制制动式。

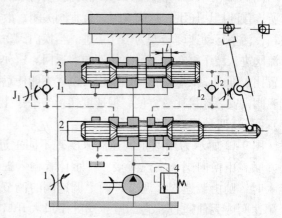

图 9-14　时间控制制动式换向回路
1—节流阀　2—先导阀　3—换向阀　4—溢流阀

时间控制制动式换向回路的主要优点是它的制动时间可以根据主机部件运动速度的快慢、惯性的大小通过节流阀 J_1 和 J_2 的开口量得到调节，以便控制换向冲击，提高工作效率；其主要缺点是换向过程中的冲出量受运动部件的速度和其他一些因素的影响，换向精度不高。所以这种换向回路主要用于工作部件运动速度较高但换向精度要求不高的场合，例如，平面磨床的液压系统中。

图 9-15 所示为一种行程控制制动式换向回路，这种回路的结构和工作情况与时间控制制动式的主要差别在于这里的主油路除了受换向阀 3 控制外，还要受先导阀 2 控制。当图示位置的先导阀 2 在换向过程中向左移动时，先导阀阀心的右制动锥将液压缸右腔的回油通道逐渐关小，使活塞速度逐渐减慢，对活塞进行预制动。当回油通道被关得很小、活塞速度变得很慢时，换向阀 3 的控制油路才开始切换，换向阀阀心向左移动，切断主油路通道，使活塞停止运动，并随即使它在相反的方向起动。这里，不论运动部件原来的速度快慢如何，先导阀总是要先移动一段固定的行程 l，将工作部件先进行预制动后，再由换向阀来使它换向。所以这种制动方式被称为行程控制制动式。行程控制制动式换向回路的换向精度较高，冲出量较小；但是由于先导阀的制动行程恒定不变，制动时间的长短和换向冲击的大小就将受运动部件速度快慢的影响。所以这种换向回路宜用在主机工作部件运动速度不大但换向精度要求较高的场合，例如，内、外圆磨床的液压系统中。

二、锁紧回路

锁紧回路的功用是在液压执行元件不工作时切断其进、出油液通道，确切地使它保持在既定位置上。

图 9-16 所示为一种使用液控单向阀的双向锁紧回路，它能在液压缸不工作时使活塞迅速、平稳、可靠且长时间地被锁住，不为外力所移动。该回路被广泛应用于工程机械、起重运输机械等有锁紧要求的场合。

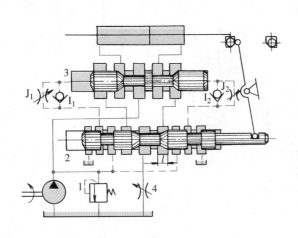

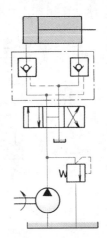

图 9-15　行程控制制动式换向回路
1—溢流阀　2—先导阀　3—换向阀　4—节流阀

图 9-16　使用液控单向阀的双向锁紧回路

第五节　多缸动作回路

在液压系统中，如果由一个油源给多个液压缸输送压力油，这些液压缸会因压力和流量的彼此影响而在动作上相互牵制，必须使用一些特殊的回路才能实现预定的动作要求。

一、顺序动作回路

顺序动作回路的功用是使多缸液压系统中的各个液压缸严格地按规定的顺序动作。图 9-17 所示为一种使用顺序阀的顺序动作回路。当换向阀 2 左位接入回路且顺序阀 6 的调定压力大于液压缸 4 的最大前进工作压力时，压力油先进入液压缸 4 的左腔，实现动作①。当这项动作完成后，系统中压力升高，压力油打开顺序阀 6 进入液压缸 5 的左腔，实现动作②。同样地，当换向阀 2 右位接入回路且顺序阀 3 的调定压力大于液压缸 5 的最大返回工作压力时，两液压缸按③和④的顺序向左返回。很明显，这种回路顺序动作的可靠性取决于顺序阀的性能及其压力调定值；后一个动作的压力必须比前一个动作压力高出 0.8 ~ 1MPa。顺序阀打开和关闭的压力差值不能过大，否则顺序阀会在系统压力波动时造成误动作，引起事故。由此可

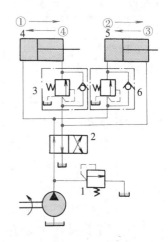

图 9-17　使用顺序阀的顺序动作回路
1—溢流阀　2—换向阀
3、6—顺序阀　4、5—液压缸

207

见，这种回路只适用于系统中液压缸数目不多、负载变化不大的场合。

图 9-18 所示为一种使用电磁阀的顺序动作回路。这种回路以液压缸 2 和 5 的行程位置为依据来实现相应的顺序动作。其操作过程见表 9-1。这种回路的可靠性取决于行程开关和电磁阀的质量，对变更液压缸的动作行程和顺序来说都比较方便，因此得到了广泛的应用，特别适合于顺序动作循环经常要求改变的场合。

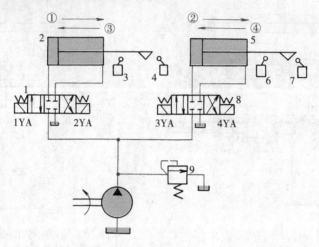

图 9-18　使用电磁阀的顺序动作回路
1、8—换向阀　2、5—液压缸　3、4、6、7—行程开关　9—溢流阀

表 9-1　使用电磁换向阀的顺序动作回路动作循环表

信号来源	电磁铁状态				换向阀位置		液压缸状态	
	1YA	2YA	3YA	4YA	阀1	阀8	缸2	缸5
按下起动电钮	+	−	−	−	左位	中位	前进①	停止
缸 2 挡块压下行程开关 4	−	−	+	−	中位	左位	停止	前进②
缸 5 挡块压下行程开关 7	−	+	−	−	右位	中位	返回③	停止
缸 2 挡块压下行程开关 3	−	−	−	+	中位	右位	停止	返回④
缸 5 挡块压下行程开关 6	−	−	−	−	中位	中位	停止	停止

二、同步回路

同步回路的功用是保证系统中的两个或多个液压缸在运动中的位移量相同或以相同的速度运动。在多缸液压系统中，影响同步精度的因素是很多的，例如，液压缸外负载、泄漏、摩擦阻力、制造精度、结构弹性变形以及油液中含气量，都会使运动不同步。同步回路要尽量克服或减少这些因素的影响，有时要采取补偿措施，消除累积误差。

图 9-19 所示为带补偿措施的串联液压缸同步回路。在这个回路中，液压缸 1 的有杆腔 A 的有效面积与液压缸 2 的无杆腔 B 的有效面积相等，因而从 A 腔排出的油液进入 B 腔后，两液压缸的下降便得到同步。回路中有补偿措施使同步误差在每一次下行运动中都得到消除，以避免误差的积累。其补偿原理为：当三位四通换向阀 6 右位接入时，两液压缸活塞同时下行，若缸 1 的活塞先运动到底，它就触动行程开关 a 使阀 5 通电，压力油经阀 5 和液控

单向阀 3 向缸 2 的 B 腔补油，推动活塞继续运动到底，误差即被消除。若缸 2 先到底，则触动行程开关 b 使阀 4 通电，控制压力油使液控单向阀反向通道打开，使缸 1 的 A 腔通过液控单向阀回油，其活塞即可继续运动到底。这种串联式同步回路只适用于负载较小的液压系统。

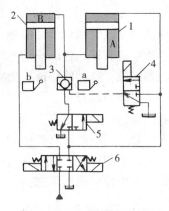

图 9-20a 所示同步回路利用电液伺服阀 2 接收位移传感器 3 和 4 的反馈信号来保持输出流量与换向阀 1 相同，从而实现两缸同步运动。图 9-20b 回路则用伺服阀直接控制两个缸的同步动作。用伺服阀的回路同步精度高，价格昂贵。也可用比例阀代替伺服阀，使之价格降低，但同步精度也相应降低。

图 9-19　带补偿措施的串联液压缸同步回路

1、2—液压缸　3—液控单向阀

4、5—二位三通电磁换向阀　6—三位四通电磁换向阀

a、b—行程开关

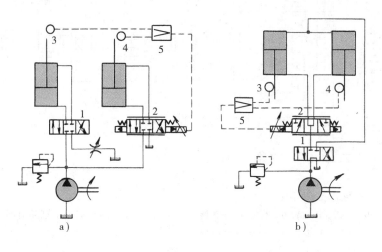

图 9-20　用电液伺服阀的同步回路

1—换向阀　2—电液伺服阀　3、4—位移传感器　5—伺服放大器

三、多缸快慢速互不干扰回路

多缸快慢速互不干扰回路的功用是防止液压系统中的几个液压缸因速度快慢的不同而在动作上的相互干扰。

图 9-21 所示为采用叠加阀的互不干扰回路。该回路采用双联泵供油，其中泵 2 为低压大流量泵，供油压力由溢流阀 1 调定，泵 1 为高压小流量泵，其工作压力由溢流阀 5 调定，泵 2 和泵 1 分别接叠加阀的 P 口和 P_1 口。当换向阀 4 和 8 左位接入时，液压缸 A 和 B 快速向左运动，此时外控式顺序节流阀 3 和 7 由于控制压力较低而关阀，因而泵 1 的压力油经溢流阀 5 回油箱。当其中一个液压缸，如缸 A 先完成快进动作，则液压缸 A 的无杆腔压力升高，于是顺序节流阀 3 的阀口被打开，泵 1 的压力油经阀 3 中的节流口而进入液压缸 A 的无杆腔，高压油同时使阀 2 中的单向阀关闭，缸 A 的运动速度由阀 3 中的节流口的开度所决定（节流口大小按工进速度进行调整）。此时缸 B 仍由泵 2 供油进行快进，两缸动作互不干扰。

此后，当缸 A 率先完成工进动作，阀 4 的右位接入，由泵 2 的油液使缸 A 退回。若阀 4 和阀 8 电磁铁均断电，则液压缸停止运动。可见，该回路之所以能够使多缸的快慢运动互不干扰，是由于快速和慢速各由一个液压泵来分别供油以及顺序节流阀的开启取决于液压缸工作腔的压力的缘故。这种回路被广泛应用于组合机床的液压系统中。

四、多缸卸荷回路

多缸卸荷回路的功用在于使液压泵在各个执行元件都处于停止位置时自动卸荷，而当任一执行元件要求工作时又立即由卸荷状态转换成工作状态。图 9-22 所示为这种回路的一种串联式结构。由图可见，液压泵的卸荷油路只有在各换向阀都处于中位时才能接通油箱，任一换向阀不在中位时液压泵都会立即恢复压力油的供应。

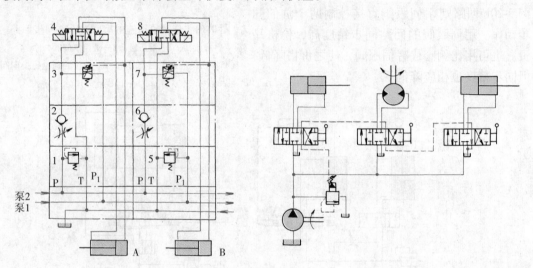

图 9-21 叠加阀的互不干扰回路

A、B—液压缸 1、5—溢流阀 2、6—单向阀和节流阀
3、7—外控式顺序节流阀 4、8—三位四通电磁换向阀

图 9-22 多缸卸荷回路

这种回路对液压泵卸荷的控制十分可靠。但当执行元件数目较多时，卸荷油路较长，使泵的卸荷压力增大，影响卸荷效果。这种回路常用于工程机械上。

习   题

9-1 试确定图 9-23 所示调压回路在下列情况下液压泵的出口压力：
1）全部电磁铁断电。
2）电磁铁 2YA 通电，1YA 断电。
3）电磁铁 2YA 断电，1YA 通电。

9-2 在图 9-24 所示调压回路中，如 $p_{Y1} = 2MPa$，$p_{Y2} = 4MPa$，泵卸荷时的各种压力损失均可忽略不计，试列表表示 A、B 两点处在电磁阀不同调度工况下的压力值。

9-3 图 9-25 所示为二级调压回路，在液压系统循环运动中当电磁阀 4 通电右位工作时，液压系统突然产生较大的液压冲击。试分析其产生原因，并提出改进措施。

9-4 图 9-26 所示为两套供油回路供不允许停机修理的液压设备使用。两套回路的元件性能规格完全相同。一套使用，另一套维修。但开机后，发现泵的出口压力上不去，达不到设计要求。试分析其产生原因，并提出改进意见。

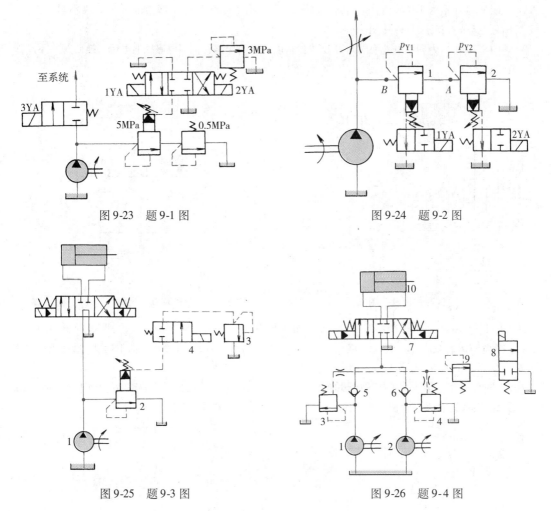

图 9-23　题 9-1 图

图 9-24　题 9-2 图

图 9-25　题 9-3 图

图 9-26　题 9-4 图

9-5　在图 9-27 所示调压回路中，若溢流阀的调整压力分别为 $p_{Y1} = 6MPa$、$p_{Y2} = 4.5MPa$。液压泵出口处的负载阻力为无限大，试问在不计管道损失和调压偏差时：

1）换向阀下位接入回路时，液压泵的工作压力为多少？B 点和 C 点的压力各为多少？

2）换向阀上位接入回路时，液压泵的工作压力为多少？B 点和 C 点的压力又是多少？

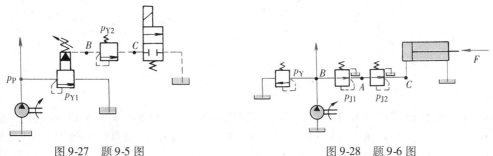

图 9-27　题 9-5 图

图 9-28　题 9-6 图

9-6　在图 9-28 所示减压回路中，已知活塞运动时的负载 $F = 1200N$，活塞面积 $A = 15 \times 10^{-4} m^2$，溢流阀调整值为 $p_Y = 4.5MPa$，两个减压阀的调整值分别为 $p_{J1} = 3.5MPa$ 和 $p_{J2} = 2MPa$，如油液流过减压阀及管路时的损失可略去不计，试确定活塞在运动时和停在终端位置时，A、B、C三点压力值。

9-7 图9-29所示为车床液压夹紧回路原理图，当驱动液压泵的电动机突然断电时，夹不紧工件而产生安全事故。试分析其原因，并提出解决方案。

9-8 图9-30所示为利用电液换向阀M型中位机能的卸荷回路，但当电磁铁通电后，换向阀并不动作，因此液压缸也不运动。试分析产生原因，并提出解决方案。

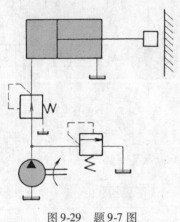

图9-29 题9-7图

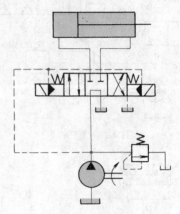

图9-30 题9-8图

9-9 如图9-31所示的平衡回路中，若液压缸无杆腔面积为$A_1 = 80 \times 10^{-4} \mathrm{m}^2$，有杆腔面积$A_2 = 40 \times 10^{-4} \mathrm{m}^2$，活塞与运动部件自重$G = 6000\mathrm{N}$，运动时活塞上的摩擦力为$F_f = 2000\mathrm{N}$，向下运动时要克服负载阻力为$F_L = 24000\mathrm{N}$，试问顺序阀和溢流阀的最小调整压力应各为多少？

9-10 图9-32所示为采用液控单向阀的平衡回路。当液压缸向下运行时，活塞断续地向下跳动，并因此引起剧烈的振动，使系统无法正常工作。试分析其产生原因，并提出改进措施。

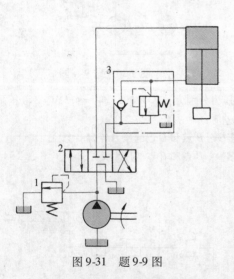

图9-31 题9-9图

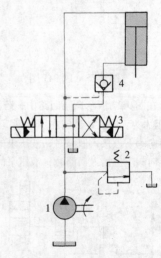

图9-32 题9-10图

9-11 在图9-33所示的快慢速换接回路中，已知液压缸大、小腔面积为A_1和A_2，快进和工进时负载力为F_1和F_2（$F_1 < F_2$），相应的活塞移动速度为v_1和v_2，若液流通过节流阀和卸荷阀时的压力损失为Δp_T和Δp_X，其他地方的阻力可忽略不计，试求：

1）溢流阀和卸荷阀的压力调整值p_Y和p_X。

2）大、小流量泵的输出流量q_{P1}和q_{P2}。

3）快进和工进时的回路效率 η_{C1} 和 η_{C2}。

9-12　在图9-34所示的速度换接回路中，已知两节流阀通流截面积分别为 $A_{T1}=1mm^2$，$A_{T2}=2mm^2$，流量系数 $C_d=0.67$，油液密度 $\rho=900kg/m^3$，负载压力 $p_1=2MPa$，溢流阀调整压力 $p_Y=3.6MPa$，无杆腔活塞面积 $A=50\times10^{-4}m^2$，液压泵流量 $q_P=25L/min$，如不计管道损失，试问：

1）电磁铁通电和断电时，活塞的运动速度各为多少？

2）将两个节流阀的通流截面积大小对换一下，结果如何？

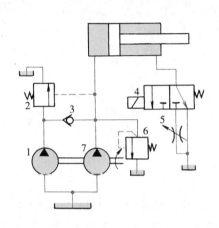
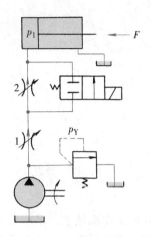

图9-33　题9-11图
　　　　　图9-34　题9-12图

1—大流量泵　2—卸荷阀　3—单向阀　4—换向阀

5—节流阀　6—溢流阀　7—小流量泵

9-13　图9-35所示为顺序动作回路，液压缸 I、II 上的外负载力 $F_1=20000N$、$F_2=30000N$，有效工作面积都是 $A=50\times10^{-4}m^2$，要求液压缸 II 先于液压缸 I 动作，试问：

1）顺序阀和溢流阀的调定压力分别为多少？

2）不计管路阻力损失，液压缸 I 动作时，顺序阀进、出口压力分别为多少？

9-14　图9-36所示为两缸顺序动作回路，缸1的外载为缸2的1/2，顺序阀4的调压比溢流阀低1MPa，要求缸1运动到右端，缸2再运动。但当阀3通电后，出现缸1和缸2基本同时动作的故障。试分析其产生原因，并提出改进措施。

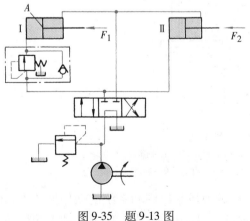

图9-35　题9-13图
　　　　　图9-36　题9-14图

第十章

典型液压系统

在各种工作机械上，采用液压系统的地方是很多的，不可能一一列举。本章只介绍几个典型系统，借以说明液压技术是如何发挥其无级调速，输出力大，高速起动、制动和换向，易于实现自动化等种种优点的。各个典型系统图都用图形符号绘制，其工作原理则通过工作循环图和（或）系统的动作循环表，或用文字叙述其油液流动路线来说明。

第一节　组合机床动力滑台液压系统

动力滑台是组合机床（见图 10-1）上实现进给运动的一种通用部件，配上动力头和主轴箱后可以对工件完成各种孔加工、端面加工等工序。液压动力滑台用液压缸驱动，它在电气和机械装置的配合下可以实现各种自动工作循环。

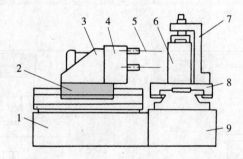

图 10-1　组合机床
1—床身　2—动力滑台　3—动力头　4—主轴箱
5—刀具　6—工件　7—夹具　8—工作台　9—底座

图 10-2 和表 10-1 分别为 YT4543 型动力滑台的液压系统图和系统的动作循环表。由图和表可见，这个系统能够实现"快进→工进→停留→快退→停止"的半自动工作循环，其

工作情况如下。

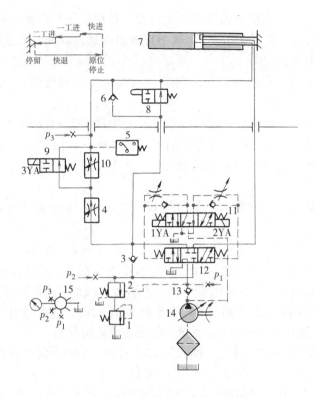

图 10-2　YT4543 型动力滑台液压系统图

1—背压阀　2—顺序阀　3、6、13—单向阀　4——工进调速阀

5—压力继电器　7—液压缸　8—行程阀　9—电磁阀　10—二工进调速阀

11—先导阀　12—换向阀　14—液压泵　15—压力表开关　p_1、p_2、p_3—压力表接点

表 10-1　YT4543 型动力滑台液压系统的动作循环表

动作名称	信 号 来 源	电磁铁工作状态			液压元件工作状态				
		1YA	2YA	3YA	顺序阀 2	先导阀 11	换向阀 12	电磁阀 9	行程阀 8
快进	起动按钮	+	−	−	关闭			右位	右位
一工进	挡块压下行程阀 8	+	−	−	打开	左位	左位		左位
二工进	挡块压下行程开关	+	−	+				左位	
停留	滑台靠压在死挡块处	+	−	+					
快退	时间继电器发出信号	−	+	+	关闭	右位	右位		右位
停止	挡块压下终点开关	−	−	+		中位	中位	右位	

（1）快速前进　电磁铁 1YA 通电，换向阀 12 左位接入系统，顺序阀 2 因系统压力不高仍处于关闭状态。这时液压缸 7 作差动连接，变量泵 14 输出最大流量。系统中油液流动的情况为：

进油路　变量泵 14→单向阀 13→换向阀 12（左位）→行程阀 8（右位）→液压缸 7 左腔。

回油路　液压缸 7 右腔→换向阀 12（左位）→单向阀 3→行程阀 8（右位）→液压缸 7

215

左腔。

（2）一次工作进给　在滑台前进到预定位置，挡块压下行程阀 8 时开始。这时系统压力升高，顺序阀 2 打开；变量泵 14 自动减小其输出流量，以便与调速阀 4 的开口相适应。系统中油液流动情况为：

进油路　变量泵 14→单向阀 13→换向阀 12（左位）→调速阀 4→电磁阀 9（右位）→液压缸 7 左腔。

回油路　液压缸 7 右腔→换向阀 12（左位）→顺序阀 2→背压阀 1→油箱。

（3）二次工作进给　在一次工作进给结束，挡块压下行程开关，电磁铁 3YA 通电时开始。顺序阀 2 仍打开，变量泵 14 输出流量与调速阀 10 的开口相适应。系统中油液流动情况为：

进油路　变量泵 14→单向阀 13→换向阀 12（左位）→调速阀 4→调速阀 10→液压缸 7 左腔。

回油路　液压缸 7 右腔→换向阀 12（左位）→顺序阀 2→背压阀 1→油箱。

（4）停留　在滑台以二工进速度行进到碰上死挡块不再前进时开始，并在系统压力进一步升高、压力继电器 5 经时间继电器（图中未示出）按预定停留时间发出信号后终止。

（5）快退　在时间继电器发出信号，电磁铁 1YA 断电、2YA 通电时开始。这时系统压力下降，变量泵 14 流量又自动增大。系统中油液的流动情况为：

进油路　变量泵 14→单向阀 13→换向阀 12（右位）→液压缸 7 右腔。

回油路　液压缸 7 左腔→单向阀 6→换向阀 12（右位）→油箱。

（6）停止　在滑台快速退回到原位，挡块压下终点开关，电磁铁 2YA 和 3YA 都断电时出现。这时换向阀 12 处于中位，液压缸 7 两腔封闭，滑台停止运动。系统中油液的流动情况为：

卸荷油路　变量泵 14→单向阀 13→换向阀 12（中位）→油箱。

从以上的叙述中可以看到，这个液压系统有以下一些特点：

1）系统采用了"限压式变量叶片泵-调速阀-背压阀"式调速回路，能保证稳定的低速运动（进给速度最小可达 6.6mm/min）、较好的速度刚性和较大的调速范围（$R \approx 100$）。

2）系统采用了限压式变量泵和差动连接式液压缸来实现快进，能量利用比较合理。滑台停止运动时，换向阀使液压泵在低压下卸荷，减少能量损耗。

3）系统采用了行程阀和顺序阀实现快进与工进的换接，不仅简化了电路，而且使动作可靠，换接精度亦比电气控制式高。至于两个工进之间的换接则由于两者速度都较低，采用电磁阀完全能保证换接精度。

第二节　万能外圆磨床液压系统

万能外圆磨床主要用来磨削柱形（包括阶梯形）或锥形外圆表面，在使用附加装置时还可以磨削圆柱孔和圆锥孔。外圆磨床上工作台的往复运动和抖动、工作台的手动和机动的互锁、砂轮架的间歇进给运动和快速运动、尾架的松开等都是用液压来实现的。外圆磨床对往复运动的要求很高——不但应保证机床有尽可能高的生产率，还应保证换向过程平稳、换向精度高。为此机床上常采用行程制动式换向回路（见第九章第四节），使工作台起动和停止迅速，并在换向过程中有一段短时间的停留。

图 10-3 所示为 M1432A 型万能外圆磨床的液压系统图。由图可见，这个系统利用工作台挡块 16 和先导阀 17 的拨杆可以连续地实现工作台的往复运动和砂轮架的间歇自动进给运动，其工作情况如下。

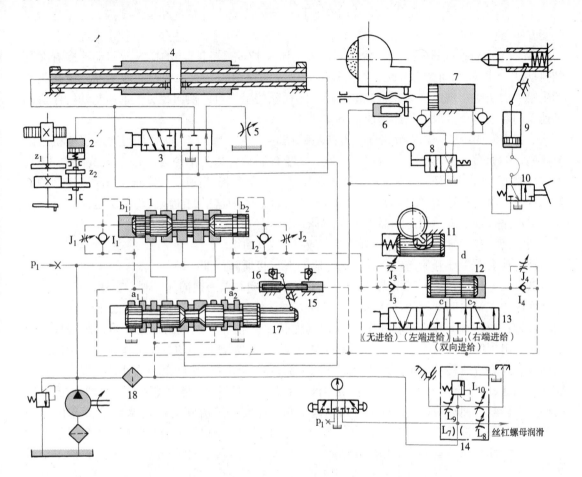

图 10-3　M1432A 型万能外圆磨床液压系统图

1—换向阀　2—互锁缸　3—开停阀　4—工作台液压缸

5—节流阀　6—闸缸　7—快动缸　8—快动阀　9—尾架缸　10—尾架阀

11—进给缸　12—进给阀　13—选择阀　14—润滑稳定器　15—抖动缸

16—挡块　17—先导阀　18—精过滤器

（1）工作台往复运动　在图 10-3 所示状态下，开停阀 3 处于右位，先导阀 17 和换向阀 1 都处于右端位置，工作台向右运动，主油路中的油液流动情况为：

进油路　液压泵→换向阀 1（右位）→工作台液压缸 4 右腔。

回油路　工作台液压缸 4 左腔→换向阀 1（右位）→先导阀 17（右位）→开停阀 3（右位）→节流阀 5→油箱。

当工作台向右移动到预定位置时，工作台上的左挡块 16 拨动先导阀 17，并使它最终处于左端位置上。这时操纵油路上 a_2 点接通高压油、a_1 点接通油箱，使换向阀 1 亦处于其左端位置上（详见下文），于是主油路中油液流动情况就变为：

进油路　液压泵→换向阀 1（左位）→工作台液压缸 4 左腔。

回油路　工作台液压缸 4 右腔→换向阀 1（左位）→先导阀 17（左位）→开停阀 3（右位）→节流阀 5→油箱。

工作台向左运动，并在其右挡块 16 碰上拨杆后发生与上述情况相反的变换，使工作台又改变方向向右运动。如此不停地反复进行下去，直到开停阀 3 拨向左位时才使运动停下来。

（2）工作台换向过程　工作台换向时，先导阀 17 先受到挡块的操纵而移动，接着又受到抖动缸 15 的操纵而产生快跳；换向阀 1 的操纵油路则先后三次变换通流情况，使其阀心产生第一次快跳、慢速移动和第二次快跳。这样就使工作台的换向经历了迅速制动、停留和迅速反向起动三个阶段。具体情况如下。

当图 10-3 中先导阀 17 被拨杆推着向左移动时，先导阀 17 中段的右制动锥逐渐将通向节流阀 5 的通道关小，使工作台逐渐减速，实现预制动。当工作台挡块 16 推动先导阀 17 直到先导阀 17 阀心右部环形槽使 a_2 点接通高压油，左部环形槽使 a_1 点接通油箱时，控制油路被切换。这时抖动缸 15 便推动先导阀 17 向左快跳，因为这里的油液流动情况是：

进油路　液压泵→精滤油器 18→先导阀 17（左位）→抖动缸 15 左缸。

回油路　抖动缸 15 右缸→先导阀 17（左位）→油箱。

液动换向阀 1 亦开始向左移动，因为阀心右端接通高压油，即：

液压泵→精过滤器 18→先导阀 17（左位）→单向阀 I_2→换向阀 1 阀心右端。

而阀心左端通向油箱的油路则先后出现三种接法。在图 10-3 所示的状态下，回油的流动路线为：换向阀 1 阀心左端→先导阀 17（左位）→油箱。回油路通畅无阻，阀心移动速度很大，出现第一次快跳，右部制动锥很快地关小主回油路的通道，使工作台迅速制动。当换向阀 1 阀心快速移过一小段距离后，它的中部台肩移到阀体中间沉割槽处，使液压缸 4 两腔油路相通，工作台停止运动。此后换向阀 1 在压力油作用下继续左移时，直通先导阀 17 的通道被切断，回油流动路线改为：换向阀 1 阀心左端→节流阀 J_1→先导阀 17（左位）→油箱。这时阀心按节流阀（亦称停留阀）J_1 调定的速度慢速移动。由于阀体上沉割槽宽度大于阀心中部台肩的宽度，液压缸 4 两腔油路在阀心慢速移动期间继续保持相通，使工作台的停止持续一段时间（可在 0～5s 内调整），这就是工作台在其反向前的端点停留。最后，当阀心慢速移动到其左部环形槽和先导阀 17 相接的通道接通时，回油流动路线又改变成：换向阀 1 阀心左端→通道 b_1→换向阀 1 左部环形槽→先导阀 17（左位）→油箱。回油路又通畅无阻，阀心出现第二次快跳，主油路被迅速切换，工作台迅速反向起动，最终完成了全部换向过程。

在反向时，先导阀 17 和换向阀 1 自左向右移动的换向过程与上相同，但这时 a_2 点接通油箱而 a_1 点接通高压油。

（3）砂轮架的快进快退运动　这个运动由快动阀 8 操纵，由快动缸 7 来实现。在图 10-3 所示的状态下，快动阀 8 右位接入系统，砂轮架快速前进到其最前端位置，快进的终点位置是靠活塞与缸盖的接触来保证的。为了防止砂轮架在快速运动终点处引起冲击和提高快进运动的重复位置精度，快动缸 7 的两端设有缓冲装置（图中未画出），并设有抵住砂轮架的闸缸 6，用以消除丝杠和螺母间的间隙。快动阀 8 左位接入系统时，砂轮架快速后退到其最后端位置。

（4）砂轮架的周期进给运动　这个运动由进给阀 12 操纵，由砂轮架进给缸 11 通过其活塞上的拨爪棘轮、齿轮、丝杠螺母等传动副来实现。砂轮架的周期进给运动可以在工件左端停留时进行，可以在工件右端停留时进行，也可以在工件两端停留时进行，也可以不进行，这些都由选择阀 13 的位置决定。在图 10-3 所示的状态下，选择阀 13 选定的是"双向进给"，进给阀 12 在操纵油路的 a_1 和 a_2 点每次相互变换压力时，向左或向右移动一次（因为通道 d 与通道 c_1 和 c_2 各接通一次），于是砂轮架便作一次间歇进给。进给量大小由拨爪棘轮机构调整，进给快慢及平稳性则通过调整节流阀 J_3、J_4 来保证。

（5）工作台液动手动的互锁　这个动作是由互锁缸 2 来实现的。当开停阀 3 处于图10-3 所示位置时，互锁缸 2 内通入压力油，推动活塞使齿轮 z_1 和 z_2 脱开，工作台运动时就不会带动手轮转动。当开停阀 3 左位接入系统时，互锁缸 2 接通油箱，活塞在弹簧作用下移动，使齿轮 z_1 和 z_2 啮合，且缸 4 左右腔互通，工作台就可以通过摇动手轮来移动，以调整工件。

（6）尾架顶尖的退出　这个动作由一个脚踏式的尾架阀 10 操纵，由尾架缸 9 来实现。尾架顶尖只在砂轮架快速退出时才能后退以确保安全，因为这时系统中的压力油须在快动阀 8 左位接入时才能通向尾架阀 10 处。

这台磨床的液压系统具有以下一些特点：

1）系统采用了活塞杆固定式双杆液压缸，保证左、右两向运动速度一致，并使机床的占地面积不大。

2）系统采用了普通节流阀式调速回路，功率损失小，这对调速范围不需很大、负载较小且基本恒定的磨床来说是很相宜的。此外，出口节流的形式在液压缸回油腔中造成的背压力有助于工作稳定，有助于加速工作台的制动，也有助于防止系统中渗入空气。

3）系统采用了 HYY21/3P-25T 型快跳式操纵箱，结构紧凑，操纵方便，换向精度和换向平稳性都较高。此外，这种操纵箱还能使工作台高频抖动（即在很短的行程内实现快速往复运动），有利于提高切入磨削时的加工质量。

第三节　液压机液压系统

液压机是一种用静压来加工金属、塑料、橡胶、粉末制品的机械，在许多工业部门得到了广泛的应用。液压机的类型很多，其中四柱式液压机最为典型，应用也最广泛。这种液压机在它的

四个立柱之间安置着主、辅两个液压缸。主液压缸驱动上滑块，实现"快速下行→慢速下行、加压→保压→卸压换向→快速返回→原位停止"的动作循环；辅助液压缸驱动下滑块，实现"向上顶出→向下退回→原位停止"的动作循环（见图 10-4）。在这种液压机上，可以进行冲剪、弯曲、翻边、拉深、装配、冷挤、成形等多种加工工艺。表 10-2 所示为 3150kN 插装阀式液

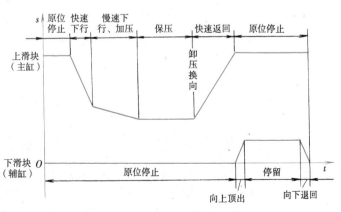

图 10-4　3150kN 插装阀式液压机动作循环图

压机液压系统电磁铁动作循环表，图 10-5 则是这种液压机的液压系统图。

表 10-2　3150kN 插装阀式液压机液压系统电磁铁动作顺序表

	动作程序	1YA	2YA	3YA	4YA	5YA	6YA	7YA	8YA	9YA	10YA	11YA	12YA
主液压缸	快速下行	+		+			+						
	慢速下行、加压	+		+				+					
	保压												
	卸压换向				+								
	快速返回		+		+	+							+
	原位停止												
辅助液压缸	向上顶出		+							+	+		
	向下退回		+						+			+	
	原位停止												

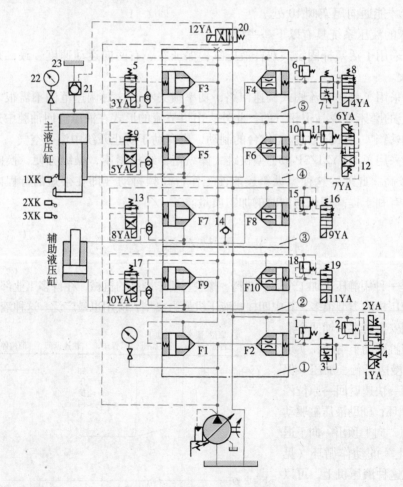

图 10-5　3150kN 插装阀式液压机系统图

1、2、6、10、11、15、18—调压阀　3、7—缓冲阀　5、8、9、13、16、17、19、20—二位四通电磁阀
4、12—三位四通电磁阀　14—单向阀　21—液控单向阀（充液阀）　22—电接点压力表　23—副油箱

220

该液压机采用二通插装阀集成液压系统，由五个集成块（油路块）组成，各集成块组成元件及其在系统中的作用见表 10-3。

表 10-3　3150kN 液压机液压系统集成块组成元件和作用

集成块序号和名称	组　成　元　件		在系统中的作用
① 进油调压集成块	插装阀 F1 为单向阀		防止系统油流向泵倒流
	插装阀 F2	和调压阀 1 组成安全阀	限制系统最高压力
		和调压阀 2、电磁阀 4 组成电磁溢流阀	调整系统工作压力
		和缓冲 3、电磁阀 4	减少泵卸荷和升压时的冲击
② 辅助液压缸下腔集成块	插装阀 F9 和电磁阀 17 构成一个二位二通电磁阀		控制辅助液压缸下腔的进油
	插装阀 F10	和电磁阀 19 构成一个二位二通电磁阀	控制辅助液压缸下腔的回油
		和调压阀 18 组成一个安全阀	限制辅助液压缸下腔的最高压力
③ 辅助液压缸上腔集成块	插装阀 F7 和电磁阀 13 构成一个二位二通电磁阀		控制辅助液压缸上腔的进油
	插装阀 F8	和电磁阀 16 构成一个二位二通电磁阀	控制辅助液压缸上腔的回油
		和调压阀 15 组成一个安全阀	限制辅助液压缸上腔的最高压力
	单向阀 14		辅助液压缸作液压垫，活塞浮动下行时，上腔补油
④ 主液压缸下腔集成块	插装阀 F5 和电磁阀 9 组成一个二位二通电磁阀		控制主液压缸下腔的进油
	插装阀 F6	和电磁阀 12	控制主液压缸下腔的回油
		和调压阀 11	调整主液压缸下腔的平衡压力
		和调压阀 10 组成一个安全阀	限制主液压缸下腔的最高压力
⑤ 主液压缸上腔集成块	插装阀 F3 和电磁阀 5 组成一个二位二通电磁阀		控制主液压缸上腔的进油
	插装阀 F4	和电磁阀 8	控制主液压缸上腔的回油
		和缓冲阀 7、电磁阀 8	主液压缸上腔卸压缓冲
		和调压阀 6 组成安全阀	限制主液压缸上腔的最高压力

液压机的液压系统实现空载起动：按下起动按钮后，液压泵起动，此时所有电磁阀的电磁铁都处于断电状态，于是，三位四通电磁阀 4 处在中位。插装阀 F2 的控制腔经阀 3、阀 4 与油箱相通，阀 F2 在很低的压力下被打开，液压泵输出的油液经阀 F2 直接回油箱。

液压系统在连续实现上述自动工作循环时，主液压缸的工作情况如下：

（1）快速下行　液压泵起动后，按下工作按钮，电磁铁 1YA、3YA、6YA 通电，使阀 4 和阀 5 下位接入系统，阀 12 上位接入系统。因而阀 F2 控制腔与调压阀 2 相连，阀 F3 和阀 F6 的控制腔则与油箱相通，所以阀 F2 关闭，阀 F3 和 F6 打开，液压泵向系统输油。这时系统中油液流动情况为：

进油路　液压泵→阀 F1→阀 F3→主液压缸上腔。

回油路　主液压缸下腔→阀 F6→油箱。

液压机上滑块在自重作用下迅速下降。由于液压泵的流量较小，主液压缸上腔产生负压，这时液压机顶部的副油箱 23 通过充液阀 21 向主液压缸上腔补油。

（2）慢速下行　当滑块以快速下行至一定位置，滑块上的挡块压下行程开关 2XK 时，电磁铁 6YA 断电，7YA 通电，使阀 12 下位接入系统，插装阀 F6 的控制腔与调压阀 11 相连，主液压缸下腔的油液经过阀 F6 在阀 11 的调定压力下溢流，因而下腔产生一定背压，上腔压力随之增高，使充液阀 21 关闭。进入主液压缸上腔的油液仅为液压泵的流量，滑块慢速下行。这时系统中油液流动情况为：

进油路　液压泵→阀 F1→阀 F3→主液压缸上腔。

回油路　主液压缸下腔→阀 F6→油箱。

（3）加压　当滑块慢速下行碰上工件时，主液压缸上腔压力升高，恒功率变量液压泵输出的流量自动减小，对工件进行加压。当压力升至调压阀 2 调定压力时，液压泵输出的流量全部经阀 F2 溢流回油箱，没有油液进入主液压缸上腔，滑块便停止运动。

（4）保压　当主液压缸上腔压力达到所要求的工作压力时，电接点压力表 22 发出信号，使电磁铁 1YA、3YA、7YA 全部断电，因而阀 4 和阀 12 处于中位，阀 5 上位接入系统；阀 F3 控制腔通压力油，阀 F6 控制腔被封闭，阀 F2 控制腔通油箱。所以，阀 F3、F6 关闭，阀 F2 打开，这样，主液压缸上腔闭锁，对工件实施保压，液压泵输出的油液经阀 F2 直接回油箱，液压泵卸荷。

（5）卸压　主液压缸上腔保压一段所需时间后，时间继电器发出信号，使电磁铁 4YA 通电，阀 8 下位接入系统，于是，插装阀 F4 的控制腔通过缓冲阀 7 及阀 8 与油箱相通。由于缓冲阀 7 节流口的作用，阀 F4 缓慢打开，从而使主液压缸上腔的压力慢慢释放，系统实现无冲击卸压。

（6）快速返回　主液压缸上腔压力降低到一定值后，电接点压力表 22 发出信号，使电磁铁 2YA、4YA、5YA、12YA 都通电，于是，阀 4 上位接入系统，阀 8 和阀 9 下位接入系统，阀 20 左位接入系统；阀 F2 的控制腔被封闭，阀 F4 和阀 F5 的控制腔都通油箱，充液阀 21 的控制腔通压力油。因而阀 F2 关闭，阀 F4、F5 和阀 21 打开。液压泵输出的油液全部进入主液压缸下腔，由于下腔有效面积较小，主液压缸快速返回。这时系统中油液流动情况为：

进油路　液压泵→阀 F1→阀 F5→主液压缸下腔。

回油路　主液压缸上腔⎰阀 F4→油箱。
　　　　　　　　　　⎱阀 21→副油箱。

（7）原位停止　当主液压缸快速返回到达终点时，滑块上的挡块压下行程开关 1XK 让其发出信号，使所有电磁铁都断电，于是全部电磁阀都处于原位；阀 F2 的控制腔依靠阀 4 的 d 型中位机能与油箱相通，阀 F5 的控制腔与压力油相通。因而，阀 F2 打开，液压泵输出的油液全部经阀 F2 回油箱，液压泵处于卸荷状态；阀 F5 关闭，封住压力油流向主液压缸下腔的通道，主液压缸停止运动。

液压机辅助液压缸的工作情况如下：

（1）向上顶出　工件压制完毕后，按下顶出按钮，使电磁铁 2YA、9YA 和 10YA 都通电，于是阀 4 上位接入系统，阀 16、17 下位接入系统；阀 F2 的控制腔被封死，阀 F8 和 F9 的控制腔通油箱。因而阀 F2 关闭，阀 F8、F9 打开，液压泵输出的油液进入辅助液压缸下腔，实现向上顶出。此时系统中油液流动情况为：

进油路　液压泵→阀 F1→阀 F9→辅助液压缸下腔。

回油路　辅助液压缸上腔→阀 F8→油箱。

（2）向下退回　把工件顶出模子后，按下退回按钮，使 9YA、10YA 断电，8YA、11YA 通电，于是阀 13、19 下位接入系统，阀 16、17 上位接入系统；阀 F7、F10 的控制腔与油箱相通，阀 F8 的控制腔被封死，阀 F9 的控制腔通压力油。因而，阀 F7、F10 打开，阀 F8、F9 关闭。液压泵输出的油液进入辅助液压缸上腔，其下腔油液回油箱，实现向下退回。这时系统中油液流动情况为：

进油路　液压泵→阀 F1→阀 F7→辅助液压缸上腔。

回油路　辅助液压缸下腔→阀 F10→油箱。

（3）原位停止　辅助液压缸到达下终点后，使所有电磁铁都断电，各电磁阀均处于原位；阀 F8、F9 关闭，阀 F2 打开。因而辅助液压缸上、下腔油路被闭锁，实现原位停止，液压泵经阀 F2 卸荷。

性能分析

从上述可知，该液压机液压系统主要由压力控制回路、换向回路和快慢速转换回路和卸压回路等组成，并采用二通插装阀集成化结构。因此，可以归纳出这台液压机液压系统的以下一些性能特点：

1）系统采用高压大流量恒功率（压力补偿）变量液压泵供油，并配以由调压阀和电磁阀构成的电磁溢流阀，使液压泵空载起动，主、辅液压缸原位停止时液压泵均卸荷，这样既符合液压机的工艺要求，又节省能量。

2）系统采用密封性能好、通流能力大、压力损失小的插装阀组成液压系统，具有油路简单、结构紧凑、动作灵敏等优点。

3）系统利用滑块的自重实现主液压缸快速下行，并用充液阀补油，使快动回路结构简单，使用元件少。

4）系统采用由可调缓冲阀 7 和电磁阀 8 组成的卸压回路，来减少由"保压"转为"快退"时的液压冲击，使液压机工作平稳。

5）系统在液压泵的出口设置了单向阀和安全阀，在主液压缸和辅助液压缸的上、下腔的进出油路上均设有安全阀；另外，在通过压力油的插装阀 F3、F5、F7、F9 的控制油路上都装有梭阀。这些多重保护措施保证了液压机的工作安全可靠。

第四节　汽车起重机液压系统

汽车起重机机动性好，能以较快速度行走。采用液压起重机，因而承载能力大，可在有冲击、振动和环境较差的条件下工作。其执行元件需要完成的动作较为简单，位置精度较低，大部分采用手动操纵，液压系统工作压力较高。因为是起重机械，所以保证安全是至关重要的问题。

图 10-6 所示为汽车起重机的工作机构，它由如下五个部分构成：

（1）支腿　起重作业时使汽车轮胎离开地面，架起整车，不使载荷压在轮胎上，并可调节整车的水平。

（2）回转机构　使吊臂回转。

（3）伸缩机构　用以改变吊臂的长度。

（4）变幅机构　用以改变吊臂的倾角。

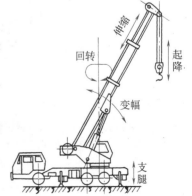

图 10-6　汽车起重机工作机构

（5）起降机构　使重物升降。

Q2-8 型汽车起重机是一种中小型起重机，其液压系统如图 10-7 所示。这是一种通过手动操纵来实现多缸各自动作的系统。为简化结构，系统用一个液压泵给各执行元件串联供油。在轻载情况下，各串联的执行元件可任意组合，使几个执行元件同时动作，如伸缩和回转，或伸缩和变幅同时进行等等。

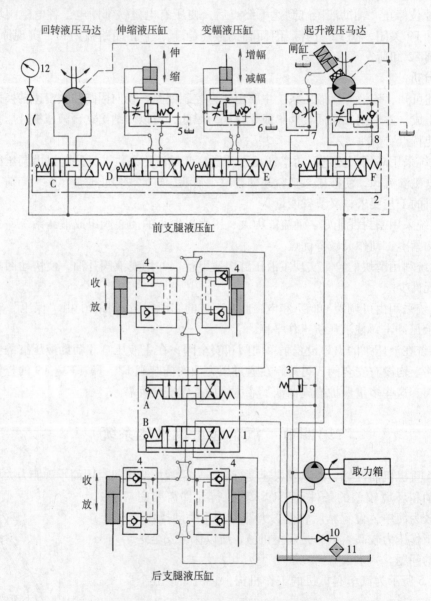

图 10-7　Q2-8 型汽车起重机液压系统图

1、2—多路阀　3—安全阀　4—双向液压锁　5、6、8—平衡阀　7—单向节流阀

9—中心回转接头　10—开关　11—过滤器　12—压力表

A、B、C、D、E、F—手动换向阀

　　该系统液压泵的动力由汽车发动机通过装在底盘变速箱上的取力箱提供。液压泵的额定压力为21MPa，排量为40mL/r，转速为1500r/min，液压泵通过中心回转接头9、开关10和过滤器11从油箱吸油；输出的压力油经多路阀1和2串联地输送到各执行元件。系统工作情况与手动换向阀位置的关系见表10-4。

表10- 4　Q2-8 型汽车起重机液压系统的工作情况

手动换向阀位置						系统工作情况						
阀A	阀B	阀C	阀D	阀E	阀F	前支腿液压缸	后支腿液压缸	回转液压马达	伸缩液压缸	变幅液压缸	起升液压马达	制动液压缸
左位	中位	中位	中位	中位	中位	伸出	不动	不动	不动	不动	不动	制动
右位						缩回						
中位	左位					不动	伸出					
	右位						缩回					
	中位	左位					不动	正转				
		右位						反转				
		中位	左位					不动	缩回			
			右位						伸出			
			中位	左位					不动	减幅		
				右位						增幅		
				中位	左位					不动	正转	松开
					右位						反转	

　　下面对各个回路动作进行叙述。

　　（1）支腿回路　汽车起重机的底盘前后各有两条支腿，每一条支腿由一个液压缸驱动。两条前支腿和两条后支腿分别由三位四通手动换向阀A和B控制其伸出或缩回。换向阀均采用M型中位机能，且油路是串联的。每个液压缸的油路上均设有双向锁紧回路，以保证支腿被可靠地锁住，防止在起重作业时发生"软腿"现象或行车过程中支腿自行滑落。

　　（2）回转回路　回转机构采用液压马达作为执行元件。液压马达通过蜗轮蜗杆减速箱和一对内啮合的齿轮来驱动转盘。转盘转速较低，每分钟仅为1～3转，故液压马达的转速也不高，就没有必要设置液压马达的制动回路。因此，系统中只采用一个三位四通手动换向阀C来控制转盘的正转、反转和不动三种工况。

　　（3）伸缩回路　起重机的吊臂由基本臂和伸缩臂组成，伸缩臂套在基本臂之中，用一个由三位四通手动换向阀D控制的伸缩液压缸来驱动吊臂的伸出和缩回。为防止因自重而使吊臂下落，油路中设有平衡回路。

　　（4）变幅回路　吊臂变幅就是用一个液压缸来改变起重臂的角度。变幅液压缸由三位四通手动换向阀E控制。同样，为防止在变幅作业时因自重而使吊臂下落，在油路中设有平衡回路。

　　（5）起降回路　起降机构是汽车起动机的主要工作机构，它是一个由大转矩液压马达带动的卷扬机。液压马达的正、反转由三位四通手动换向阀F控制。起重机起升速度的调节是通过改变汽车发动机的转速从而改变液压泵的输出流量和液压马达的输入流量来实现的。

225

在液压马达的回油路上设有平衡回路，以防止重物自由落下。此外，在液压马达上还设有由单向节流阀和单作用闸缸组成的制动回路，使制动器张开延时而紧闭迅速，以避免卷扬机起停时发生溜车下滑现象。

从图 10-7 可以看出，该液压系统由调压、调速、换向、锁紧、平衡、制动、多缸卸荷等回路组成，其性能特点是：

1）在调压回路中，用安全阀限制系统最高压力。

2）在调速回路中，用手动调节换向阀的开度大小来调整工作机构（起降机构除外）的速度，方便灵活，但劳动强度较大。

3）在锁紧回路中，采用由液控单向阀构成的双向液压锁将前后支腿锁定在一定位置上，工作可靠，且有效时间长。

4）在平衡回路中，采用经过改进的单向液控顺序阀作平衡阀，以防止在起升、吊臂伸缩和变幅作业过程中因重物自重而下降，工作可靠；但在一个方向有背压，造成一定的功率损耗。

5）在多缸卸荷回路中，采用三位换向阀 M 型中位机能并将油路串联起来，使任何一个工作机构既可单独动作，也可在轻载下任意组合地同时动作。但 6 个换向阀串接，也使液压泵的卸荷压力加大。

6）在制动回路中，采用由单向节流阀和单作用闸缸构成的制动器，工作可靠，且制动动作快，松开动作慢，确保安全。

第五节　电液比例控制系统

电液比例控制系统中的控制元件为电液比例阀。它接受电信号的指令，连续地控制系统的压力、流量等参数，使之与输入电信号成比例地变化。电液比例控制系统按输出参数有无反馈可分为电液比例闭环控制系统和电液比例开环控制系统。开环系统一般由控制装置（比例放大器和比例阀）、执行装置（液压缸或液压马达）、能源装置（定量液压泵、变量液压泵或比例变量液压泵）等组成；闭环系统除构成开环系统的装置外，还有反馈检测装置。闭环系统较开环系统有更快响应和更高的控制精度和抗干扰能力。

电液比例控制系统的突出优点是可以明显地简化系统，实现复杂的程序控制，并可利用电液结合提高产品的机电一体化水平，便于信号远距离传输和计算机控制。

电液比例控制系统可以对压力、力、转矩进行控制，对位置、转角进行控制，也可以对转速、速度进行控制。

一、塑料注射成型机电液比例控制系统

塑料注射成型机又称注塑机，用于热塑性塑料的成形加工。它将颗粒塑料加热熔化后，高压快速注入模腔，经一定时间的保压、冷却后成为塑料制品。在塑料机械中，注塑机的应用最广。

注塑机的工作循环如下：

1）合模　动模板快速前移，接近定模板时，液压系统转为低压、慢速控制。在确认模具内没有异物存在时，系统转为高压，使模具闭合。

2）注射座前移　喷嘴和模具贴紧。

3）注射　注射螺杆以一定的压力和速度将机筒前端的熔料注入模腔。

4）保压　注射缸对模腔内熔料保压进行补塑。

5）制品冷却及预塑　保压完毕，液压马达驱动螺杆并后退，料斗中加入的物料被前推进行预塑。螺杆后退到预定位置，停止转动，准备下一次注射。在模腔内的制品冷却成型。

6）防流涎　采用直通开敞式喷嘴时，预塑加料结束，使螺杆后退一小段距离，减小料筒前端的压力，防止喷嘴端部物料的流出。

7）注射座后退　开模，顶出制品。

8）顶出缸后退。

对注塑机液压系统的要求是：

1）足够的合模力。熔化塑料以 12～20MPa 的高压注入模腔，所以合模液压缸必须产生足够的合模力，否则在注射时模具离缝而使塑料制品产生溢边。

2）可调节的开、合模速度。空程时要求快速以提高生产率；合模时要求慢速以免机器产生冲击振动。

3）足够的注射座移动液压缸的推力。保证注射时喷嘴和模具浇口紧密接触。

4）可调节的注射压力和注射速度，以适应不同塑料、制品几何形状、模具浇注系统的要求。

5）保压及其压力可调。是为了使塑料贴紧模腔获得精确的形状，另外在制品冷却收缩过程中，熔化塑料可不断充入模腔，防止产生废品。

6）平稳的制品顶出速度。

图 10-8 所示为 XS-ZY-250A 型注塑机的液压系统原理。系统采用比例阀对压力（启闭

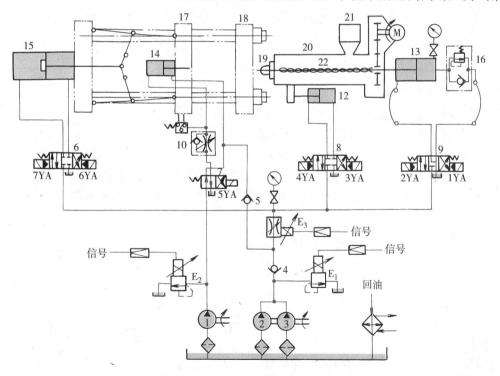

图 10-8　XS-ZY-250A 型注塑机液压系统图

1、2、3—液压泵　4、5—单向阀　6、7、8、9—换向阀　10—单向节流阀　11—压力继电器
12—注射座移动缸　13—注射缸　14—顶出缸　15—合模缸　16—单向顺序阀　17—动模板
18—定模板　19—喷嘴　20—料筒　21—料斗　22—螺杆　E_1、E_2—比例压力阀　E_3—比例调速阀

模、注射座前移、注射、顶出、螺杆后退时的压力）以及速度（启闭模、注射时的速度）进行控制，油路简单，使用的阀少，效率高，压力及速度变换时冲击小，噪声小。

表 10-5 所示为电磁铁在各阶段的通、断电状态，至于各个油路的工作情况（详见参考文献［11］）则是不说自明的。

表 10-5 电磁铁工作情况表

动 作		1YA	2YA	3YA	4YA	5YA	6YA	7YA	E₁	E₂	E₃
合模	快速合模							+	+	+	+
	低压保护							+	+	+	+
	高压锁紧							+		+	+
注射座前进				+/−						+	+
注射		+							+	+	+
保压		+								+	+
预塑				+						+	+
注射座后退					+/−					+	+
开模							+			+	+
顶出						+				+	
螺杆后退			+							+	+

这个液压系统的特点如下：

1）压力和速度的变化较多，利用比例阀进行控制，系统简单。

2）自动工作循环主要靠行程开关来实现。

3）在系统保压阶段，多余的油液要经过溢流阀流回油箱，所以有部分能量损耗。

如果把图 10-8 中采用溢流阀的节流调速回路用容积调速回路来代替，亦即如果用电液比例压力调节泵代替比例溢流阀来对系统实行压力控制，用电液比例流量调节泵代替流量阀来对系统实现速度控制，则可以避免不必要的溢流损失和节流损失，系统的输出便与负载功率和压力完全匹配，这样就变成一个节能型的高效系统了，如图 10-9 所示。图中前置式节流器 2、先导式压力阀 1 与恒压阀 6 构成泵 5 的压力控制回路。比例节流阀 4 和恒流量阀 3 构成泵 5 的流量控制回路。图中所示 3、6 两阀的位置是系统还未设定压力时的位置。如负载变化，使阀 4 的压差偏大或偏小，则推动阀 3 左移或右移，使泵的排量减小或增大，最终使流量保持恒定。这时泵的输出压力仅比

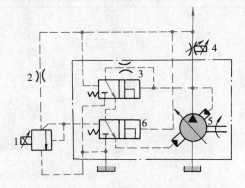

图 10-9 节能型的高效系统
1—比例压力阀 2—前置式节流器 3—恒流量阀
4—比例节流阀 5—电液比例控制泵 6—恒压阀

负载压力高出一个阀 4 的压差。在保压阶段，当系统压力达到阀 1 设定的最高压力时，阀 6 左移使泵排量迅速减小到接近于零，泵的工作就相应地变成高压小流量的工况了。

总之，这个系统在流量控制阶段使泵的输出压力与负载相协调；在压力控制阶段使输出流量接近于零，仅消耗极小的功率，所以它的效率极高。

二、数控折弯机电液比例控制液压同步系统

折弯机是压力加工设备，在建筑和装饰等行业有着广泛的用途。现在，工程项目越来越大，工件越来越长，要求折弯机越来越宽。这样，大型折弯机必须用两个液压缸同时加压，而其中关键技术则是控制同步精度。因此，传统的折弯机已远不能满足要求。最近几年发展起来的数控折弯机，以其灵便的操作方式，准确的控制精度，倍受用户青睐。

图 10-10 所示为数控折弯机结构简图及液压系统。图中，两个液压缸 10 的控制子系统完全相同。每个液压缸与位移传感器 11、比例方向阀 4 和 CNC（数控系统）12 一起构成全闭环位置控制系统。同时，CNC 还控制两个活塞的同步运动，如图 10-11 所示。

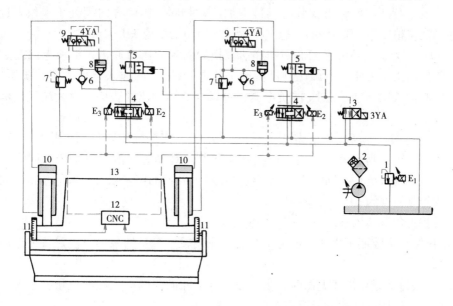

图 10-10　数控折弯机结构简图及液压系统

1—比例溢流阀　2—出口过滤器　3—电磁换向阀　4—比例方向阀　5—液动换向阀　6—单向阀
7—安全阀　8—插装阀　9—电磁换向阀　10—液压缸　11—位移传感器　12—数控系统　13—滑块

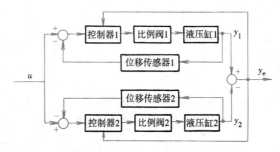

图 10-11　数控折弯机电液比例控制液压同步系统框图

u—系统输入　y_1、y_2—液压缸输出　y_e—位置同步误差

　　折弯机滑块 13 需要完成的工作循环是：快速下行→慢下加压→定位、保压→卸压→快速返回。滑块工作情况如下：

　　（1）快速下行　比例方向阀 4 的电磁铁 E_2 通正电压，液压缸 10 上腔进油。同时电磁铁 4YA 通电吸合，电磁换向阀 9 右位接入系统，插装阀 8 开启。液压缸下腔经比例方向阀 4 与油箱相通，滑块依靠自重快速下移。CNC（数控系统）12 通过调节两个比例方向阀的开度，控制两个液压缸下腔的回油量，使两个活塞快速同步下行，动态同步位置控制精度为 $\pm 0.2\text{mm}$。此时，若液压缸上腔供油不足，可通过液动换向阀 5 从油箱补油。

　　（2）慢下加压　电磁铁 4YA 仍通电吸合，插装阀 8 继续开启。液压缸下腔油液通过比例阀回油箱。同时，电磁铁 3YA 通电吸合，电磁换向阀 3 右位接入系统，液动换向阀 5 使液压缸上腔不再与油箱相通。高压油经比例方向阀 4 到液压缸上腔，CNC 通过调节两个比例方向阀的开度，控制两个液压缸上腔的进油量，使两个活塞慢速同步下行并加压，动态同步位置控制精度为 $\pm 0.2\text{mm}$。

　　（3）定位、保压　系统工作状态与慢下加压时相同。比例方向阀处于零位附近。此时双缸活塞的定位精度为 $\pm 0.01\text{mm}$，稳态位置同步控制精度为 $\pm 0.02\text{mm}$。

　　（4）卸压　为了减小由于工件回弹和活塞换向引起的压力冲击，滑块返回前必须卸掉液压缸上腔的高压。为此，下调比例溢流阀 1 的电磁铁 E_1 的输入电压，使系统压力降低。同时通过控制输入比例电磁铁 E_3 的负电压，可以调节卸压速度。从而大大减轻或消除换向冲击。

　　（5）快速返回　提高比例电磁铁 E_1 的输入电压，使系统压力升高。此时，4YA 断电，阀 9 左位接入系统，阀 8 关闭。高压油经阀 4 和单向阀 6 进入液压缸下腔。同时，3YA 断电，阀 3 左位接入系统，控制阀 5 换位，使液压缸上腔通油箱。双缸活塞同步快速向上，动态同步位置控制精度为 $\pm 0.2\text{mm}$。

　　这台数控折弯机液压系统有以下一些特点：

　　1）液压缸上下腔面积之比一般为 10:1，故采用较小流量的泵即可满足快速返回和慢速加压的要求。

　　2）滑块快速下行和快速返回时，由于液压缸下腔面积较小，回油流量并不大，因此可选用较小规格的比例方向阀进行所需控制。

　　3）滑块慢下加压时，比例方向阀同时控制液压缸上下两腔，故可获得较高的动态同步精度和静态定位精度。

　　4）系统采用比例阀、插装阀、液动阀、单向阀等多种控制方式的元件组成液压回路，使液压系统结构简单、工作可靠、安全性好。

　　折弯机数控系统除完成两个液压缸的同步控制外，通常还要进行后挡料伺服电动机的闭环控制。同时，CNC 配有彩色显示器，具有工作图形和参数输入、折弯工艺参数计算和过程模拟、编程和参数显示等功能。

第六节　电液伺服控制系统

　　按控制原理，电液伺服控制系统可分为阀控式（见图 10-12）和泵控式（见图 10-13）两大类。阀控式利用伺服阀进行控制，本质上属节流调速控制一类；而泵控式利用变量液压泵和变量液压马达进行控制，本质上属容积调速控制一类。但是，泵控式中的液压泵或液压马达的变量机构亦是利用伺服阀来控制的。因此泵控中包含了阀控，阀控乃是伺服控制的基础。

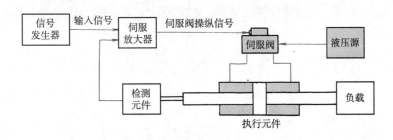

图 10-12 阀控式电液伺服控制系统

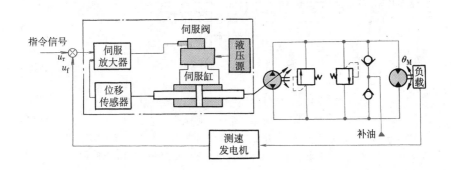

图 10-13 泵控式电液伺服控制系统

电液伺服系统可以用于位置控制、速度控制、力控制或其他物理量的控制等场合，其中以位置控制用得最多。而在电液伺服系统中，电液伺服阀是关键性元件。它既是电液转换元件，又是功率放大元件，将电气部分与液压部分连接起来，实现电—液信号的转换与放大。由于电液伺服阀比电液比例阀具有更好的性能、更高的控制精度和频率响应，因此在一切要求高精度、快速响应的装置中，电液伺服系统获得了广泛的应用。

一、带钢张力电液伺服控制系统

图 10-14 所示为带钢张力电液伺服控制系统的工作原理。图中牵引辊 2 牵引钢带移动，加载装置 6 使钢带产生一定张力。当张力由于某种原因发生波动时，通过设置在转向辊 4 轴承上的力传感器 5 检测钢带的张力，并和给定值进行比较，得到偏差值，通过伺服放大器 7 放大后，控制电液伺服阀 9，进而控制输入液压缸 1 的流量，驱动浮动辊 8 来调节张力，使之回复到其原来给定之值。

二、带钢跑偏电液伺服控制系统

带钢生产线的每条机组都长达百米以上，其机械设备和工艺设备多达几十台。供钢带传动、转向或支承用的辊子达几百根。由于机组长、辊系多、速度高，带钢的跑偏是不可避免的。带钢跑偏不仅使钢卷无法卷齐，而且会使边缘碰撞折边，拉坏设备并造成严重的断带停产事故。因此，带钢跑偏控制成了确保连续、安全、高效生产的关键技术。

231

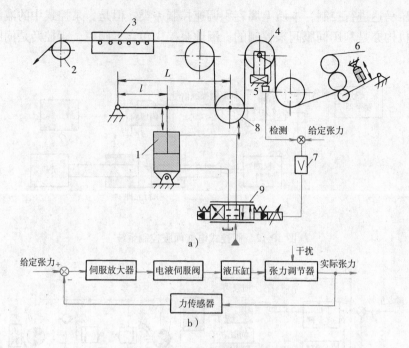

图 10-14　带钢张力电液伺服控制系统原理图

a）系统原理图　b）系统框图

1—张力调整液压缸　2—牵引辊　3—热处理炉　4—转向辊　5—力传感器

6—加载装置　7—伺服放大器　8—浮动辊　9—电液伺服阀

机组上控制跑偏的装置相当多，其中卷取机跑偏控制设备由光电检测器、伺服放大器、电液伺服阀、伺服液压缸、辅助液压缸、卷取机和液压能源装置等组成。

卷取机跑偏控制系统是边缘位置控制系统，其功能是使卷筒自动跟踪带钢边缘的跑偏，实现整卷钢卷边部的自动卷齐，卷齐精度在 $\pm 1 \sim 2\text{mm}$。光电检测器支架装在卷取机移动部件上，属于直接位置反馈（单位反馈），该跑偏控制系统工作原理框图如图 10-15 所示。图中 x_g 为带钢跑偏位移，x_p 为卷筒跟踪位移，x_e 为偏差位移。

图 10-15　跑偏控制系统工作原理框图

图 10-16 所示为带钢跑偏电液伺服控制系统原理图。如图 10-16a 所示，光电检测器由发射光源和光敏二极管接收器组成，光敏二极管作为平衡电桥的一个臂。带钢正常运行时带钢将光源的光照遮去一半，光敏管接收一半光照，其电阻为 R_1。调整电阻 R_3，使 $R_1 R_3 = R_2 R_4$，电桥平衡无输出。当带钢跑偏，带边偏离光电检测器中央时，电阻 R_1 随光照变化，使电桥失去平衡，从而产生偏差信号 u_g，此信号经伺服放大器放大后，作用在伺服阀线圈上，推动伺服阀工作，伺服阀控制液压缸纠偏，直到带边重新处于检测器中央，达到新的平衡为止。

图 10-16b 中的辅助液压缸用于驱动光电检测器。在卷完一卷剪切带钢前，检测器应自动退出，以免带钢切断时其尾部撞坏检测器；在带钢引入卷取机钳口，卷取下一卷前，检测器应能自动复位，让光敏管的中心对准带钢边缘。因此，辅助液压缸也需由伺服阀控制。检测器在自动退出或复位时，伺服液压缸应不动；带钢自动卷齐时，辅助液压缸应固定，为此，系统中采用了两套双向液压锁来锁紧液压缸，并由电磁阀加以控制。

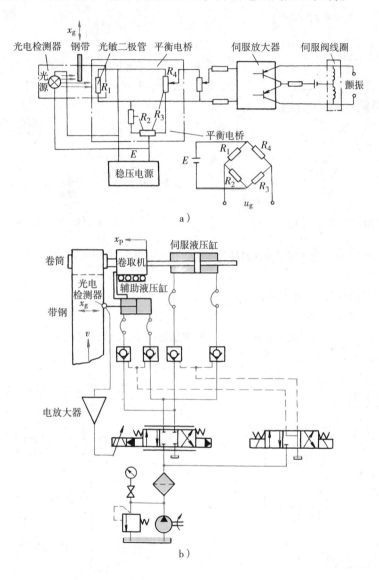

图 10-16　带钢跑偏电液伺服控制系统原理图

a) 控制电路简图　b) 系统原理图

习　题

10-1　图 10-17 所示液压系统由哪些基本回路组成？简要说明其工作原理并说明 A、B、C 三个阀的作用。

10-2 试写出图 10-18 所示液压系统的动作循环表，并评述这个液压系统的特点。

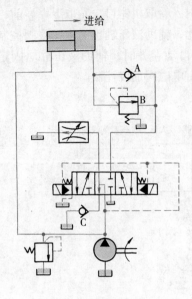

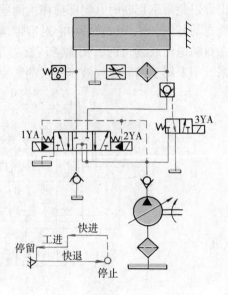

图 10-17 题 10-1 图

图 10-18 题 10-2 图

10-3 如图 10-19 所示的液压机液压系统能实现"快进→慢进→保压→快退→停止"的动作循环。试读懂此系统图，并写出：

1）包括油液流动情况的动作循环表。

2）标号元件的名称和功用。

10-4 如图 10-20 所示的双液压缸系统，如按所规定的顺序接受电气信号，试列表说明各液压阀和两液压缸的工作状态。

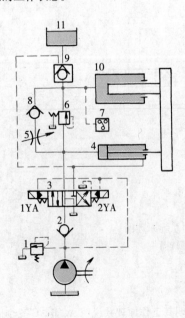

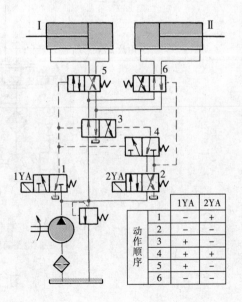

图 10-19 题 10-3 图

图 10-20 题 10-4 图

10-5 图 10-21 所示的液压系统是怎样工作的？按其动作循环表（表 10-6）中提示进行阅读，将该表填写完整，并作出系统的工作原理说明。

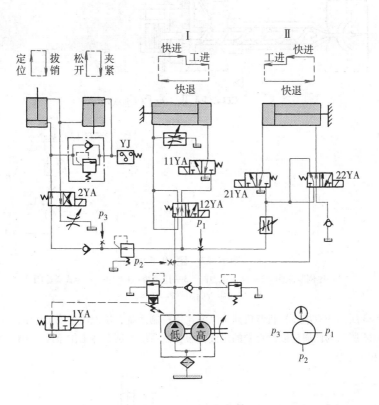

图 10-21 题 10-5 图

表 10-6 系统动作循环

动作名称	电气元件							备 注
	1YA	2YA	11YA	12YA	21YA	22YA	YJ	
定位、夹紧								
快进								1）Ⅰ、Ⅱ两个回路各自进行独立循环动作，互不约束
工进、卸荷（低）								2）12YA、22YA 中任一个通电时，1YA 便通电；12YA、22YA 均断电时，1YA 才断电
快退								
松开、拔销								
原位、卸荷（低）								

10-6 图 10-22 所示为用直动式比例压力阀的注塑机控制系统，试参照书中同类系统叙述系统的工作过程。

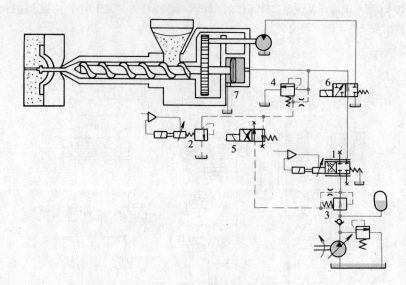

图 10-22　题 10- 6 图

1—比例节流阀　2—比例压力阀　3—比例减压阀　4—先导式溢流阀

5、6—方向阀　7—注射缸

10-7　图 10-23 所示为双液压缸折弯机同步电液比例控制系统，试说明系统工作情况。

10-8　图 10-24 所示为四通伺服阀控制的机液伺服控制系统，试阐述工作原理，画出系统的框图，并求出其输入 x 与输出 y 之比。

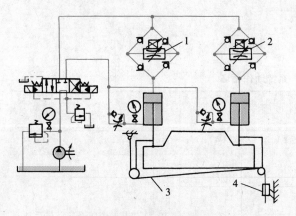

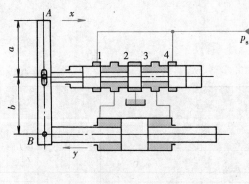

图 10-23　题 10-7 图

1、2—比例调速阀　3—钢带系统　4—位移传感器

图 10-24　题 10-8 图

第十一章

液压系统的设计和计算

第一节 概　述

　　液压系统有液压传动系统和液压控制系统之分，一般所说液压系统的设计则是泛指液压传动系统的设计。其实从结构组成或工作原理上看，这两类系统并无本质上的差别，仅仅一类以传递动力为主，追求传动特性的完善；另一类以实施控制为主，追求控制特性的完善而已。但是，随着应用要求的提高和科学技术的发展，两者的界限将越来越不明显。

　　任何液压系统的设计，除了应满足主机在动作和性能方面规定的种种要求外，还必须符合质量和体积小、成本低、效率高、结构简单、工作可靠、使用和维护方便等一些公认的普遍设计原则。

　　设计液压系统的出发点，可以是充分发挥其组成元件的工作性能，也可以是着重追求其工作状态的可靠性。前者着眼于效能，后者着眼于安全，实际的设计工作则常常是这两种观点不同程度的组合。为此，液压传动系统的设计迄今仍没有一个公认的统一步骤，往往随着系统的繁简，借鉴的多寡，设计人员经验的不同而在做法上呈现出差异来。图11-1所示为这种设计的基本内容和一般流程。这里除了最末一项外全都属于性能设计的范围。这些步骤相互关联，彼此影响，因此常需穿插进行，交叉展开。最末一项属于结构设计内容，则须仔细查阅产品样本、技术手册和资料，选定元件的结构和配置形式，才能布局绘图。本章对它不作介绍。

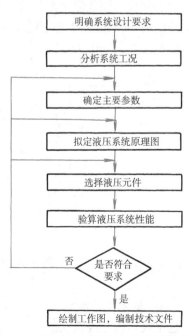

图 11-1　液压传动系统的一般设计流程

第二节　液压传动系统的设计

一、明确系统设计要求

这个步骤的具体内容是：

1) 主机的用途、主要结构、总体布局；主机对液压系统执行元件在位置布置和空间尺寸以及质量上的限制。

2) 主机的工艺流程或工作循环；液压执行元件的运动方式（移动、转动或摆动）及其工作范围。

3) 液压执行元件的负载和运动速度的大小及其变化范围。

4) 主机各液压执行元件的动作顺序或互锁要求，各动作的同步要求及同步精度。

5) 对液压系统工作性能（如工作平稳性、转换精度等）、工作效率、自动化程度等方面的要求。

6) 液压系统的工作环境和工作条件，如周围介质、环境温度、湿度、尘埃情况、外界冲击振动等。

7) 其他方面的要求，如液压装置在外观、色彩、经济性等方面的规定或限制。

二、分析系统工况，确定主要参数

（一）分析系统工况

对液压系统进行工况分析，就是要查明它的每个执行元件在各自工作过程中的运动速度和负载的变化规律，这是满足主机规定的动作要求和承载能力所必需具备的。液压系统承受的负载可由主机的规格规定，可由样机通过实验测定，也可以由理论分析确定。当用理论分析确定系统的实际负载时，必须仔细考虑它所有的组成项目，例如：工作负载（切削力、挤压力、弹性塑性变形抗力、重力等）、惯性负载和阻力负载（摩擦力、背压力）等，并把它们绘制成图，如图 11-2a 所示。同样地，液压执行元件在各动作阶段内的运动速度也须相应地绘制成图，如图 11-2b 所示。设计简单的液压系统时，这两种图可以省略不画。

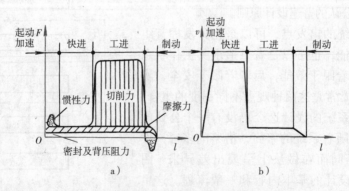

图 11-2　液压系统执行元件的负载图和速度图
a) 负载图　b) 速度图

（二）确定主要参数

这里是指确定液压执行元件的工作压力和最大流量。

液压系统采用的执行元件的形式，视主机所要实现的运动种类和性质而定，见表 11-1。

表 11-1　执行元件形式的选择

| 运动形式 | 往复直线运动 | | 旋转运动 | | 往复摆动 |
	短行程	长　行　程	高　速	低　速	
建议采用的执行元件形式	活塞缸	柱塞缸 液压马达与齿轮齿条机构 液压马达与丝杠螺母机构	高速液压马达	低速液压马达 高速液压马达与减速机构	摆动马达

执行元件的工作压力可以根据负载图中的最大负载来选取（见表 11-2），也可以根据主机的类型来选取（见表 11-3）；最大流量则由执行元件速度图中的最大速度计算出来。这两者都与执行元件的结构参数（指液压缸的有效工作面积 A 或液压马达的排量 V_M）有关。一般的做法是先选定执行元件的形式及其工作压力 p，再按最大负载和预估的执行元件机械效率求出 A 或 V_M，并通过各种必要的验算、修正和圆整后定下这些结构参数，最后再算出最大流量 q_{max} 来。

表 11-2　按负载选择执行元件工作压力（适用于中、低压液压系统）

负载 F/kN	<5	5～10	10～20	20～30	30～50	>50
工作压力 p/MPa	<0.8～1	1.5～2	2.5～3	3～4	4～5	>5～7

表 11-3　按主机类型选择执行元件工作压力

| 主机类型 | 机　床 | | | | 农业机械
小型工程机械
工程机械辅助机构 | 液压机
中、大型挖掘机
重型机械
起重运输机械 |
	磨床	组合机床	龙门刨床	拉床		
工作压力 p/MPa	≤2	3～5	≤8	8～10	10～16	20～32

有些主机（例如机床）的液压系统对执行元件的最低稳定速度有较高的要求，这时所确定的执行元件的结构参数 A 或 V_M 还必须符合下述条件

液压缸

液压马达

$$\left.\begin{array}{l} \dfrac{q_{min}}{A} \leqslant v_{min} \\[2mm] \dfrac{q_{min}}{V_M} \leqslant n_{min} \end{array}\right\} \tag{11-1}$$

式中　q_{min}——节流阀或调速阀、变量泵的最小稳定流量，由产品性能表查出。

此外，有时还需对液压缸的活塞杆进行稳定性验算（见第五章第三节），验算工作常常和这里的参数确定工作交叉进行。

以上的一些验算结果如不能满足有关的规定要求时，A 或 V_M 的量值就必须进行修改。这些执行元件的结构参数最后还必须圆整成标准值（见 GB/T 2347—2001 和 GB/T 2348—2001）。

液压系统执行元件的工况图是在执行元件结构参数确定之后，根据设计任务要求，算出不同阶段中的实际工作压力、流量和功率之后作出的（见图 11-3）。工况图显示液压系统在

实现整个工作循环时这三个参数的变化情况。当系统中包含多个执行元件时，其工况图是各个执行元件工况图的综合。

液压执行元件的工况图是选择系统中其他液压元件和液压基本回路的依据，也是拟定液压系统方案的依据，这是因为：

1）工况图中的最大压力和最大流量直接影响着液压泵和各种控制阀等液压元件的最大工作压力和最大工作流量。

2）工况图中不同阶段内压力和流量的变化情况决定着液压回路的油源形式的合理选用。

3）工况图所确定的液压系统主要参数的量值反映着原来设计参数的合理性，为主参数的修改或最后认定提供了依据。

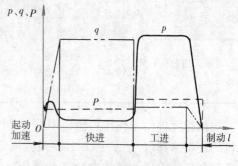

图 11-3　执行元件的工况图

三、拟定液压系统原理图

拟定液压系统原理图是从作用原理和结构组成上具体体现设计任务中提出的各项要求。它包含三项内容：确定系统类型、选择液压回路和集成液压系统。

液压系统在类型上究竟采用开式还是采用闭式，主要取决于它的调速方式和散热要求。一般说来，凡备有较大空间可以存放油箱且不另设置散热装置的系统、要求结构尽可能简单的系统，或采用节流调速或容积-节流调速的系统，都宜采用开式；凡允许采用辅助泵进行补油并通过换油来达到冷却目的的系统、对工作稳定性和效率有较高要求的系统，或采用容积调速的系统，都宜采用闭式。

选择液压回路是根据系统的设计要求和工况图从众多的成熟方案中（参见本书第八、九两章和有关的设计手册、资料等）评比挑选出来的。挑选时既要保证满足各项主机要求，也要考虑符合节省能源、减少发热、减少冲击等原则。挑选工作首先从对主机主要性能起决定性作用的调速回路开始，然后再根据需要考虑其他辅助回路：例如，对有垂直运动部件的系统要考虑平衡回路，有快速运动部件的系统要考虑缓冲和制动回路，有多个执行元件的系统要考虑顺序动作、同步或互不干扰回路，有空运转要求的系统要考虑卸荷回路等等。挑选回路出现多种可能方案时，宜平行展开，反复进行对比，不要轻易作出取舍决定。

集成液压系统是把挑选出来的各种液压回路综合在一起，进行归并整理，增添必要的元件或辅助油路，使之成为完整的系统，并在最后检查一下：这个系统能否完满地实现所要求的各项功能？要否再进行补充或修正？有无作用相同或相近的元件或油路可以合并？等等。这样才能使拟定出来的液压系统结构简单、紧凑，工作安全可靠，动作平稳、效率高，使用和维护方便。综合得好的系统方案应全由标准元件组成，至少亦应使自行设计的专用件减少到最低限度。

对可靠性要求特别高的系统，拟定液压系统原理图时，要应用可靠性设计理论，对液压系统进行可靠性设计，以确保整个系统安全可靠地运行。因为液压系统往往是主机系统可靠性的薄弱环节。

四、选择液压元件

选择液压元件时，先要分析或计算出该元件在工作中承受的最大工作压力和通过的最大

240

流量，以便确定元件的规格和型号。

（一）液压泵

液压泵的最大工作压力必须等于或超过液压执行元件最大工作压力及进油路上总压力损失这两者之和。液压执行元件的最大工作压力可以从工况图中找到；进油路上的总压力损失可以通过估算求得，也可以按经验资料估计，如表 11-4 所示。

表 11-4　进油路总压力损失经验值

系 统 结 构 情 况	总压力损失 $\Delta p_1/\mathrm{MPa}$
一般节流调速及管路简单的系统	0.2～0.5
进油路有调速阀及管路复杂的系统	0.5～1.5

液压泵的流量必须等于或超过几个同时工作的液压执行元件总流量的最大值以及回路中泄漏量这两者之和。液压执行元件总流量的最大值可以从工况图中找到（当系统中备有蓄能器时此值应为一个工作循环中液压执行元件的平均流量）；而回路中的泄漏量则可按总流量最大值的 10%～30% 估算。

在参照产品样本选取液压泵时，泵的额定压力应选得比上述最大工作压力高 25%～60%，以便留有压力储备；额定流量则只需选得能满足上述最大流量需要即可。

液压泵在额定压力和额定流量下工作时，其驱动电动机的功率一般可以直接从产品样本上查到。但是，电动机功率根据具体工况进行计算比较合理，也节能，有关的算式见第四章第一节。

（二）阀类元件

阀类元件的规格按其最大工作压力和通过该阀的实际流量从产品样本上选定。选择节流阀和调速阀时还要考虑它的最小稳定流量是否符合设计要求。压力阀和流量阀都须选得使其实际通过流量最多不超过其公称流量的 110%，以免引起发热、噪声和过大的压力损失，并应注意到换向阀允许通过的流量要受到其功率特性的限制。对于可靠性要求特别高的系统来说，阀类元件的额定压力应高出其工作压力较多。

（三）油管

油管规格的确定见第七章第五节。许多油管的规格是由它所连接的液压件的通径决定的。

（四）油箱

油箱容量的估算见第七章第三节。

五、验算液压系统性能

验算液压系统性能的目的在于判断设计质量，或从几种方案中评选最佳设计方案。液压系统的性能验算是一个复杂的问题，目前只有采用一些简化公式进行近似估算，以便定性地说明情况。当设计中能找到经过实践检验的同类型系统作为对比参考，或可靠的实验结果可供使用时，系统的性能验算就可以省略。

液压系统性能验算的项目很多，常见的有回路压力损失验算和发热温升验算。

（一）回路压力损失验算

压力损失包括管道内的沿程损失和局部损失以及阀类元件处的局部损失三项。管道内的这两种损失可用第三章中的有关公式估算；阀类元件处的局部损失则需从产品样本中查出。

计算液压系统的回路压力损失时，不同的工作阶段要分开来计算。回油路上的压力损失一般都须折算到进油路上去。根据回路压力损失估算出来的压力阀调整压力和回路效率，对不同方案的对比来说都具有参考价值，但在进行这些估算时，回路中的油管布置情况必须先行明确。

（二）发热温升验算

这项验算是用热平衡原理来对油液的温升值进行估计。单位时间内进入液压系统的热量 H_i（单位为 kW）是液压泵输入功率 P_i 和液压执行元件有效功率 P_0 之差，假如这些热量全部由油箱散发出去，不考虑系统其他部分的散热效能，则油液温升的估算公式可以根据不同的条件分别从有关的手册中找出来。例如，当油箱三个边的尺寸比例在 1:1:1 到 1:2:3 之间、油面高度是油箱高度的 80%、且油箱通风情况良好时，油液温升 ΔT（单位为℃）的计算式可以用单位时间内输入热量 H_i 和油箱有效容积 V（单位为 L）近似地表示成

$$\Delta T = \frac{H_i}{\sqrt[3]{V^2}} \times 10^3 \tag{11-2}$$

当验算出来的油液温升值超过允许数值时，系统中必须考虑设置适当的冷却器。油箱中油液允许的温升值随主机的不同而不同：一般机床为 25～30℃，工程机械为 35～40℃，等等。

（三）冲击消振验算

冲击消振验算参看第五章第三节。

（四）动态性能验算

动态性能验算参看第十二章。

第三节　液压系统设计计算举例

本节以一台卧式单面多轴钻孔组合机床为例，要求设计出驱动它的动力滑台的液压系统，以实现"快进→工进→快退→停止"的工作循环。已知：机床上有主轴 16 个，加工 $\phi13.9$mm 的孔 14 个，$\phi8.5$mm 的孔 2 个；刀具材料为高速钢，工件材料为铸铁，硬度为 240HBW；机床工作部件总质量为 $m = 1000$kg；快进、快退速度为 $v_1 = v_3 = 5.6$m/min，快进行程长度为 $l_1 = 100$mm，工进行程长度为 $l_2 = 50$mm，往复运动的加速、减速时间不希望超过 0.16s；动力滑台采用平导轨，其静摩擦因数为 $f_s = 0.2$，动摩擦因数为 $f_d = 0.1$；液压系统中的执行元件使用液压缸。

液压系统的设计过程如下：

一、负载分析

工作负载　高速钢钻头钻铸铁孔时的轴向切削力 F_t（单位为 N）与钻头直径 D（单位为 mm）、每转进给量 s（单位为 mm/r）和铸件硬度 HBW 之间的经验算式为

$$F_t = 25.5Ds^{0.8}(\text{HBW})^{0.6} \tag{11-3}$$

钻孔时的主轴转速 n 和每转进给量 s 按《组合机床设计手册》选取

对 $\phi13.9$mm 的孔，$n_1 = 360$r/min，$s_1 = 0.147$mm/r

对 $\phi8.5$mm 的孔，$n_2 = 550$r/min，$s_2 = 0.096$mm/r

代入式（11-3）求得

$$F_t = (14 \times 25.5 \times 13.9 \times 0.147^{0.8} \times 240^{0.6} + 2 \times 25.5 \times 8.5 \times 0.096^{0.8} \times 240^{0.6}) N$$

$$= 30468 N$$

惯性负载 $\qquad F_m = m \dfrac{\Delta v}{\Delta t} = 1000 \times \dfrac{5.6}{60 \times 0.16} N = 583 N$

阻力负载 $\qquad$ 静摩擦阻力 $F_{fs} = 0.2 \times 9810 N = 1962 N$

$\qquad\qquad\qquad$ 动摩擦阻力 $F_{fd} = 0.1 \times 9810 N = 981 N$

由此得出液压缸在各工作阶段的负载如表 11-5 所示。

表 11-5　液压缸在各工作阶段的负载值　　　　　（单位：N）

工　况	负　载　组　成	负载值 F	推力 F/η_m
起动	$F = F_{fs}$	1962	2180
加速	$F = F_{fd} + F_m$	1564	1738
快进	$F = F_{fd}$	981	1090
工进	$F = F_{fd} + F_t$	31449	34943
快退	$F = F_{fd}$	981	1090

注：1. 液压缸的机械效率取 $\eta_m = 0.9$。

$\qquad$ 2. 不考虑动力滑台上颠覆力矩的作用。

二、负载图和速度图的绘制

负载图按上面数值绘制，如图 11-4a 所示。速度图按已知数值 $v_1 = v_3 = 5.6 \, m/min$、$l_1 = 100mm$、$l_2 = 50mm$、快退行程 $l_3 = l_1 + l_2 = 150mm$ 和工进速度 v_2 等绘制，如图 11-4b 所示，其中 v_2 由主轴转速及每转进给量求出，即 $v_2 = n_1 s_1 = n_2 s_2 \approx 53mm/min$。

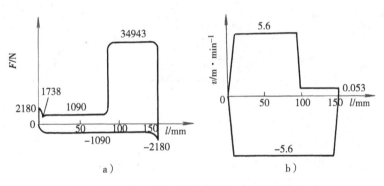

图 11-4　组合机床液压缸的负载图和速度图
a）负载图　b）速度图

三、液压缸主要参数的确定

由表 11-2 和表 11-3 可知，组合机床液压系统在最大负载约为 35000N 时宜取 $p_1 = 4MPa$。

鉴于动力滑台要求快进、快退速度相等，这里的液压缸可选用单杆式的，并在快进时作差动连接。由第五章得知，这种情况下液压缸无杆腔工作面积 A_1 应为有杆腔工作面积 A_2 的两倍，即活塞杆直径 d 与缸筒直径 D 呈 $d = 0.707D$ 的关系。

在钻孔加工时，液压缸回油路上必须具有背压 p_2，以防孔被钻通时滑台突然前冲。根据《现代机械设备设计手册》（详见参考文献 [4]）中推荐数值，可取 $p_2 = 0.8\text{MPa}$。快进时液压缸虽作差动连接，但由于油管中有压降 Δp 存在，有杆腔的压力必须大于无杆腔，估算时可取 $\Delta p \approx 0.5\text{MPa}$。快退时回油腔中是有背压的，这时 p_2 可按 0.6MPa 估算。

由工进时的推力式（5-3）计算液压缸面积

$$F/\eta_\text{m} = A_1 p_1 - A_2 p_2 = A_1 p_1 - (A_1/2) p_2$$

故有

$$A_1 = \left(\frac{F}{\eta_\text{m}}\right) \bigg/ \left(p_1 - \frac{p_2}{2}\right) = 34943 \times 10^{-6} \bigg/ \left(4 - \frac{0.8}{2}\right)\text{m}^2 = 0.0097\text{m}^2$$

$$D = \sqrt{(4 A_1)/\pi} = 111.2\text{mm}; \quad d = 0.707D = 78.6\text{mm}$$

当按 GB/T 2348—2001 将这些直径圆整成就近标准值时得：$D = 110\text{mm}$，$d = 80\text{mm}$。由此求得液压缸两腔的实际有效面积为：$A_1 = \pi D^2/4 = 95.03 \times 10^{-4}\text{m}^2$，$A_2 = \pi(D^2 - d^2)/4 = 44.77 \times 10^{-4}\text{m}^2$。经检验，活塞杆的强度和稳定性均符合要求。

根据上述 D 与 d 的值，可估算液压缸在各个工作阶段中的压力、流量和功率，如表 11-6 所示，并据此绘出工况图如图 11-5 所示。

表 11-6　液压缸在不同工作阶段的压力、流量和功率值

工　况		推力 F'/N	回油腔压力 p_2/MPa	进油腔压力 p_1/MPa	输入流量 $q/\text{L} \cdot \text{min}^{-1}$	输入功率 P/kW	计　算　式
快进（差动）	起动	2180	0	0.434	—	—	$p_1 = (F' + A_2 \Delta p)/(A_1 - A_2)$
	加速	1738	$p_2 = p_1 + \Delta p$	0.791	—	—	$q = (A_1 - A_2)v_1$
	恒速	1090	$(\Delta p = 0.5\text{MPa})$	0.662	28.15	0.312	$P = p_1 q$
工　进		34943	0.8	4.054	0.5	0.034	$p_1 = (F' + p_2 A_2)/A_1$ $q = A_1 v_2$ $P = p_1 q$
快退	起动	2180	0	0.487	—	—	$p_1 = (F' + p_2 A_1)/A_2$
	加速	1738	0.6	1.66	—	—	$q = A_2 v_3$
	恒速	1090		1.517	25.07	0.634	$P = p_1 q$

注：$F' = F/\eta_\text{m}$。

四、液压系统图的拟定

（一）液压回路的选择

首先要选择调速回路。由图 11-5 中的一些曲线得知，这台机床液压系统的功率小，滑台运动速度低，工作负载变化小，可采用进口节流的调速形式。为了解决进口节流调速回路在孔钻通时的滑台突然前冲现象，回油路上要设置背压阀。

由于液压系统选用了节流调速的方式，系统中油液的循环必然是开

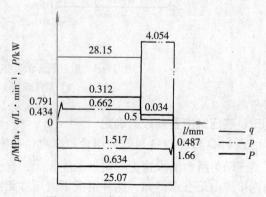

图 11-5　组合机床液压缸工况图

式的。

从工况图中可以清楚地看到，在这个液压系统的工作循环内，液压缸要求油源交替地提供低压大流量和高压小流量的油液。最大流量与最小流量之比约为56，而快进快退所需的时间 t_1 和工进所需的时间 t_2 分别为

$$t_1 = (l_1/v_1) + (l_3/v_3)$$
$$= [(60 \times 100)/(5.6 \times 1000) + (60 \times 150)/(5.6 \times 1000)]s$$
$$= 2.68s$$
$$t_2 = l_2/v_2 = (60 \times 50)/(0.053 \times 1000)s = 56.6s$$

亦即是 $t_2/t_1 \approx 21$。因此从提高系统效率、节省能量的角度上来看，采用单个定量泵作为油源显然是不合适的，而宜选用大、小两个液压泵自动并联供油的油源方案（图11-6a）。

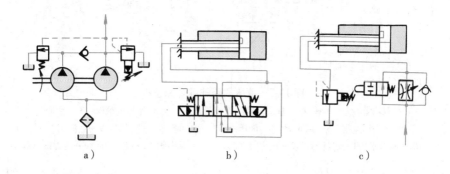

图11-6 液压回路的选择
a) 油源 b) 换向回路 c) 速度换接回路

其次是选择快速运动和换向回路。系统中采用节流调速回路后，不管采用什么油源形式都必须有单独的油路直接通向液压缸两腔，以实现快速运动。在本系统中，单杆液压缸要作差动连接，所以它的快进快退换向回路应采用图11-6b所示的形式。

再次是选择速度换接回路。由工况图（图11-5）中的 q–l 曲线得知，当滑台从快进转为工进时，输入液压缸的流量由28.15L/min降为0.5L/min，滑台的速度变化较大，宜选用行程阀来控制速度的换接，以减少液压冲击（见图11-6c）。当滑台由工进转为快退时，回路中通过的流量很大——进油路中通过25.07L/min，回油路中通过 $25.07 \times (95.03/44.77)$ L/min = 53.21L/min。为了保证换向平稳起见，可采用电液换向阀式换接回路（见图11-6b）。

由于这一回路要实现液压缸的差动连接，换向阀必须是五通的。

最后再考虑压力控制回路。系统的调压问题和卸荷问题已在油源中解决（见图11-6a），就不需再设置专用的元件或油路。

（二）液压回路的综合

把上面选出的各种回路组合画在一起，就可以得到图11-7所示的液压系统原理图（不包括点画线圆框内的元件）。将此图仔细检查一遍，可以发现，这个图所示系统在工作中还存在问题，必须进行如下的修改和整理：

245

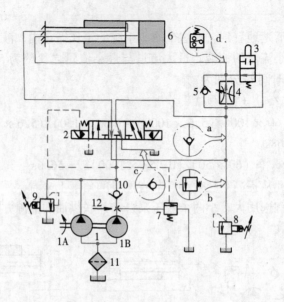

图 11-7　液压回路的综合和整理

1—双联叶片泵　1A—小流量泵　1B—大流量泵　2—三位五通电液阀　3—行程阀

4—调速阀　5—单向阀　6—液压缸　7—卸荷阀　8—背压阀　9—溢流阀

10—单向阀　11—过滤器　12—压力表开关　a、c—单向阀　b—顺序阀　d—压力继电器

1）为了解决滑台工进时图中进油路、回油路相互接通，系统无法建立压力的问题，必须在换向回路中串接一个单向阀 a，将工进时的进油路、回油路隔断。

2）为了解决滑台快进时回油路接通油箱，无法实现液压缸差动连接的问题，必须在回油路上串接一个液控顺序阀 b，以阻止油液在快进阶段返回油箱。

3）为了解决机床停止工作时系统中的油液流回油箱，导致空气进入系统，影响滑台运动平稳性的问题，必须在电液换向阀的出口处增设一个单向阀 c。

4）为了便于系统自动发出快退信号起见，在调速阀输出端须增设一个压力继电器 d。

5）如果将顺序阀 b 和背压阀的位置对调一下，就可以将顺序阀与油源处的卸荷阀合并。

经过上述修改、整理后的液压系统如图 11-8 所示，它在各方面都比较合理、完善了。

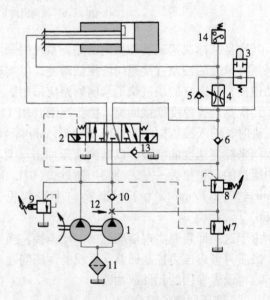

图 11-8　整理后的液压系统图

1—双联叶片泵　2—三位五通电液阀　3—行程阀

4—调速阀　5、6、10、13—单向阀　7—顺序阀

8—背压阀　9—溢流阀　11—过滤器

12—压力表开关　14—压力继电器

五、液压元件的选择

（一）液压泵

液压缸在整个工作循环中的最大工作压力为 4.054MPa，如取进油路上的压力损失为 0.8MPa（见表 11-4），压力继电器调整压力高出系统最大工作压力之值为 0.5MPa，则小流量泵的最大工作压力应为

$$p_{P1} = (4.054 + 0.8 + 0.5)MPa = 5.354MPa$$

大流量泵是在快速运动时才向液压缸输油的，由图 11-5 可知，快退时液压缸中的工作压力比快进时大，如取进油路上的压力损失为 0.5MPa，则大流量泵的最高工作压力为

$$p_{P2} = (1.517 + 0.5)MPa = 2.017MPa$$

两个液压泵应向液压缸提供的最大流量为 28.15L/min（见图 11-5），若回路中的泄漏按液压缸输入流量的 10% 估计，则两个泵的总流量应为 $q_P = 1.1 \times 28.15L/min = 30.97L/min$。

由于溢流阀的最小稳定溢流量为 3L/min，而工进时输入液压缸的流量为 0.5L/min，由小流量液压泵单独供油，所以小液压泵的流量规格最少应为 3.5L/min。

根据以上压力和流量的数值查阅产品样本，最后确定选取 PV2R12-6/26 型双联叶片泵，其小泵和大泵的排量分别为 6mL/r 和 26mL/r，若取液压泵的容积效率 $\eta_V = 0.9$，则当泵的转速 $n_P = 940r/min$ 时，液压泵的实际输出流量为

$$q_P = [(6 + 26) \times 940 \times 0.9/1000]L/min = (5.1 + 22)L/min = 27.1L/min$$

由于液压缸在快退时输入功率最大，这时液压泵工作压力为 2.017MPa、流量为 27.1L/min。取泵的总效率 $\eta_P = 0.75$，则液压泵驱动电动机所需的功率为

$$P = \frac{p_P q_P}{\eta_P} = \frac{2.017 \times 27.1}{60 \times 0.75}kW = 1.2kW$$

根据此数值按 JB/T 9616—1999，查阅电动机产品样本选取 Y100L-6 型电动机，其额定功率 $P_n = 1.5kW$，额定转速 $n_n = 940r/min$。

（二）阀类元件及辅助元件

根据阀类及辅助元件所在油路的最大工作压力和通过该元件的最大实际流量，可选出这些液压元件的型号及规格见表 11-7。表中序号与图 11-8 的元件标号相同。

表 11-7　元件的型号及规格

序号	元件名称	估计通过流量 /L·min⁻¹	额定流量 /L·min⁻¹	额定压力 /MPa	额定压降 /MPa	型号、规格
1	双联叶片泵	—	$(5.1 + 22)$[①]	16/14	—	PV2R12-6/26 $V_P = (6 + 26)$ mL/r
2	三位五通电液阀	50	80	16	<0.5	35DYF3Y-E10B
3	行程阀	60	63	16	<0.3	AXQF-E10B （单向行程调速阀）
4	调速阀	0.5	0.07~50	16	—	
5	单向阀	60	63	16	0.2	$q_{max} = 100L/min$
6	单向阀	25	63	16	<0.2	AF3-Ea10B $q_{max} = 80L/min$
7	液控顺序阀	22	63	16	<0.3	XF3-E10B

247

（续）

序号	元件名称	估计通过流量 /L·min^{-1}	额定流量 /L·min^{-1}	额定压力 /MPa	额定压降 /MPa	型号、规格
8	背压阀	0.3	63	16	—	YF3-E10B
9	溢流阀	5.1	63	16	—	YF3-E10B
10	单向阀	22	63	16	<0.2	AF3-Ea10B $q_{max}=80$L/min
11	过滤器	30	63	—	<0.02	XU-63×80-J
12	压力表开关			16		KF3-E3B 3 测点
13	单向阀	60	63	16	<0.2	AF3-Ea10B $q_{max}=80$/min
14	压力继电器			10		HED1kA/10

① 此为电动机额定转速 $n_n=940$r/min 时液压泵输出的实际流量。

（三）油管

各元件间连接管道的规格按元件接口处尺寸决定，液压缸进、出油管则按输入、排出的最大流量计算。由于液压泵具体选定之后液压缸在各个阶段的进、出流量已与原定数值不同，所以要重新计算如表 11-8 所示。表中数值说明，液压缸快进、快退速度 v_1、v_3 与设计要求相近。这表明所选液压泵的型号、规格是适宜的。

表 11-8　液压缸的进、出流量和运动速度

流量、速度	快　进	工　进	快　退
输入流量/L·min^{-1}	$q_1=(A_1 q_P)/(A_1-A_2)$ $=(95.03\times27.1)/(95.03-44.77)$ $=51.24$	$q_1=0.5$	$q_1=q_P=27.1$
排出流量/L·min^{-1}	$q_2=(A_2 q_1)/A_1$ $=(44.77\times51.24)/95.03$ $=24.14$	$q_2=(A_2 q_1)/A_1$ $=(0.5\times44.77)/95.03$ $=0.24$	$q_2=(A_1 q_1)/A_2$ $=(27.1\times95.03)/44.77$ $=57.52$
运动速度/m·min^{-1}	$v_1=q_P/(A_1-A_2)$ $=(27.1\times10)/(95.03-44.77)$ $=5.39$	$v_2=q_1/A_1$ $=(0.5\times10)/95.03$ $=0.053$	$v_3=q_1/A_2$ $=(27.1\times10)/44.77$ $=6.05$

根据表 11-8 中数值，当油液在压力管中流速取 3m/min 时，按式（7-9）算得与液压缸无杆腔和有杆腔相连的油管内径分别为

$$d=2\times\sqrt{q/(\pi v)}=2\times\sqrt{(51.24\times10^6)/(\pi\times3\times10^3\times60)}\text{mm}=19.04\text{mm}$$

$$d=2\times\sqrt{(27.1\times10^6)/(\pi\times3\times10^3\times60)}\text{mm}=13.85\text{mm}$$

这两根油管都按 GB/T 2351—2005 选用外径 $\phi18mm$、内径 $\phi15mm$ 的无缝钢管。

（四）油箱

油箱容积按式（7-8）估算，当取 ξ 为 7 时，求得其容积为

$$V = \xi q_P = 7 \times 27.1L = 189.7L$$

按 JB/T 7938—1999 规定，取标准值 $V = 250L$。

六、液压系统性能的验算

（一）验算系统压力损失并确定压力阀的调整值

由于系统的管路布置尚未具体确定，整个系统的压力损失无法全面估算，故只能先按式（3-46）估算阀类元件的压力损失，待设计好管路布局图后，加上管路的沿程损失和局部损失即可。但对于中小型液压系统，管路的压力损失甚微，可以不予考虑。压力损失的验算应按一个工作循环中不同阶段分别进行。

1. 快进

滑台快进时，液压缸差动连接，由表 11-7 和表 11-8 可知，进油路上油液通过单向阀 10 的流量是 22L/min，通过电液换向阀 2 的流量是 27.1L/min，然后与液压缸有杆腔的回油汇合，以流量 51.24L/min 通过行程阀 3 并进入无杆腔。因此进油路上的总压降为

$$\sum \Delta p_V = \left[0.2 \times \left(\frac{22}{63} \right)^2 + 0.5 \times \left(\frac{27.1}{80} \right)^2 + 0.3 \times \left(\frac{51.24}{63} \right)^2 \right] MPa$$

$$= (0.024 + 0.057 + 0.198) MPa = 0.279 MPa$$

此值不大，不会使压力阀开启，故能确保两个泵的流量全部进入液压缸。

回油路上，液压缸有杆腔中的油液通过电液换向阀 2 和单向阀 6 的流量都是 24.14L/min，然后与液压泵的供油合并，经行程阀 3 流入无杆腔。由此可算出快进时有杆腔压力 p_2 与无杆腔压力 p_1 之差。

$$\Delta p = p_2 - p_1 = \left[0.5 \times \left(\frac{24.14}{80} \right)^2 + 0.2 \times \left(\frac{24.14}{63} \right)^2 + 0.3 \times \left(\frac{51.24}{63} \right)^2 \right] MPa$$

$$= (0.046 + 0.029 + 0.198) MPa = 0.273 MPa$$

此值小于原估计值 0.5MPa（见表 11-6），所以是偏安全的。

2. 工进

工进时，油液在进油路上通过电液换向阀 2 的流量为 0.5L/min，在调速阀 4 处的压力损失为 0.5MPa；油液在回油路上通过换向阀 2 的流量是 0.24L/min，在背压阀 8 处的压力损失为 0.5MPa，通过顺序阀 7 的流量为（0.24 + 22）L/min = 22.24L/min，因此这时液压缸回油腔的压力 p_2 为

$$p_2 = \left[0.5 \times \left(\frac{0.24}{80} \right)^2 + 0.5 + 0.3 \times \left(\frac{22.24}{63} \right)^2 \right] MPa = 0.537 MPa$$

可见此值小于原估计值 0.8MPa。故可按表 11-6 中公式重新计算工进时液压缸进油腔压力 p_1，即

$$p_1 = \frac{F' + p_2 A_2}{A_1} = \frac{34943 + 0.537 \times 10^6 \times 44.77 \times 10^{-4}}{95.03 \times 10^{-4} \times 10^6} MPa = 3.93 MPa$$

此值与表 11-6 中数值 4.054MPa 相近。

考虑到压力继电器可靠动作需要压差 $\Delta p_e = 0.5MPa$，故溢流阀 9 的调压 p_{P1A} 应为

$$p_{P1A} > p_1 + \sum \Delta p_1 + \Delta p_e = \left[3.93 + 0.5 \times \left(\frac{0.5}{80} \right)^2 + 0.5 + 0.5 \right] \text{MPa} = 4.93 \text{MPa}$$

3. 快退

快退时，油液在进油路上通过单向阀 10 的流量为 22L/min，通过换向阀 2 的流量为 27.1L/min；油液在回油路上通过单向阀 5、换向阀 2 和单向阀 13 的流量都是 57.52L/min。因此进油路上总压降为

$$\sum \Delta p_{V1} = \left[0.2 \times \left(\frac{22}{63} \right)^2 + 0.5 \times \left(\frac{27.1}{80} \right)^2 \right] \text{MPa} = 0.082 \text{MPa}$$

此值较小，所以液压泵驱动电动机的功率是足够的。回油路上总压降为

$$\sum \Delta p_{V2} = \left[0.2 \times \left(\frac{57.52}{63} \right)^2 + 0.5 \times \left(\frac{57.52}{80} \right)^2 + 0.2 \times \left(\frac{57.52}{63} \right)^2 \right] \text{MPa} = 0.592 \text{MPa}$$

此值与表 11-6 中的估计值相近，故不必重算。所以，快退时液压泵的最大工作压力 p_P 应为

$$p_P = p_1 + \sum \Delta p_{V1} = (1.66 + 0.082) \text{MPa} = 1.742 \text{MPa}$$

因此大流量液压泵卸荷的顺序阀 7 的调压应大于 1.742MPa。

（二）油液温升验算

工进在整个工作循环中所占的时间比例达 95%（见前），所以系统发热和油液温升可用工进时的情况来计算。

工进时液压缸的有效功率（即系统输出功率）为

$$P_o = Fv = \frac{31449 \times 0.053}{10^3 \times 60} \text{kW} = 0.0278 \text{kW}$$

这时大流量泵通过顺序阀 7 卸荷，小流量泵在高压下供油，所以两个泵的总输入功率（即系统输入功率）为

$$P_i = \frac{p_{P1} q_{P1} + p_{P2} q_{P2}}{\eta_P}$$

$$= \frac{0.3 \times 10^6 \times \left(\frac{22}{63} \right)^2 \times \frac{22}{60} \times 10^{-3} + 4.93 \times 10^6 \times \frac{5.1}{60} \times 10^{-3}}{0.75 \times 10^3} \text{kW}$$

$$= 0.5766 \text{kW}$$

由此得液压系统的发热量为

$$H_i = P_i - P_o = (0.5766 - 0.0278) \text{kW} = 0.5488 \text{kW}$$

按式（11-2）求出油液温升近似值

$$\Delta T = (0.5488 \times 10^3) / \sqrt[3]{(250)^2} \, ℃ = 13.8 ℃$$

温升没有超出允许范围，液压系统中不需设置冷却器。

习 题

11-1 如图 11-9 所示的某立式组合机床的动力滑台采用液压传动。已知切削负载为 28000N，滑台工进速度为 50mm/min，快进、快退速度为 6m/min，滑台（包括动力头）的质量为 1500kg，滑台对导轨的法向作用力约为 1500N，往复运动的加、减速时间为 0.05s，滑台采用平面导轨，$f_s = 0.2$，$f_d = 0.1$，快速行程为 100mm，工作行程为 50mm，取液压缸机械效率 $\eta_m = 0.9$，试对液压系统进行负载分析。

提示：滑台下降时，其自重负载由系统中的平衡回路承受，不需计入负载分析中。

11-2 在图 11-10 所示的液压缸驱动装置中，已知传送距离为 3m，传送时间要求小于 15s，运动按图 11-10b 规律进行，其中加、减速时间各占总传送时间的 10%；假如移动部分的总质量为 510kg，移动件和导轨间的静、动摩擦因数各为 0.2 和 0.1，取液压缸机械效率 $\eta_m = 0.9$，试绘制此驱动装置的工况图。

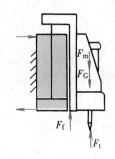

图 11-9 题 11-1 图

11-3 已知某专用卧式铣床的铣头驱动电动机功率为 7.5kW，铣刀直径为 120mm，转速为 350r/min。如工作台、工件和夹具总质量为 520kg，工作台总行程为 400mm，工进行程为 250mm，快进速度为 4.5m/min，工进速度为 60~100mm/min，往复运动的加、减速时间不希望大于 0.05s，工作台采用平导轨，$f_s = 0.2$，$f_d = 0.1$。试为该机床设计一液压系统。

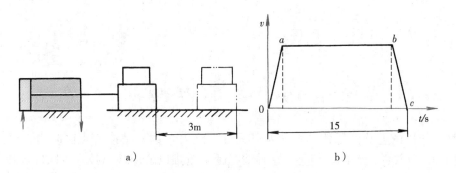

图 11-10 题 11-2 图

11-4 某立式液压机要求采用液压传动来实现表 11-9 所列的简单动作循环，如移动部件总质量为 510kg，摩擦力、惯性力均可忽略不计，试设计此液压系统。

表 11-9 液压机要实现的简单动作循环

动 作 名 称	外负载/N	速度/m·min^{-1}
快速下降	5000	6
慢速施压	50000	0.2
快速提升	10000	12
原位停止	—	—

11-5 一台卧式单面多轴钻孔组合机床，动力滑台的工作循环是：快进→工进→快退→停止。液压系统的主要性能参数要求如下：轴向切削力 $F_t = 24000N$；滑台移动部件总质量为 510kg；加、减速时间为 0.2s；采用平导轨，静摩擦因数 $f_s = 0.2$，动摩擦因数 $f_d = 0.1$；快进行程为 200mm，工进行程为 100mm；快进与快退速度相等，均为 3.5m/min，工进速度为 30~40mm/min。工作时要求运动平稳，且可随时停止运动。试设计动力滑台的液压系统。

第十二章

液压元件和系统的动态特性分析

　　各种工作机械上的液压传动系统及其元件，绝大多数都是按"克服阻力、保证速度"的静态指标来计算并设计的。但是，这种情况越来越难以适应液压技术不断向高速、高压、大功率和高精度方向发展的要求。例如机床在换向、起动等阶段以及在负载突然变化时常常会出现振荡或颤抖，机床上的工作机构不能在外来扰动的作用下保持速度恒定的运动，有时还会产生持续的振荡等。为了查明这些现象的成因，提出解决办法，有必要对工作机械中的液压元件和系统进行动态特性的研究，以便了解它的主导因素和内在的作用规律。

　　研究液压元件或系统的动态性能必须使用自动控制理论。经典控制理论对分析、综合单变量的线性定常系统已发展得比较完善，可以简洁扼要地、形象地说清楚许多问题。各种液压元件和系统都有各自的特点，在分析动态特性之前，必须建立该元件（或系统）的数学模型，然后再按自动控制理论的方法来进行分析。本章通过几个典型实例，叙述建立数学模型和进行动态特性分析的具体过程。分析工作最后都汇聚到传递函数上，因为它就是经典控制理论中的数学模型。在分析中遇到非线性问题时，均用线性化的方法处理。

第一节　限压式变量泵的动态特性

　　限压式变量叶片泵在工作压力大于其拐点压力时（图 4-15 中 $p > p_c$ 的区段），压力的任何变化都将通过定子偏心距的改变影响输出流量（见第四章第三节）。但是，由于惯性和阻尼的存在，定子不能对压力变化及时作出响应（偏心距不能立即改变），因此泵内会出现一个瞬时的压力急剧变化，要经历一段时间，工作压力才会重新稳定下来。图 12-1 所示是这种变量泵在阶跃输入下的过渡过程，就是这一情况的反映。

　　限压式变量叶片泵的动态特性可按图4-14所示的简图来进行分析。

　　变量叶片泵的连续性方程为

$$\underbrace{q_\mathrm{t}}_{\substack{\text{泵的理论}\\\text{流量}}} = \underbrace{q}_{\substack{\text{泵的实际}\\\text{流量}}} + \underbrace{k_1 p}_{\text{泵的泄漏量}} + \underbrace{\frac{V}{K}\frac{\mathrm{d}p}{\mathrm{d}t}}_{\substack{\text{油液压缩性引起}\\\text{的体积变化率}}} + \underbrace{A_x\frac{\mathrm{d}x}{\mathrm{d}t}}_{\substack{\text{流入反馈柱塞}\\\text{缸的流量}}} \tag{12-1}$$

式中　k_1——泵的泄漏系数；

　　　V——泵的压油腔容积；

　　　K——油液的体积模量；

　　　A_x——柱塞面积。

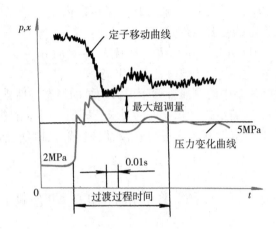

图 12-1　限压式变量叶片泵在阶跃输入下的过渡过程

由图 4-14 得知，泵的理论流量为

$$q_\mathrm{t} = k_q e = k_q(e_{\max} - x) \tag{12-2}$$

式中　k_q——泵的流量常数；

　　　$e_{\max}$——预调的最大偏心距；

　　　x——定子自其预调后位置起算的左移距离。

式（12-1）和式（12-2）取增量并经拉氏变换后整理得

$$q(s) = -(k_q + A_x s)x(s) - \left(k_1 + \frac{V}{K}s\right)p(s) \tag{12-3}$$

当不计滑块在支承处的摩擦力时，定子的受力方程为

$$\underbrace{pA_x}_{\substack{\text{反馈柱塞上的推力}}} = \underbrace{F_\mathrm{s}}_{\text{弹簧预紧力}} + \underbrace{k_\mathrm{s}x}_{\text{弹性力}} + \underbrace{B\frac{\mathrm{d}x}{\mathrm{d}t}}_{\text{阻尼力}} + \underbrace{m\frac{\mathrm{d}^2 x}{\mathrm{d}t^2}}_{\text{惯性力}} \tag{12-4}$$

式中　k_s——弹簧刚度；

　　　B——泵的粘性阻尼系数；

　　　m——移动部分（包括定子、反馈柱塞等）的质量。

式（12-4）取增量并经拉氏变换后得

$$(ms^2 + Bs + k_\mathrm{s})x(s) = A_x p(s) \tag{12-5}$$

由式（12-3）和式（12-5）可画出泵的框图（见图 12-2），并写出泵的传递函数如下

$$\varPhi(s) = \frac{p(s)}{q(s)} = \frac{-(ms^2 + Bs + k_\mathrm{s})K}{A_x K(k_q + A_x s) + (ms^2 + Bs + k_\mathrm{s})(Vs + k_1 K)} \tag{12-6}$$

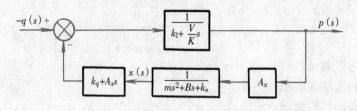

图 12-2 限压式变量叶片泵的框图

式（12-6）表明，限压式变量叶片泵在其变量区段内是一个三阶系统。由霍尔维茨判据可知，这时使泵工作稳定的必要条件是

$$k_s > \frac{mVk_qKA_x - B^2Vk_1K - mBk_1^2K^2 - A_x^2K(BV + mk_1K)}{BV^2} \tag{12-7}$$

上式表明，限压式变量叶片泵中的调压弹簧不但影响泵的静态特性，还影响其动态特性。为此，设计中必须使这个 k_s 值满足式（12-7）的要求，k_s 值大时泵的稳定性好。从式（12-7）看，粘性阻尼系数 B 大则稳定性好，一般可在反馈柱塞缸入口处设置阻尼小孔，以提高 B 值。

第二节 带管道的液压缸的动态特性

液压缸在输入流量不变、负载发生变化，或负载不变、输入流量发生变化时，活塞或缸筒的运动就会出现加速或减速的瞬态过程。液压缸的动态特性就是对瞬态过程中这些变化关系的说明。

液压缸上总是连着油管的，为此在分析液压缸动态特性时，要使用如图 12-3 所示的简图。为了简化分析，假定液压缸回油腔直通油箱，而且进油管较短，只需考虑其容积的影响。

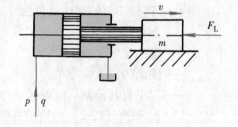

图 12-3 带管道的液压缸

活塞上的受力方程为

$$\underbrace{Ap}_{\text{缸推力}} = \underbrace{m\frac{\mathrm{d}v}{\mathrm{d}t}}_{\text{惯性力}} + \underbrace{Bv}_{\text{阻尼力}} + \underbrace{F_L}_{\text{负载力}} \tag{12-8}$$

式中　A——活塞有效工作面积；

p——液压缸工作腔压力；

m——液压缸所驱动的工作部件质量（包括活塞、活塞杆等移动件质量在内）；

v——活塞移动速度；

B——粘性阻尼系数；

F_L——外负载力。

液压缸工作腔的流量连续方程为

$$\underbrace{q}_{\substack{输入流量}} = \underbrace{Av}_{\substack{活塞移动\\所需流量}} + \underbrace{k_1 p}_{\substack{泄漏量}} + \underbrace{\frac{V}{K}\frac{\mathrm{d}p}{\mathrm{d}t}}_{\substack{因油液压缩引起\\的体积变化率}} \tag{12-9}$$

式中　k_1——液压缸工作腔的泄漏系数；

　　　V——液压缸工作腔和进油管内的油液体积；

　　　K——油液的体积模量。

　　上两式取增量，经拉氏变换后整理得

$$Ap(s) = (ms + B)v(s) + F_{\mathrm{L}}(s) \tag{12-10}$$

$$q(s) = Av(s) + \left(k_1 + \frac{V}{K}s\right)p(s) \tag{12-11}$$

　　由式（12-10）和式（12-11）可作出带管道的液压缸的框图（见图12-4），并综合成下式

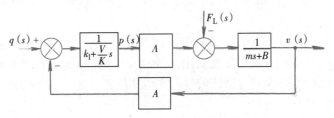

图 12-4　带管道的液压缸的框图

$$v(s) = \frac{Aq(s) - \left(k_1 + \dfrac{V}{K}s\right)F_{\mathrm{L}}(s)}{\dfrac{V}{K}ms^2 + \left(k_1 m + \dfrac{V}{K}B\right)s + (A^2 + k_1 B)}$$

$$= \frac{1}{A^2 + k_1 B}\frac{Aq(s) - \left(k_1 + \dfrac{V}{K}s\right)F_{\mathrm{L}}(s)}{\dfrac{s^2}{\omega_{\mathrm{n}}^2} + \dfrac{2\zeta_{\mathrm{n}}}{\omega_{\mathrm{n}}}s + 1} \tag{12-12}$$

外负载 F_{L} 恒定（即 $F_{\mathrm{L}}(s) = 0$）时的液压缸传递函数为

$$\Phi_1(s) = \frac{v_1(s)}{q(s)} = \left(\frac{A}{A^2 + k_1 B}\right)\frac{1}{\left(\dfrac{s}{\omega_{\mathrm{n}}}\right)^2 + 2\dfrac{\zeta_{\mathrm{n}}}{\omega_{\mathrm{n}}}s + 1} \tag{12-13}$$

输入流量 q 恒定（即 $q(s) = 0$）时的液压缸传递函数为

$$\Phi_2(s) = \frac{v_2(s)}{F_{\mathrm{L}}(s)} = \left(\frac{-1}{A^2 + k_1 B}\right)\frac{k_1 + \dfrac{V}{K}s}{\left(\dfrac{s}{\omega_{\mathrm{n}}}\right)^2 + 2\dfrac{\zeta_{\mathrm{n}}}{\omega_{\mathrm{n}}}s + 1} \tag{12-14}$$

以上三式中的 ω_{n} 和 ζ_{n} 分别代表带管道的液压缸的固有角频率和阻尼比，其表达式为

255

$$\left.\begin{array}{l}\omega_{n} = \sqrt{\dfrac{(A^2 + k_1 B) K}{V m}}\\[4mm]\zeta_{n} = \dfrac{\omega_{n}}{2K}\dfrac{Kk_1 m + VB}{A^2 + k_1 B}\end{array}\right\} \qquad (12\text{-}15)$$

由以上的一些图和公式可以看到：

1）带管道的液压缸可以简化成一个二阶系统，它的特征方程式中的系数都是正值，因此一般说来它是能够稳定工作的。

2）液压缸进油腔和进油管中的泄漏通常是很小的，即 $k_1 B/A^2 \ll 1$，所以式（12-15）中的 ω_{n} 可以近似地用 $\sqrt{A^2 K/(Vm)}$ 来表示。这就是说，油液的体积模量 K 越小（油中混入空气越多），活塞有效工作面积 A 越小，液压缸移动时推动的质量越大，进油管越长（亦即是 V 越大），液压缸的固有角频率 ω_{n} 就越低。另一方面，活塞移动过程中 V 值亦在不断地变化，因此 ω_{n} 不是一个定值，而是一段频率范围，液压缸的频率特性曲线也是随着活塞的移动而变化的。

现从两个方面来讨论液压缸的瞬态响应特性：①负载恒定，输入流量变化时（例如液压缸由静止状态起动，或输入流量突然变化），液压缸的运动速度会产生波动；②输入流量恒定，外负载突然增加或减少时也会使液压缸产生速度不稳定。这两方面的理论分析分别利用式（12-13）和式（12-14）。

由式（12-13），在外负载不变的情况下，如果对液压缸输入一阶跃流量 $q(t) = q_0(t)$，即 $q(s) = \dfrac{q_0}{s}$，其中 q_0 为常量，则得

$$v_1(s) = \Phi_1(s) q(s) = \Phi_1(s)\dfrac{q_0}{s}$$

也即

$$v_1(s) = \dfrac{Aq_0}{A^2 + k_1 B}\dfrac{\omega_{n}^2}{s(s^2 + 2\zeta_{n}\omega_{n} + \omega_{n}^2)} \qquad (12\text{-}16)$$

上式经拉氏反变换，得瞬态响应表达式

$$v_1(t) = \dfrac{Aq_0}{A^2 + k_1 B}\left\{1 - \dfrac{1}{\sqrt{1 - \zeta_{n}^2}}\mathrm{e}^{-\zeta_{n}\omega_{n} t}\sin\left[\omega_{n}\sqrt{1 - \zeta_{n}^2}\, t + \arctan\dfrac{\sqrt{1 - \zeta_{n}^2}}{\zeta_{n}}\right]\right\} \qquad (12\text{-}17)$$

其特性如图 12-5a 所示。从图中可看出，速度 v_1 围绕稳态值 v_{10} 上下波动，并逐渐衰减趋向于稳态值。阻尼比 ζ_{n} 越大，则波动越小。由式（12-17），$t = 0$ 时，$v_1 = 0$；$t = \infty$，$v_1 = v_{10} = \dfrac{Aq_0}{A^2 + k_1 B}$。

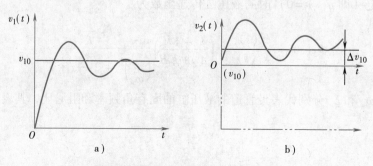

图 12-5　带管道的液压缸的过渡过程

由式（12-14），当输入流量恒定时，如果作用在活塞杆上的外负载突然减少了 F_{L0}，即 $F_L(t) = -F_{L0}(t)$，$F_L(s) = -\dfrac{F_{L0}}{s}$，其中 F_{L0} 为常量，则

$$v_2(s) = \Phi_2(s)F_L(s) = -\Phi_2(s)\frac{F_{L0}}{s}$$

也即

$$v_2(s) = \frac{F_{L0}k_1}{A^2 + k_1 B}\frac{\omega_n^2}{s(s^2 + 2\zeta_n\omega_n + \omega_n^2)} + \frac{F_{L0}}{A^2 + k_1 B}\frac{V}{K}\frac{\omega_n^2}{s^2 + 2\zeta_n\omega_n + \omega_n^2} \tag{12-18}$$

上式经拉氏反变换，得

$$v_2(t) = \frac{F_{L0}k_1}{A^2 + k_1 B}\left\{1 - \frac{1}{\sqrt{1-\zeta_n^2}}e^{-\zeta_n\omega_n t}\sin\left[\omega_n\sqrt{1-\zeta_n^2}\,t + \arctan\frac{\sqrt{1-\zeta_n^2}}{\zeta_n}\right]\right\} +$$

$$\frac{F_{L0}}{A^2 + k_1 B}\frac{V}{K}\frac{\omega_n}{\sqrt{1-\zeta_n^2}}e^{-\zeta_n\omega_n t}\sin\omega_n\sqrt{1-\zeta_n^2}\,t \tag{12-19}$$

其特性如图 12-5b 所示。当负载突然减小时，液压缸的速度突然增加，产生所谓前冲现象。以后又产生速度波动，逐步衰减趋近新的稳态值。由于负载减小，系统泄漏减小，速度增大了 Δv_{10}。由式（2-19），$t=0$ 时，$v_2 = 0$；$t = \infty$，$v_2 = \Delta v_{10} = \dfrac{F_{L0}k_1}{A^2 + k_1 B}$。

如果液压缸的泄漏可以忽略不计，则 $k_1 = 0$，式（12-19）可简化为

$$v_2'(t) = \frac{F_{L0}V}{A^2 K}\frac{\omega_n}{\sqrt{1-\zeta_n^2}}e^{-\zeta_n\omega_n t}\sin\omega_n\sqrt{1-\zeta_n^2}\,t \tag{12-20}$$

上式中，$t = \infty$ 时，$v_2'(\infty) = 0$，也就是速度经波动后仍回复到原来的稳态值 v_{10}。

第三节　"液压泵-蓄能器"组合的动态特性

当蓄能器通过一段管道连接在液压泵输出管道的支路上时，它能减弱（吸收）液压泵出口处的压力脉动，脉动被减弱的程度视蓄能器容量的大小而定。下面讨论图 12-6 所示 "液压泵-蓄能器"组合的动态作用情况。为了简化分析，假定所有的连接管道都较短，可以用集中参数法进行处理，且液压泵输出管道的液阻可以用 R 来概括。

液压泵输出管道分支点处的流量连续方程如下

$$\underbrace{q_P}_{\substack{\text{液压泵}\\\text{输出流量}}} = \underbrace{q_A}_{\substack{\text{进入蓄能器}\\\text{的瞬时流量}}} + \underbrace{q_T}_{\substack{\text{通过输出}\\\text{管的流量}}} \tag{12-21}$$

上式取增量、进行拉氏变换后可写成

$$q_P(s) = q_A(s) + q_T(s) \tag{12-22}$$

对液压泵的输出管道来说，按图示情况有

$$p_P = Rq_T \tag{12-23}$$

式中　p_P——液压泵的输出压力，亦即是管道分支点处的压力；

　　　R——液阻。

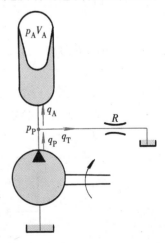

图 12-6　"液压泵-蓄能器"组合

由此得

$$p_{\mathrm{P}}(s) = Rq_{\mathrm{T}}(s) \tag{12-24}$$

对蓄能器的连接短管来说，受力平衡方程为

$$\underbrace{(p_{\mathrm{P}} - p_{\mathrm{A}})A}_{\text{液压力}} = \underbrace{\rho l \frac{\mathrm{d}q_{\mathrm{A}}}{\mathrm{d}t}}_{\text{油柱惯性力}} + \underbrace{R_{\mathrm{A}}q_{\mathrm{A}}A}_{\text{摩擦阻力}} \tag{12-25}$$

蓄能器入口处的流量连续方程为

$$\underbrace{q_{\mathrm{A}}}_{\text{输入流量}} = \underbrace{\kappa_{\mathrm{A}} V_{\mathrm{A}} \frac{\mathrm{d}p_{\mathrm{A}}}{\mathrm{d}t}}_{\text{气囊收缩所引起的容积变化率}} \tag{12-26}$$

上两式中　　p_{A}——蓄能器内的气体压力；

　　　　　　ρ——油液密度；

　　　　　　l——短管长度；

　　　　　　A——短管截面积；

　　　　　　R_{A}——短管液阻；

　　　　　　κ_{A}——气体的压缩系数，当蓄能器内气体的稳定压力为 p_{A0}，气体状态方程中的多变指数为 n 时，$\kappa_{\mathrm{A}} = 1/(np_{\mathrm{A0}})$；

　　　　　　V_{A}——蓄能器内气体体积。

将上两式取增量、进行拉氏变换，代入整理并用蓄能器的固有角频率 ω_{A} 和阻尼比 ζ_{A} 来表达时，可得

$$p_{\mathrm{P}}(s) = p_{\mathrm{A}}(s)\left[\left(\frac{s}{\omega_{\mathrm{A}}}\right)^2 + 2\zeta_{\mathrm{A}}\left(\frac{s}{\omega_{\mathrm{A}}}\right) + 1\right] \tag{12-27}$$

$$\left.\begin{array}{l} \omega_{\mathrm{A}} = \sqrt{\dfrac{A}{\rho l \kappa_{\mathrm{A}} V_{\mathrm{A}}}} \\[4mm] \zeta_{\mathrm{A}} = \dfrac{R_{\mathrm{A}}}{2}\sqrt{\dfrac{\kappa_{\mathrm{A}} V_{\mathrm{A}} A}{\rho l}} \end{array}\right\} \tag{12-28}$$

由式（12-26），得

$$q_{\mathrm{A}}(s) = \kappa_{\mathrm{A}} V_{\mathrm{A}} s p_{\mathrm{A}}(s) = \frac{s}{R\omega_{\mathrm{c}}} p_{\mathrm{A}}(s) \tag{12-29}$$

式中　ω_{c}——转折角频率，$\omega_{\mathrm{c}} = 1/(R\kappa_{\mathrm{A}} V_{\mathrm{A}}) = q_{\mathrm{P0}}/(p_{\mathrm{P0}}\kappa_{\mathrm{A}} V_{\mathrm{A}})$，在这里 q_{P0} 和 p_{P0} 为 q_{P} 和 p_{P} 的稳态值。

由式（12-22）、式（12-24）、式（12-27）和式（12-29）可作出"液压泵-蓄能器"组合的框图（图12-7），并得出如下的传递函数式

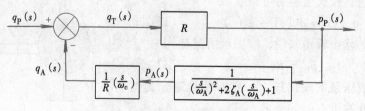

图12-7　"液压泵-蓄能器"组合的框图

$$\Phi(s) = \frac{p_P(s)}{q_P(s)} = R\left[\frac{\left(\dfrac{s}{\omega_A}\right)^2 + 2\zeta_A\left(\dfrac{s}{\omega_A}\right) + 1}{\left(\dfrac{s}{\omega_A}\right)^2 + \left(\dfrac{2\zeta_A}{\omega_A} + \dfrac{1}{\omega_c}\right)s + 1}\right] \tag{12-30}$$

于是求得这种组合的频率特性的模为

$$|\Phi(j\omega)| = \left|\frac{p_P(j\omega)}{q_P(j\omega)}\right| = R\sqrt{\frac{\left(1 - \dfrac{\omega^2}{\omega_A^2}\right)^2 + \left(\dfrac{2\zeta_A\omega}{\omega_A}\right)^2}{\left(1 - \dfrac{\omega^2}{\omega_A^2}\right)^2 + \left(\dfrac{2\zeta_A\omega}{\omega_A} + \dfrac{\omega}{\omega_c}\right)^2}} \tag{12-31}$$

此值就是液压泵输出管道分支点处压力脉动与流量脉动之比。它与 ω 的关系如图 12-8 所示。

由图可见，当 $\omega < \omega_c$ 时，蓄能器对吸收脉动几乎没有什么作用，这时的 $|\Phi(j\omega)| \approx R$；当 $\omega = \omega_A$ 时，$|\Phi(j\omega)|$ 有最小值

$$|\Phi(j\omega)|_{\min} = \frac{2\zeta_A R}{2\zeta_A + \dfrac{\omega_A}{\omega_c}} \approx \frac{2\zeta_A R\omega_c}{\omega_A} \tag{12-32}$$

将式（12-28）、式（12-29）代入式（12-32），得

$$|\Phi(j\omega)|_{\min} \approx \frac{2\zeta_A R\omega_c}{\omega_A} = R_A \tag{12-33}$$

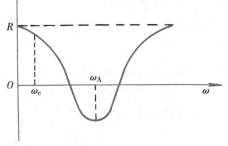

图 12-8 蓄能器吸收脉动时的特性曲线

这时，蓄能器使液压泵流量脉动在管道分支点处所引起的压力脉动达到最小。短管的液阻 R_A 越小，压力脉动的振幅也越小，蓄能器吸收脉动的效果也越好。

由此可见，在液压泵压力脉动的角频率 ω_P 已知的情况下，正确选择蓄能器的容量 V_A、连接短管的结构尺寸 l 和 A，并使按式（12-28）算出的固有角频率 ω_A 等于 ω_P，就能使蓄能器具有最佳的脉动吸收效果。

第四节　带管道的溢流阀的动态特性

在由定量泵供油的液压系统中，对系统压力起调节作用的溢流阀总是装在压力管道的分支路上的，为此在分析溢流阀的动态特性时，采用了如图 12-9 所示的简图，把压力管道包括进去。图 12-9 所示的为一直动式溢流阀，图中 R 为阀内的阻尼孔。分析中假定溢流阀弹簧腔内和回油口的压力都为零。

当不计阀心自重时，阀心的受力平衡方程为

$$p_a A = m\frac{\mathrm{d}^2 x_R}{\mathrm{d}t^2} + B\frac{\mathrm{d}x_R}{\mathrm{d}t} + k_s(x_R + x_c) \tag{12-34}$$

式中　p_a——压力腔 a 中的压力；

　　　k_s——包括稳态液动力和弹簧在内的等效弹簧刚度；

　　　x_R——阀口开度；

x_c——阀口关闭，即 $x_R = 0$ 时弹簧的预压缩量；

m——包括阀心、弹簧和液柱等在内的等效质量；

B——包括瞬态液动力在内的等效阻尼系数。

对式（12-34）取增量并进行拉氏变换，得

$$Ap_a(s) = (ms^2 + Bs + k_s)x_R(s) \quad (12\text{-}35)$$

流经阀口的流量 q_1 为

$$q_1 = C_d w x_R \sqrt{\frac{2}{\rho}p_1} \quad (12\text{-}36)$$

式中　C_d——阀口的流量系数；

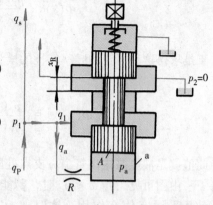

图 12-9　带管道的直动式溢流阀

w——阀口的面积梯度；

p_1——系统压力；

ρ——油液密度。

对式（12-36）进行线性化，并取拉氏变换，得

$$q_1(s) = K_{qV}x_R(s) + K_{CV}p_1(s) \quad (12\text{-}37)$$

式中　K_{qV}——阀的流量增益，$K_{qV} = C_d w \sqrt{2p_{10}/\rho}$，其中 p_{10} 为 p_1 的稳态值；

K_{CV}——阀的流量-压力系数，$K_{CV} = C_d w x_{R0}/\sqrt{2\rho p_{10}}$，其中 x_{R0} 为 x_R 的稳态值。

通过阻尼孔的流量 q_a 为

$$q_a = \frac{p_1 - p_a}{R} = A\frac{dx_R}{dt} \quad (12\text{-}38)$$

式中　R——阻尼孔液阻；

A——阀心面积。

对式（12-38）取增量并进行拉氏变换，得

$$q_a(s) = \frac{1}{R}[p_1(s) - p_a(s)] = Asx_R(s) \quad (12\text{-}39)$$

阀-管道的流量连续方程为

$$\underbrace{q_P}_{\substack{\text{上游来}\\\text{的流量}}} - \underbrace{q_s}_{\substack{\text{去下游}\\\text{的流量}}} - \underbrace{k_1 p_1}_{\text{泄漏量}} - \underbrace{q_a}_{\substack{\text{通过阻尼}\\\text{孔的流量}}} - \underbrace{\frac{V}{K}\frac{dp_1}{dt}}_{\substack{\text{油液压缩性引起}\\\text{的体积变化率}}} = \underbrace{q_1}_{\substack{\text{流入溢流}\\\text{阀的流量}}} \quad (12\text{-}40)$$

式中　k_1——泄漏系数；

V——下游元件和管道内的油液体积；

K——油液体积模量。

将式（12-40）取增量并进行拉氏变换，再把式（12-37）和式（12-39）代入，得

$$-q_s(s) - k_1 p_1(s) - \frac{1}{R}[p_1(s) - p_a(s)] - \frac{V}{K}sp_1(s) = K_{qV}x_R(s) - K_{CV}p_1(s) \quad (12\text{-}41)$$

将式（12-39）代入式（12-35），消去 p_a (s)，得

$$Ap_1(s) = [ms^2 + (B + A^2 R)s + k_s]x_R(s) \quad (12\text{-}42)$$

由式（12-42），可以看出，由于阻尼孔的作用，在阻尼项中，阻尼系数增加了 $A^2 R$，因而也就增加了系统的阻尼比。溢流阀中的阻尼孔具有抑制振荡和提高稳定性的作用。

令 $B_a = B + A^2 R$，式（12-42）可写成如下形式

$$Ap_1(s) = k_s\left(\frac{m}{k_s}s^2 + \frac{B_a}{k_s}s + 1\right)x_R(s) = k_s\left(\frac{s^2}{\omega_m^2} + \frac{2\zeta_m}{\omega_m}s + 1\right)x_R(s) \tag{12-43}$$

式中 ω_m——阀心无阻尼自然频率，$\omega_m = \sqrt{\dfrac{k_s}{m}}$；

ζ_m——阻尼比，$\zeta_m = \dfrac{\omega_m B_a}{2k_s}$。

将式（12-39）代入（12-41），消去 $p_a(s)$，得

$$-q_s(s) - K_{qV}\left(1 + \frac{A}{K_{qV}}s\right)x_R(s) = K_{Ce}\left(1 + \frac{V}{K_{Ce}K}s\right)p_1(s) \tag{12-44}$$

上式中，令 $K_{Ce} = K_{CV} + k_1$

根据式（12-43）和式（12-44），画成框图，如图12-10所示。

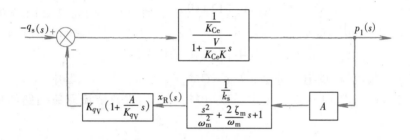

图12-10 直动式溢流阀的框图

由式（12-43）和式（12-44）可得带管道的直动式溢流阀的传递函数为

$$\frac{p_1(s)}{q_s(s)} = -\frac{\dfrac{s^2}{\omega_m^2} + \dfrac{2\zeta_m}{\omega_m}s + 1}{\dfrac{V}{\omega_m K}s^3 + \left(\dfrac{2\zeta_m V}{\omega_m K} + \dfrac{K_{Ce}}{\omega_m^2}\right)s^2 + \left(\dfrac{V}{K} + \dfrac{2\zeta_m K_{Ce}}{\omega_m} + \dfrac{A^2}{k_s}\right)s + \left(\dfrac{AK_{qV}}{k_s} + K_{Ce}\right)} \tag{12-45}$$

式（12-45）中，等式右边的"$-$"号表示去下游的流量 q_s 增大，则输出压力 p_1 要减小。式（12-45）是溢流阀装在液压系统中，以流量为输入，以系统压力为输出的传递函数。即使是简单的直动式溢流阀，其传递函数还是个较复杂的三阶系统。如果不考虑油液压缩性（即令 $K = \infty$），系统就可以降为二阶。但这种假设和实际情况差别太大，难以成立。根据式（12-45）的传递函数，运用经典控制理论的工具，可像前两节一样进行稳定性分析和瞬态响应的分析等，以合理地确定有关参数。

第五节 进口节流调速回路的动态特性

图12-11所示为液压缸驱动工作部件的进口节流调速回路原理图。由本章第二节知，图12-11所示回路中，液压缸部分的复数域的活塞受力方程和无杆腔流量连续方程应与式（12-10）和式（12-11）相似，即

$$A_1 p_1(s) = (ms + B)v(s) + F_L(s) \tag{12-46}$$

$$q_1(s) = A_1 v(s) + \left(\frac{V}{K}s + k_1\right)p_1(s) \tag{12-47}$$

式中符号意义见图 12-11，其余同前。

流经节流阀的流量为

$$q_1 = C_d A_T \sqrt{\frac{2}{\rho}(p_P - p_1)} \qquad (12\text{-}48)$$

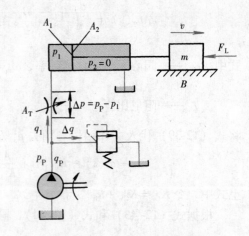

式中　C_d——阀口的流量系数；

　　　A_T——阀口的通流面积；

　　　p_P——泵的出口压力，溢流阀调定后，$p_P = \mathrm{const}$；

　　　p_1——缸的无杆腔压力；

　　　ρ——油液的密度。

对式（12-48）进行线性化，并取拉氏变换得

$$q_1(s) = K_{qV} A_T(s) - K_{CV} p_1(s) \qquad (12\text{-}49)$$

图 12-11　液压缸驱动工作部件的进口节流调速回路原理图

式中　　　K_{qV}——阀的流量增益，$K_{qV} = C_d \sqrt{2(p_P - p_{10})/\rho}$，其中 p_{10} 为 p_1 的稳态值；

　　　K_{CV}——阀的流量-压力系数，$K_{CV} = C_d A_{T0}/\sqrt{2\rho(p_P - p_{10})}$，其中 A_{T0} 为 A_T 的稳态值。

由式（12-46）、式（12-47）和式（12-49）可作出进口节流调速回路的框图，如图 12-12 所示。

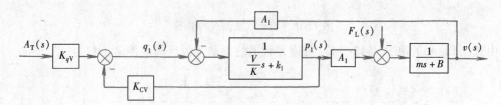

图 12-12　进口节流调速回路框图

当节流阀阀口调定不变，即 $A_T(s) = 0$ 时，图 12-12 可变换为图 12-13。

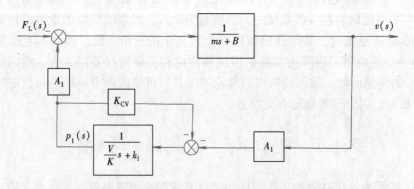

图 12-13　$A_T(s) = 0$ 时进口节流调速回路框图

由图 12-13 可得出以 $F_L(s)$ 为输入量、$v(s)$ 为输出量的回路闭环传递函数

$$\Phi(s) = \frac{v(s)}{F_L(s)} = -\frac{\dfrac{V}{K}s + k_1 + K_{CV}}{\dfrac{Vm}{K}s^2 + \left(\dfrac{VB}{K} + mk_1 + mK_{CV}\right)s + Bk_1 + BK_{CV} + A_1^2} \quad (12\text{-}50)$$

当 $B(k_1 + K_{CV}) \ll A_1^2$ 时，上式可简化为

$$\frac{v(s)}{F_L(s)} = -\frac{\left(\dfrac{V}{K}s + k_1 + K_{CV}\right)/A_1^2}{\dfrac{1}{\omega_{nCj}^2}s^2 + \dfrac{2\zeta_{Cj}}{\omega_{nCj}}s + 1} \quad (12\text{-}51)$$

式中 ω_{nCj} 和 ζ_{Cj} 分别代表回路的固有角频率和阻尼比，其表达式为

$$\left.\begin{array}{l} \omega_{nCj} = A_1\sqrt{\dfrac{K}{Vm}} \\[3mm] \zeta_{Cj} = \dfrac{VB + (k_1 + K_{CV})mK}{2A_1\sqrt{VmK}} \end{array}\right\} \quad (12\text{-}52)$$

由以上框图和公式可以看出：

1）液压缸驱动工作部件的进口节流调速回路，当 $p_P = \mathrm{const}$ 时，是一个二阶系统，其特征方程式中的系数均为正值。因此，一般情况下它是能够稳定工作的，且加大 B 和 K_{CV} 能使 ζ_{Cj} 增大，从而减小超调量，削弱振荡力度。

2）增大液压缸无杆腔工作面积 A_1，可有效地减小传递函数的增益，因而降低外负载 F_L 的变化对活塞移动速度 v 的影响。同时，传递函数 $v(s)/F_L(s)$ 为负值，说明 $v(s)$ 的变化与 $F_L(s)$ 相反，即 F_L 增大，v 减小。

第六节　变量泵-定量马达容积调速回路的动态特性

图 12-14 所示为变量泵-定量马达容积调速回路的简化原理图。由定量马达驱动工作机构（负载）旋转。当改变泵的排量来调节其输出流量或马达的负载转矩发生变化时，由于油液的压缩性、机构的惯性和阻尼等因素的影响，都会使回路内各处的压力和流量发生瞬时变化，使液压马达的输出转速出现加速或减速的瞬态过程。

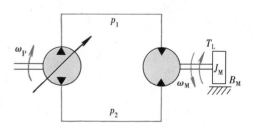

图 12-14　变量泵-定量马达容积调速回路简化原理图

液压马达轴上的转矩平衡方程为

$$\underbrace{V_M(p_1 - p_2)}_{\text{马达输出转矩}} = \underbrace{J_M\frac{d\omega_M}{dt}}_{\text{惯性转矩}} + \underbrace{B_M\omega_M}_{\text{阻尼转矩}} + \underbrace{T_L}_{\text{负载转矩}} \quad (12\text{-}53)$$

式中　V_M、ω_M——马达排量和角速度；

　　　p_1、p_2——回路高、低压管路压力，并设 $p_2 = \mathrm{const}$；

　　　J_M——折算到马达轴上的等效转动惯量；

　　　B_M——粘性阻尼系数；

　　　T_L——外负载转矩。

263

回路高压管路的流量连续方程为

$$\underbrace{V_{\mathrm{P}}\omega_{\mathrm{P}}}_{\substack{\text{泵输出流量}}} = \underbrace{V_{\mathrm{M}}\omega_{\mathrm{M}}}_{\substack{\text{马达旋转}\\\text{所需流量}}} + \underbrace{k_{1\mathrm{C}}(p_1 - p_2)}_{\substack{\text{泄漏量}}} + \underbrace{\frac{V}{K}\frac{\mathrm{d}p_1}{\mathrm{d}t}}_{\substack{\text{因油液压缩引}\\\text{起的体积变化量}}} \tag{12-54}$$

式中　V_{P}、ω_{P}——变量泵的排量和角速度，并设 $\omega_{\mathrm{P}} = \mathrm{cosnt}$；

　　　　$k_{1\mathrm{C}}$——回路的泄漏系数；

　　　　V——高压管路（包括泵和马达容腔）内油液的体积；

　　　　K——油液的体积模量。

上两式取增量，经拉氏变换后整理得

$$V_{\mathrm{M}}p_1(s) = J_{\mathrm{M}}s\omega_{\mathrm{M}}(s) + B_{\mathrm{M}}\omega_{\mathrm{M}}(s) + T_{\mathrm{L}}(s) \tag{12-55}$$

$$\omega_{\mathrm{P}}V_{\mathrm{P}}(s) = V_{\mathrm{M}}\omega_{\mathrm{M}}(s) + k_{1\mathrm{C}}p_1(s) + \frac{V}{K}sp_1(s) \tag{12-56}$$

由式（12-55）和式（12-56）可作出变量泵-定量马达容积调速回路的框图（图12-15），并综合成下式

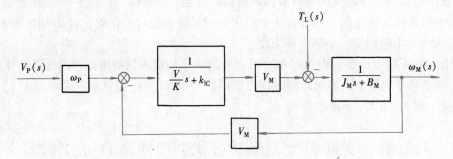

图 12-15　变量泵-定量马达容积调速回路框图

$$\omega_{\mathrm{M}}(s) = \frac{\dfrac{\omega_{\mathrm{P}}}{V_{\mathrm{M}}}V_{\mathrm{P}}(s) - \dfrac{k_{1\mathrm{C}}}{V_{\mathrm{M}}^2}\left(\dfrac{V}{k_{1\mathrm{C}}K}s + 1\right)T_{\mathrm{L}}(s)}{\dfrac{J_{\mathrm{M}}V}{KV_{\mathrm{M}}^2}s^2 + \left(\dfrac{VB_{\mathrm{M}}}{KV_{\mathrm{M}}^2} + \dfrac{J_{\mathrm{M}}k_{1\mathrm{C}}}{V_{\mathrm{M}}^2}\right)s + \left(1 + \dfrac{k_{1\mathrm{C}}B_{\mathrm{M}}}{V_{\mathrm{M}}^2}\right)} \tag{12-57}$$

通常 $k_{1\mathrm{C}}B_{\mathrm{M}}/V_{\mathrm{M}}^2 \ll 1$，忽略此项，上式可简化为

$$\omega_{\mathrm{M}}(s) = \frac{\dfrac{\omega_{\mathrm{P}}}{V_{\mathrm{M}}}V_{\mathrm{P}}(s) - \dfrac{k_{1\mathrm{C}}}{V_{\mathrm{M}}^2}\left(\dfrac{V}{k_{1\mathrm{C}}K}s + 1\right)T_{\mathrm{L}}(s)}{\dfrac{1}{\omega_{n\mathrm{Cr}}^2}s^2 + \dfrac{2\zeta_{\mathrm{Cr}}}{\omega_{n\mathrm{Cr}}}s + 1} \tag{12-58}$$

式中的 $\omega_{n\mathrm{Cr}}$ 和 ζ_{Cr} 分别为变量泵-定量马达容积调速回路的固有角频率和阻尼比，其表达式如下

$$\left.\begin{aligned} \omega_{n\mathrm{Cr}} &= V_{\mathrm{M}}\sqrt{\frac{K}{J_{\mathrm{M}}V}} \\ \zeta_{\mathrm{Cr}} &= \frac{1}{2V_{\mathrm{M}}}\left(B_{\mathrm{M}}\sqrt{\frac{V}{KJ_{\mathrm{M}}}} + k_{1\mathrm{C}}\sqrt{\frac{KJ_{\mathrm{M}}}{V}}\right) \end{aligned}\right\} \tag{12-59}$$

负载转矩 T_L 恒定(即 $T_L(s)=0$)时,以变量泵排量 V_P 为输入量的传递函数为

$$\frac{\omega_M(s)}{V_P(s)} = \frac{\dfrac{\omega_P}{V_M}}{\dfrac{1}{\omega_{nCr}^2}s^2 + \dfrac{2\zeta_{Cr}}{\omega_{nCr}}s + 1} \tag{12-60}$$

变量泵排量 V_P 调定(即 $V_P(s)=0$)时,以负载转矩 T_L 为输入量的传递函数为

$$\frac{\omega_M(s)}{T_L(s)} = -\frac{\dfrac{k_{lC}}{V_M^2}\left(\dfrac{V}{k_{lC}K}s + 1\right)}{\dfrac{1}{\omega_{nCr}^2}s^2 + \dfrac{2\zeta_{Cr}}{\omega_{nCr}}s + 1} \tag{12-61}$$

从回路的框图和传递函数可以看到:

1)图 12-15 所示的回路框图与图 12-4 在形式上一模一样,这说明不同的系统可以有相同的动态结构;也就是说,同一个数学模型,可以描述不同系统的动态特性。

2)由式(12-60)和式(12-61)表明,回路的特征方程式为 $(1/\omega_{nCr})^2 s^2 + (2\zeta_{Cr}/\omega_{nCr})s + 1 = 0$。因此,回路要稳定必须 $\omega_{nCr} > 0$,$\zeta_{Cr} > 0$,后者尤应注意。

3)由第二章式(2-4)知,反映回路高压管路内油液刚性的油液弹簧刚度为 $k_h = KV_M^2/V$,代入式(12-59)得回路的固有角频率 $\omega_{nCr} = \sqrt{k_h/J_M}$,也即 ω_{nCr} 与 k_h 和 J_M 有关。因此,固有角频率 ω_{nCr} 表征了转动惯量 J_M 与油液弹簧刚度 k_h 之间的相互作用,是衡量回路动态特性的一个重要指标。为了提高 ω_{nCr},加大回路频宽,提高响应快速性,应尽量减小 J_M,增大 k_h。为此,可采取以下措施:在液压马达和工作机构之间加一减速器,以减小 J_M;缩短回路连接管路,以增大 k_h;防止空气渗入回路,以保持高的 K 值。

4)由式(12-59)知,回路的阻尼比 ζ_{Cr} 由两项组成:一项与泄漏系数 k_{lC} 有关;另一项与粘性阻尼系数 B_M 有关。一般,容积调速回路的 ζ_{Cr} 值很小,可用增大内泄漏和阻尼来提高回路的运动平稳性,但会使能耗增加。

5)由式(12-60)知,回路的速度放大系数 $K_{vC} = \omega_P/V_M$。K_{vC} 值越大,表明控制液压马达角速度的灵敏度越高,加快 ω_P 和减小 V_M 均可使 K_{vC} 增大。

6)由式(12-61)知,回路的动态速度刚度 k_{vd} 为

$$k_{vd} = -\frac{T_L(s)}{\omega_M(s)} = \frac{\dfrac{V_M^2}{k_{lC}}\left(\dfrac{1}{\omega_{nCr}^2}s^2 + \dfrac{2\zeta_{Cr}}{\omega_{nCr}}s + 1\right)}{\dfrac{1}{\omega_1}s + 1} \tag{12-62}$$

式中

$$\omega_1 = \frac{k_{lC}K}{V} \approx 2\zeta_{Cr}\omega_{nCr} \tag{12-63}$$

根据式(12-62)绘出博德图,如图 12-16 所示。在 $\omega < \omega_1$ 的低频段,动态速度刚度基本保持不变,其值等于稳态速度刚度 k_{vj},即

$$k_{vd} = \left|-\frac{T_L(s)}{\omega_M(s)}\right| = \frac{V_M^2}{k_{lC}} = k_{vj} \tag{12-64}$$

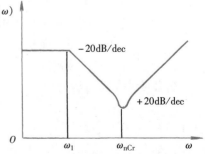

图 12-16 回路动态速度刚度的博德图

由上式看出，如欲获得较高的稳态速度刚度，应加大 V_M，减小 k_{1C}。

在 $\omega_1 < \omega < \omega_{nCr}$ 频段，k_{vd} 值以 $-20dB/dec$ 斜率下降，直到 $\omega = \omega_{nCr}$，降至最小；然后随着 ω 的增加，k_{vd} 值以 $+20dB/dec$ 斜率不断增大。这说明，在高频段负载惯性起到了抵抗外加干扰转矩的作用，阻碍液压马达转速发生变化。

第七节　机-液位置伺服系统的动态特性

图 12-17 所示为一机-液位置伺服系统原理图。它是一具有机械反馈的阀控缸系统，使用单边控制阀。它的输入量为阀心位移 x_i，输出量为液压缸位移 x_o。液压缸为单活塞杆结构，两端面积之比为 $A_s/A_c = 1/2$，有杆腔的压力 p_s 为常数，油液经活塞上的阻尼孔进入无杆腔，无杆腔中的压力 p_c 是变化的。从无杆腔流出的油液经单边控制阀阀口流入油箱。在系统处于零位平衡位置时，阀心和阀套之间有一预开口量 x_{s0}。当阀心向右移动一距离时，阀的开口量减小，p_c 就增大，缸体失去平衡而向右移动，

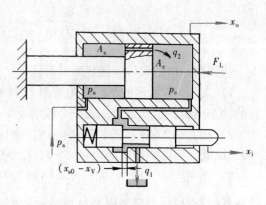

图 12-17　机-液位置伺服系统原理图

这时开口量又逐步增大，p_c 也随之减小，当达到原来的开口量大小时，系统又恢复平衡。这样，输出量就能按输入量的规律变化。

一、预开口量和线性化流量方程

稳态时，缸体向右运动时的流量连续方程为

$$q_L = A_c v = q_2 - q_1 \tag{12-65}$$

式中　q_L——缸体运动速度等于 v 时所需流量；

　　　q_2——通过阻尼孔的流量；

　　　q_1——通过阀口的流量。

上式可写成

$$q_L = C_{d0} A_0 \sqrt{\frac{2}{\rho}(p_s - p_c)} - C_d w (x_{s0} - x_V) \sqrt{\frac{2}{\rho} p_c} \tag{12-66}$$

式中　C_{d0}、C_d——通过阻尼孔和阀口的流量系数；

　　　A_0——阻尼孔面积；

　　　x_V——阀心和阀套的相对位移量，$x_V = x_i - x_o$；

　　　w——阀口的面积梯度；

　　　ρ——油液密度。

缸体受力平衡方程为

$$p_s A_s + F_L = p_c A_c \tag{12-67}$$

式中　F_L——外负载。

零位时，$x_V = 0$，$F_L = 0$，$q_L = 0$（$v = 0$）。按式（12-67）得 $p_c = \frac{1}{2} p_s$；由式（12-66）可

得预开口量 x_{s0} 的表达式为

$$x_{s0} = \frac{C_{d0}A_0}{C_d w}$$ (12-68)

由式（12-66），得零位时的阀系数 K_q、K_C 和 K_p 如下

$$K_q = \left.\frac{\partial q_L}{\partial x_V}\right|_0 = C_d w \sqrt{\frac{p_s}{\rho}}$$ (12-69)

$$K_C = -\left.\frac{\partial q_L}{\partial p_c}\right|_0 = \frac{2C_d w x_{s0}}{\sqrt{\rho p_s}}$$ (12-70)

$$K_p = \left.\frac{\partial p_c}{\partial x_V}\right|_0 = \frac{K_q}{K_C} = \frac{p_s}{2x_{s0}}$$ (12-71)

并得线性化的流量方程为

$$\Delta q_L = K_q \Delta x_V - K_C \Delta p_c$$ (12-72)

上式进行拉氏变换，得

$$q_L(s) = K_q x_V(s) - K_C p_c(s)$$ (12-73)

二、动态流量连续方程

考虑到油液的压缩性，设缸右腔的油液体积为 V_0，油液的体积模量为 K，可得动态流量方程为

$$\underbrace{q_1}_{\substack{\text{通过阀} \\ \text{口的流量}}} = \underbrace{q_2}_{\substack{\text{通过阻尼} \\ \text{孔的流量}}} - \underbrace{A_c \frac{dx_o}{dt}}_{\substack{\text{使缸体产生运} \\ \text{动速度的流量}}} - \underbrace{\frac{V_0}{K}\frac{dp_c}{dt}}_{\substack{\text{由于油液压缩性} \\ \text{而减少的流量}}}$$

由此得

$$q_L = q_2 - q_1 = A_c \frac{dx_o}{dt} + \frac{V_0}{K}\frac{dp_c}{dt}$$ (12-74)

上式取增量式，并进行拉氏变换，得

$$q_L(s) = A_c s x_o(s) + \frac{V_0}{K} s p_c(s)$$ (12-75)

三、液压缸运动方程

设运动部分质量为 m，粘性阻尼系数为 B，则运动方程为

$$\underbrace{p_c A_c - p_s A_s}_{\text{液压力}} = \underbrace{m \frac{d^2 x_o}{dt^2}}_{\text{惯性力}} + \underbrace{B \frac{dx_o}{dt}}_{\text{粘性阻尼力}} + \underbrace{F_L}_{\text{外负载}}$$ (12-76)

上式取增量式并进行拉氏变换，得

$$A_c p_c(s) = (ms^2 + Bs)x_o(s) + F_L(s)$$ (12-77)

四、阀控缸系统的传递函数

由式（12-73）、式（12-75）和式（12-77），消去 $p_c(s)$；并忽略粘性阻尼系数 B，得

$$x_o(s) = \frac{\dfrac{K_q}{A_c}x_V(s) - \dfrac{K_C}{A_c^2}\left(\dfrac{V_0}{K_C K}s + 1\right)F_L(s)}{s\left(\dfrac{s^2}{\omega_h^2} + \dfrac{2\zeta_h}{\omega_h}s + 1\right)}$$ (12-78)

267

式中　ω_{h}——液压固有频率；

　　　ζ_{h}——阻尼比。

$$\left.\begin{array}{l}\omega_{\mathrm{h}} = \sqrt{\dfrac{KA_{\mathrm{c}}^2}{mV_0}}\\[3mm]\zeta_{\mathrm{h}} = \dfrac{K_{\mathrm{C}}}{2A_{\mathrm{c}}}\sqrt{\dfrac{mK}{V}}\end{array}\right\}\tag{12-79}$$

当 F_{L} 为常量时，$F_{\mathrm{L}}(s) = 0$，可得以 $x_{\mathrm{V}}(s)$ 为输入，$x_{\mathrm{o}}(s)$ 为输出的传递函数

$$W_1(s) = \frac{x_{\mathrm{o}}(s)}{x_{\mathrm{V}}(s)} = \frac{\dfrac{K_q}{A_{\mathrm{c}}}}{s\left(\dfrac{s^2}{\omega_{\mathrm{h}}^2} + \dfrac{2\zeta_{\mathrm{h}}}{\omega_{\mathrm{h}}}s + 1\right)}\tag{12-80}$$

当 x_{V} 为常量时，$x_{\mathrm{V}}(s) = 0$，可得以 $F_{\mathrm{L}}(s)$ 为输入，$x_{\mathrm{o}}(s)$ 为输出的传递函数

$$W_2(s) = \frac{x_{\mathrm{o}}(s)}{F_{\mathrm{L}}(s)} = \frac{-\dfrac{K_{\mathrm{C}}}{A_{\mathrm{c}}^2}\left(\dfrac{V_0}{KK_{\mathrm{C}}}s + 1\right)}{s\left(\dfrac{s^2}{\omega_{\mathrm{h}}^2} + \dfrac{2\zeta_{\mathrm{h}}}{\omega_{\mathrm{h}}}s + 1\right)}\tag{12-81}$$

五、机-液位置伺服系统的框图和稳定性分析

由图 12-17 可知，机-液位置伺服系统具有机械反馈，是一闭环系统，有以下关系式

$$x_{\mathrm{V}}(s) = x_{\mathrm{i}}(s) - x_{\mathrm{o}}(s)\tag{12-82}$$

根据式（12-78）和式（12-82）可得机-液位置伺服系统的框图如图 12-18 所示。

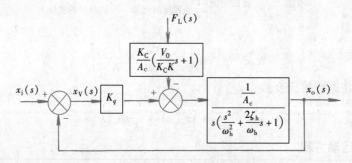

图 12-18　机-液位置伺服系统的框图

当运用开环系统的对数频率特性图（博德图）来判定闭环系统是否稳定时，由式（12-80），得开环传递函数

$$W_1(s) = \frac{K_v}{s\left(\dfrac{s^2}{\omega_{\mathrm{h}}^2} + \dfrac{2\zeta_{\mathrm{h}}}{\omega_{\mathrm{h}}}s + 1\right)}\tag{12-83}$$

式中　K_v——速度放大系数或开环放大系数，$K_v = \dfrac{K_q}{A_{\mathrm{c}}}$。

绘出式（12-83）的博德图如图 12-19 所示。在 $\omega < \omega_{\mathrm{h}}$ 这一段区间，其渐近线斜率为 $-20\mathrm{dB/dec}$，并穿越 0dB 线，ω_{c} 为穿越频率。在 $\omega > \omega_{\mathrm{h}}$ 时其渐近线斜率为 $-60\mathrm{dB/dec}$；$\omega = \omega_{\mathrm{h}}$，曲线有峰值，在 ω_{h} 处的相位滞后为 180°。为使系统稳定，$\omega = \omega_{\mathrm{h}}$ 时的幅频曲线的峰值必须在 0dB

线以下，即 $20\lg|W_1(j\omega_h)|<0dB$。当 $\omega=\omega_h$ 时算得幅值比为

$$|W_1(j\omega_h)|=\frac{K_v}{2\zeta_h\omega_h}$$

故有

$$20\lg\frac{K_v}{2\zeta_h\omega_h}<0$$

即

$$K_v<2\zeta_h\omega_h \qquad (12-84)$$

式（12-84）提供了判定此系统稳定性的准则。可以看到：开环放大系数 K_v 如太大，则系统容易产生不稳定，而 ω_h 和 ζ_h 的提高对稳定性有利。

由图 12-19 知，在穿越频率 ω_c 处其斜率为 $-20dB/dec$，即 $\omega_c\approx K_v$，而 ω_c 大致决定了系统的频宽，K_v、ω_c 值大，系统响应速度快，希望 K_v 大，但又受到式（12-84）稳定性判据的限制。

由式（12-79）可以看到，活塞面积 A_c 越大，油液的体积模量 K 越大，质量

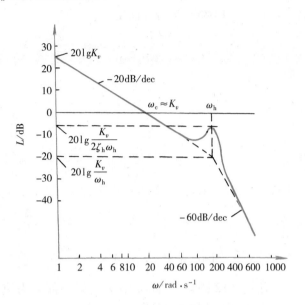

图 12-19　开环博德图

m 越小，油液体积 V_0 越小，则液压固有频率 ω_h 越高，稳定性越好。可见设计时应使活塞面积尽量大一些，运动部分质量和油液体积尽量小些，应避免空气侵入到油液中，以保持 K 值尽可能大些；在阀和液压缸之间的连接不能使用软管。由式（12-79）还可以看到，要增大阻尼比 ζ_h，主要应提高 K_c 值；但 K_c 过大，又会使刚度变差。一般希望 ζ_h 在 0.7 左右。

在活塞直径确定的情况下，K_v 值由流量增益 K_q 决定，增大系统压力 p_s 和阀口面积梯度 w 都可使 K_v 增大，但 K_v 太大对稳定性不利。

六、稳态误差的分析

阀控缸液压伺服系统的稳态特性，主要包括静不灵敏区和稳态误差（速度和负载）。

在系统的静不灵敏区内，输入信号不会引起执行元件的动作，因而引起了系统的误差。不灵敏区的大小主要取决于伺服阀阀口的遮盖量、系统中的库伦摩擦力以及系统机械部分的间隙和弹性等。

稳态误差，例如仿形刀架的稳态误差，是指刀架在稳定状态下工作时触销输入和液压缸输出之间为了保持一定的仿形速度以及平衡外负载而必须存在的一个差值。稳态误差影响着系统的工作精度，这个误差越小，加工精度就越高。

根据式（12-66）和式（12-67），有

$$q_L=A_c v=C_{d0}A_0\sqrt{\frac{2}{\rho}\left(\frac{p_s}{2}-\frac{F_L}{A_c}\right)}-C_d w(x_{s0}-x_V)\sqrt{\frac{2}{\rho}\left(\frac{p_s}{2}+\frac{F_L}{A_c}\right)}$$

整理后得

$$x_V=x_{s0}+\frac{A_c v-C_{d0}A_0\sqrt{\dfrac{2}{\rho}\left(\dfrac{p_s}{2}-\dfrac{F_L}{A_c}\right)}}{C_d w\sqrt{\dfrac{2}{\rho}\left(\dfrac{p_s}{2}+\dfrac{F_L}{A_c}\right)}} \qquad (12-85)$$

在这里，$x_V = x_i - x_o$，x_V 就是稳态误差，它的大小受 v 和 F_L 的影响。

将式（12-85）进行线性化，得

$$\Delta x_V = \left. \frac{\partial x_V}{\partial v} \right|_0 \Delta v + \left. \frac{\partial x_V}{\partial F_L} \right|_0 \Delta F_L \qquad (12\text{-}86)$$

而

$$\left. \frac{\partial x_V}{\partial v} \right|_0 = \frac{A_c}{C_d w \sqrt{\dfrac{p_s}{\rho}}} = \frac{A_c}{K_q} = \frac{1}{K_v} \qquad (12\text{-}87)$$

$$\left. \frac{\partial x_V}{\partial F_L} \right|_0 = \frac{2C_{d0}A_0}{C_d w A_c p_s} = \frac{2x_{s0}}{p_s A_c} = \frac{1}{A_c K_p} = \frac{1}{K_L} \qquad (12\text{-}88)$$

将式（12-87）和式（12-88）代入式（12-86），得

$$\Delta x_V = \frac{\Delta v}{K_v} + \frac{\Delta F_L}{K_L} \qquad (12\text{-}89)$$

式中　K_L——刚度系数，$K_L = A_c K_p = A_c \dfrac{K_q}{K_C} = \dfrac{A_c^2 K_v}{K_C}$。

从式（12-89）可得出，误差的第一部分为速度误差，速度越高、开环放大系数 K_v 越小，则速度误差越大；第二部分为负载误差，负载越大、刚度系数 K_L 越小，则负载误差越大。K_C 越大，K_L 越小，所以它对精度不利，但对系统的稳定性有利。

液压伺服系统的稳态误差还要受到系统不灵敏区的严重影响。

在生产实践中，为了提高阀控缸系统的工作精度，必须采取多方面的措施，例如正确选择伺服阀的控制边数，正确选择液压缸的密封形式，正确设计反馈杠杆机构，以及采取负载补偿装置等。

习　题

12-1　若将定量泵简化成图 12-20 所示原理图，图中 V_P 表示泵的压油区的等效工作容积，R_P 和 L_P 分别表示泵的泄漏处的等效液阻和等效液感。试求定量泵输出压力 p_P 对输出流量 q_P 的传递函数，并对其动态特性进行讨论。

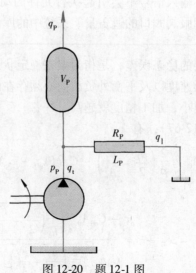

图 12-20　题 12-1 图

12-2　图 12-21 所示为差动连接液压缸，试求活塞移动速度 v 对负载 F_L 的传递函数，并分析其动态特性。

12-3　试求图 12-22 所示直动式减压阀出口处压力 p_2 对输出流量 q_2 的传递函数，并讨论其动态特性。

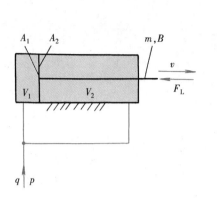

图 12-21　题 12-2 图

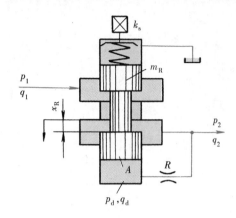

图 12-22　题 12-3 图

12-4　图 12-23 所示为稳流量式变量泵，试求其出口处压力 p_P 对输出流量 q_P 的传递函数，并分析讨论其动态特性。

12-5　图 12-24 所示为出口节流调速回路，试求活塞移动速度 v 对负载 F_L 的传递函数，并分析此回路的动态特性。

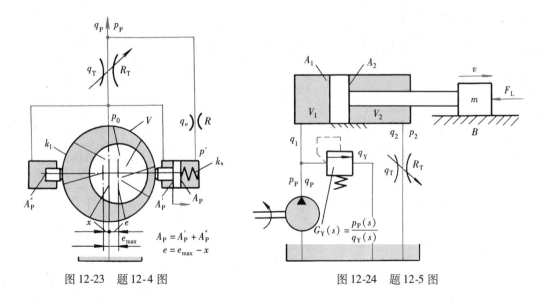

图 12-23　题 12-4 图　　　　　　　　　　图 12-24　题 12-5 图

附 录

附录 A　典型局部阻力的阻力系数

	图　形	局部阻力系数 ζ
截面突变	突然扩大　突然缩小	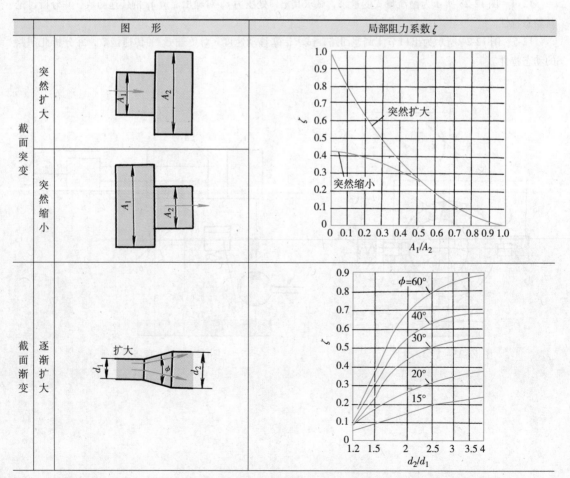
截面渐变	逐渐扩大	

（续）

图　形	局部阻力系数 ζ

截面渐变 · 逐渐缩小

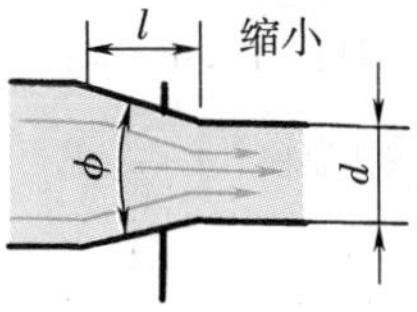

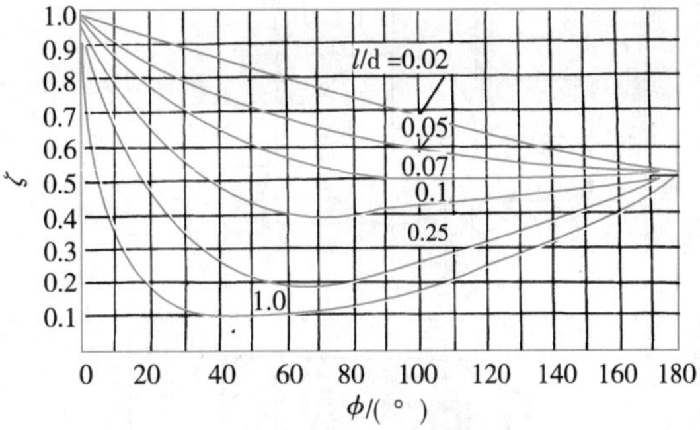

截面渐变中的 ζ 曲线图，横坐标 $\phi/(°)$，纵坐标 ζ，曲线标注 $l/d = 0.02$、0.05、0.07、0.1、0.25、1.0

弯管 · 折角弯管

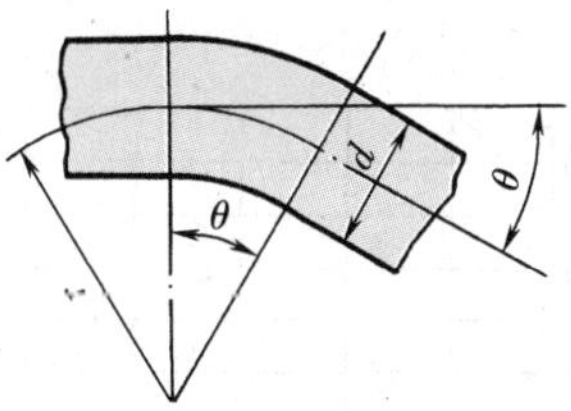

折角弯管、$r/d < 1$ 或 $r/d > 6$ 光滑弯管的 ζ 值

$\theta/(°)$	10	20	30	40	50	60	70	80	90
ζ	0.04	0.1	0.17	0.27	0.4	0.55	0.70	0.90	1.12

弯管 · 90°弯管

90°弯管 ζ 曲线，横坐标 r/d，纵坐标 ζ，曲线标注 粗糙、光滑

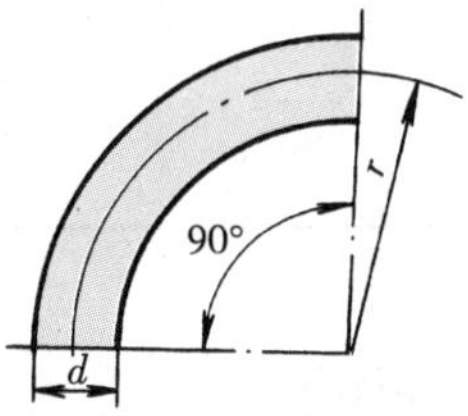

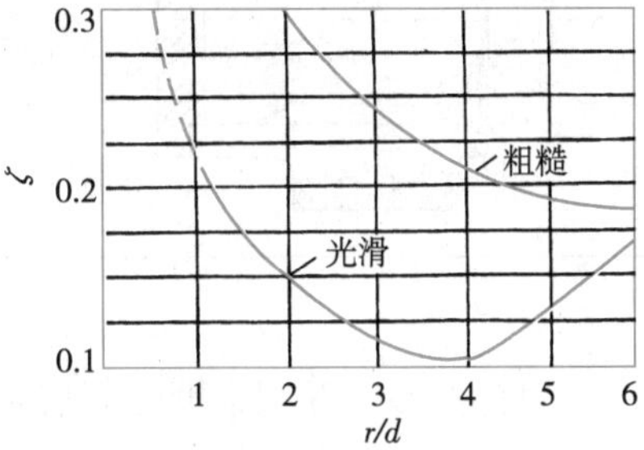

90°光滑弯管在 r/d 为 $2\sim4$ 时有最佳 ζ 值，$\zeta = 0.1\sim0.15$

阀 · 截止阀

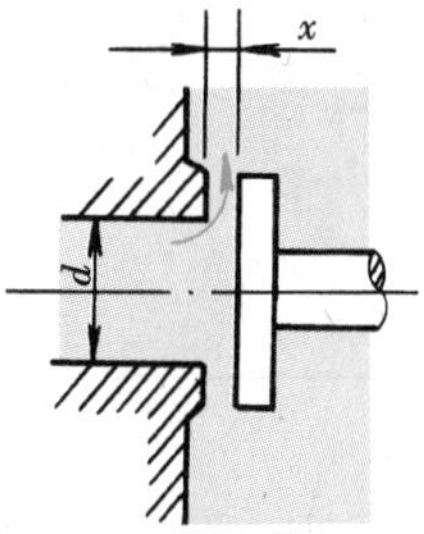

$$\zeta = 1.3 + 0.2\left(\frac{A}{A_v}\right)^2$$

节流面积　$A_v = \pi dx$

阀座孔面积　$A = \frac{\pi}{4}d^2$

当 $x = d/4$ 时，$A_v = A$

阀 · 针阀

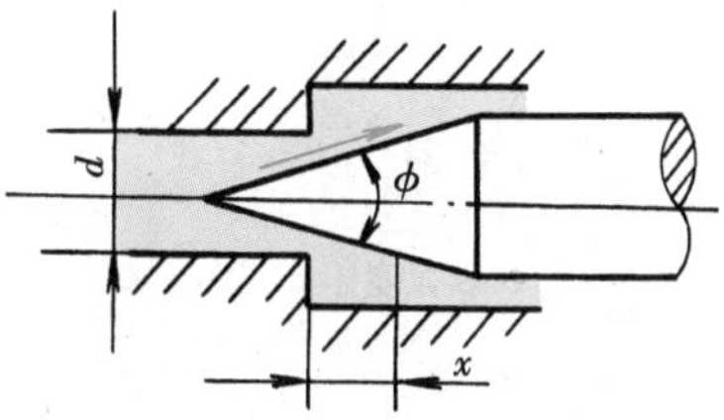

$$\zeta = 0.5 + 0.15\left(\frac{A}{A_v}\right)^2$$

节流面积　$A_v = \pi dx\sin\frac{\phi}{2}\left(1 - \frac{x}{2d}\sin\phi\right)$

阀座孔面积　$A = \frac{\pi}{4}d^2$

（续）

	图　形	局部阻力系数 ζ
球阀	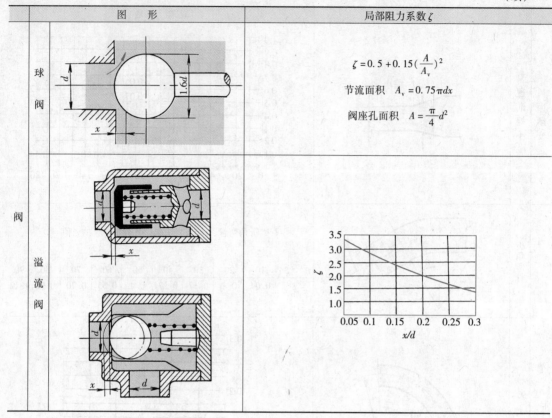	$\zeta = 0.5 + 0.15\left(\dfrac{A}{A_v}\right)^2$ 节流面积　$A_v = 0.75\pi dx$ 阀座孔面积　$A = \dfrac{\pi}{4}d^2$
阀 溢流阀		

附录 B　特殊阀口的形式及通流截面的计算公式

类　型	阀口形式	通流截面计算公式
滑阀式		$A = nwx$ n 为槽数
错位孔式		$A = 2\left[R^2\arccos\left(\dfrac{R-\dfrac{x}{2}}{R}\right) - \left(R-\dfrac{x}{2}\right)\times\sqrt{2R\dfrac{x}{2}-\left(\dfrac{x^2}{2}\right)}\right]$
弓形孔式	孔口形状	$A = nR^2\arccos\dfrac{R-x}{R} - (R-x)\sqrt{2Rx-x^2}$ 或 $A = n\dfrac{R^2}{2}(\alpha-\sin\alpha)$；$\alpha$ 以弧度计 n 为孔数

274

（续）

类　型	阀口形式	通流截面计算公式
偏心槽式	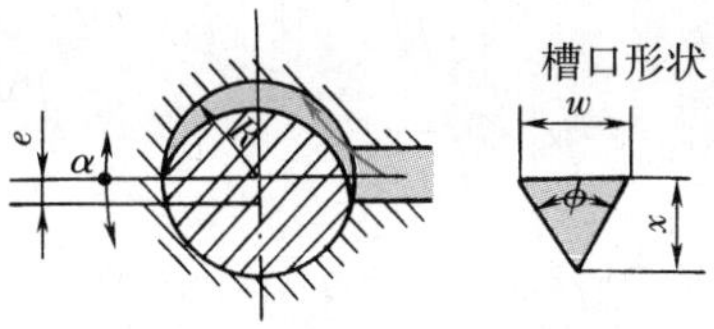 槽口形状	$A = \dfrac{wx}{2}$，$w = 2\tan\dfrac{\phi}{2}x$ $x = \sqrt{e^2 + R^2 - 2eR\cos\alpha} - R$
斜槽式	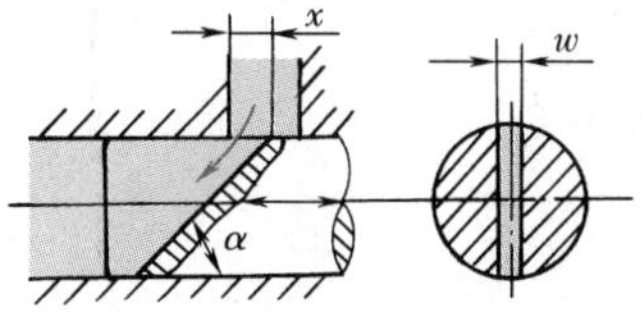	$A = wx\sin\alpha$
旋转槽式	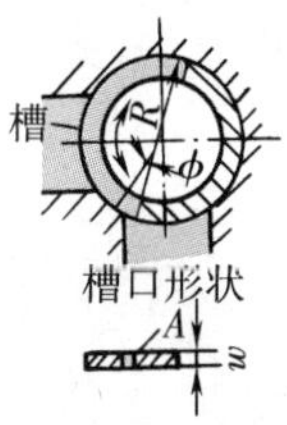 槽口形状	$A = Rw\phi$
转楔式	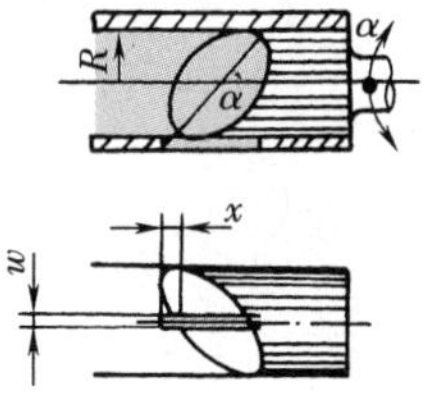	$A = w(1 - \cos\alpha)\,R\cot\theta$

附录 C　习题参考答案

第 一 章

1-1　1）100N，2）17MPa，3）0.625mm；

　　　1）110N，2）17.69MPa，3）0.554mm

1-2　两缸并联时，由于两缸上作用负载不同，故两缸顺序动作。F_2 作用的缸活塞运动时，速度为 q/A_1，压力为 F_2/A_1。F_1 作用的缸活塞运动时，速度为 q/A_1，压力为 F_1/A_1。可见两者速度相同，但压力之比为 1:2。

　　两缸串联时，$p_2 = F_2/A_1$，$p_1 A_1 = p_2 A_2 + F_1$，因此，$p_1 = (p_2 A_2 + F_1)/A_1 = 2.5F_2/A_1$，故两缸压力之比为 1:2.5。左缸活塞速度 $v_1 = q/A_1$，右缸活塞速度 $v_2 = v_1 A_2/A_1 = q A_2/A_1^2$，故两缸活塞速度之比为 $v_1:v_2 = 1:1/2$。

1-3　在同等功率条件下，液压传动相对于机械传动，体积和质量小。特别在大功率情况下，液压传动的优点更为突出。

1-4　传动系统的作用是传递和控制能量与信号，任何形式的传动系统都会有能量损失，问题是如何将损失降低到最小，而不是因有损失而不使用。

第 二 章

2-1　$s = 11.7$mm

2-2　$\Delta p = 58.5$MPa

2-3 $\Delta p = 1.4 \text{MPa}$

2-4 $N = 12$ 转

2-5 $F = 8.55 \text{N}$

2-6 $T = 0.4 \text{N} \cdot \text{m}$

2-7 $T = 33.3 \text{N} \cdot \text{m}$

2-8 $P = 23.2 \text{W}$

第 三 章

3-1 9.8kPa

3-2 $x = \dfrac{4(F + mg)}{\rho g \pi d^2} - h$

3-3 $\Delta p = 8350 \text{Pa}$

3-4 12015492N

3-5 $p_2 = 0.254 \text{MPa}$

3-6 $q = 0.1565 \text{m}^3/\text{s}$；$p_B = -0.05 \text{MPa}$

3-7 均为 6.37MPa

3-8 $x_0 = 24.7 \text{mm}$

3-9 $q = 0.28 \text{m}^3/\text{s}$；$p_2 = 0.0735 \text{MPa}$

3-10 $q = 1.46 \times 10^{-3} \text{m}^3/\text{s}$

3-11 $F = 104 \text{N}$，方向向上

3-12 $\alpha = 28.2°$

3-13 $q_{max} = 109.3 \text{L/min}$

3-14 12mm；8mm；12mm

3-15 $p_2 = 3.83 \text{MPa}$

3-16 $\Delta p_\lambda = 13.23 \text{Pa}$

3-17 $q = 0.0397 \text{m}^3/\text{s}$

3-18 $p = 0.1 \text{MPa}$

3-19 $\Delta p = 0.156 \text{MPa}$

3-20 $H = 2.35 \text{m}$

3-21 $q = 0.0115 \text{m}^3/\text{s}$

3-22 $v = 0.216 \text{m/min}$

3-23 $t = 20.8 \text{s}$

3-24 1) 同心时，$v_0 = 0.194 \text{m/min}$；2) 完全偏心时，$v_{\varepsilon max} = 0.186 \text{m/min}$

3-25 $q_{max} = 0.913 \text{m}^3/\text{s}$

3-26 1) $z_2 = 1.917 \text{m}$；2) $z_2 = -4.05 \text{m}$

3-27 $\Delta p_r = 2.54 \text{MPa}$；$p_{max} = 4.54 \text{MPa}$

3-28 瞬时关闭时，$p_{max} = 7.166 \text{MPa}$；0.02s 关闭时，$p_{max} = 3.8 \text{MPa}$；0.05s 关闭时，$p_{max} = 2.72 \text{MPa}$

第 四 章

4-1 a) $p = 0$；b) $p = 0$；c) $p = \Delta p$；d) $p = F/A$；e) $p = 2\pi T_M / (V_M \eta_{mM})$

4-2 1) $\eta_V = 0.95$；2) $q_P = 34.72 \text{L/min}$；3) $P_1 = 4.91 \text{kW}$，$P_2 = 1.69 \text{kW}$

4-3 1) $q_t = 159.6 \text{L/min}$；2) $\eta_{VP} = 0.94$；3) $\eta_{mP} = 0.926$；

4）$P_i = 84.77\text{kW}$；5）$T_i = 852.5\text{N} \cdot \text{m}$

4-4　在配油盘压油窗口开三角形减振槽后，使工作容积逐渐与压油腔接通，压力变化率变小，就可降低流量、压力脉动和噪声。

4-5　$\beta \geqslant \varepsilon$；$\varepsilon \geqslant \dfrac{2\pi}{z}$；保证吸、压油腔不连通。

4-6　$P = 1.5\text{kW}$

4-7　快进时，$P = 0.96\text{kW}$；工进时，$P = 0.81\text{kW}$

4-8　1）$T_t = 318.3\text{N} \cdot \text{m}$；2）$q_{\text{Mi}} = 120\text{L/min}$；

3）$P_{\text{Mi}} = 14\text{kW}$，$P_{\text{Mo}} = 10.5\text{kW}$

4-9　$q_M = 3.5\text{L/min}$，$p_M = 3.69\text{MPa}$

4-10　$p_1 = 4.87\text{MPa}$

4-11　$b = 41.3\text{mm}$；$T = 100.42\text{N} \cdot \text{m}$

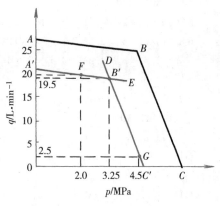

习答图1　题4-6解图

第 五 章

5-1　a）$F = p\pi(D^2 - d^2)/4$；$v = 4q/[\pi(D^2 - d^2)]$；缸体向左

　　b）$F = p\pi d^2/4$；$v = 4q/(\pi d^2)$；缸体向右

　　c）$F = p\pi d^2/4$；$v = 4q/(\pi d^2)$；缸体向右

5-2　$p = 3.155\text{MPa}$；$q = 26.9\text{L/min}$

5-3　两缸速度和推力都相等，因两缸有效面积均为 $\pi d^2/4$。

5-4　1）$F_1 = F_2 = 5000\text{N}$；$v_1 = 0.02\text{m/s}$；$v_2 = 0.016\text{m/s}$

　　2）$F_1 = 0$，$F_2 = 11250\text{N}$；$v_1 = 0.02\text{m/s}$；$v_2 = 0.016\text{m/s}$

　　3）$F_2 = 0$，$F_1 = 9000\text{N}$；$v_1 = 0.02\text{m/s}$；$v_2 = 0.016\text{m/s}$

5-5　$p_2 = p_1 \, (D/d)^2$

5-6　1）$D = 105\text{mm}$；$d = 75\text{mm}$

　　2）$\delta = 2.5\text{mm}$

　　3）稳定性足够

5-7　$p_{\text{cmax}} = 11.02\text{MPa}$；适当开大节流口以增加 l_c。

第 六 章

6-1　$F = 3.58\text{N}$

6-2　$F = 70.5\text{N}$；方向使阀关闭；$v = 0.31\text{m/s}$

6-3　$p_k = 3.85\text{MPa}$；$p_1 = 11.55\text{MPa}$

6-4　原因：电磁铁断电时，控制腔压力不能迅速卸掉；因是内泄式，故开启时所需控制压力较高。
改进方法：用二位三通电磁阀，断电时控制腔接通油箱；用外泄式液控单向阀。

6-5

中位机能 特性	O	P	M	Y	H
系统保压	✓	✓		✓	
系统卸荷			✓		✓
换向精度高	✓		✓		
起动平稳		✓			
液压缸浮动				✓	✓

6-6　2MPa；3MPa

6-7　a）$p_P = 2$MPa，$q_B > q_C$；b）$p_P = 6$MPa

6-8　1）$p_A = p_C = 2.5$MPa，$p_B = 5$MPa；

2）$p_A = p_B = 1.5$MPa，$p_C = 2.5$MPa；

3）$p_A = p_B = p_C = 0$

6-9　1）$p_C = 1.4$MPa，$p_A = 1.6$MPa，$p_B = 0.5$MPa；

2）2.5MPa

3）$q_泵 = q_溢 = q_节 = q_减 = 25$L/min，$q_背 = 16$L/min

6-10　1）$p_X > p_Y$，$p_P = p_X$；$p_X < p_Y$，$p_P = p_Y$；

2）$p_P = p_Y + p_X$

6-11　1）$p_A = p_B = 4$MPa；2）$p_A = 1$MPa，$p_B = 3$MPa；3）$p_A = p_B = 5$MPa

6-12　1）液压泵起动后，两换向阀处于中位时

$p_A = p_B = 4$MPa，$p_C = 2$MPa

2）1YA 通电，液压缸 I 运动时

$p_A = p_B = 3.5$MPa，$p_C = 2$MPa

1YA 通电，液压缸 I 到终端停止时

$p_A = p_B = 4$MPa，$p_C = 2$MPa

3）1YA 断电，2YA 通电，液压缸 II 运动时

$p_A = p_B = p_C = 0$

1YA 断电，2YA 通电，液压缸 II 碰到固定挡块时

$p_A = p_B = 4$MPa，$p_C = 2$MPa

6-13　a）2m/min，2MPa；　　b）2m/min，0.2MPa；　　c）0.64m/min，2.4MPa；

d）2m/min，2.16MPa；　e）1.43m/min，2.4MPa；　f）2m/min，2.29MPa；

g）1.50m/min，2MPa；　h）0，1.26MPa

6-14　如果将泵的工作压力调到 6.3MPa，虽然调速阀有良好的稳定流量性能，但对节省泵的能耗不利。

6-15　$d = 7$mm；$x_V = 0.25$mm

6-16　1）14MPa 时，$K_q = 1.46$L/(s·mm)；2）21MPa 时，$K_q = 1.46$L/(s·mm)

6-17　$x_V = 0.079$mm

6-18　习答图 2 所示方案是能满足题目要求的回路方案之一。它利用电液比例调速阀进行工进速度的控制，只要向电液比例调速阀输入对应于不同速度要求的电信号，就可实现各种进给速度的要求。

快进和工进的转换用行程阀实现，工作可靠；工进和快退的转换采用电磁阀来换向，操纵和控制方便灵活；把电液比例调速阀设置在液压缸的回油路上，使液压缸可以承受负向负载。

6-19　1）电磁铁 YA 通电时 A 与 B 接通。若 $p_A > p_B$ 则 A→B；若 $p_A < p_B$，则 B→A。故图 6-80a 和图 6-80b 均可实现压力油 A→B 或 B→A。

2）电磁铁 YA 断电时

对于图 6-80a：若 $p_A > p_B$，则阀关闭；

若 $p_A < p_B$，则 B→A。

对于图 6-80b：若 $p_A > p_B$，则 A→B；

若 $p_A < p_B$，则阀关闭。

3）图 6-80a 和图 6-80b 所示插装阀均可作二位二通换向阀使用，但具体功能有所不同，见习答图 3。

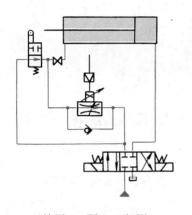

习答图 2　题 6-18 解图

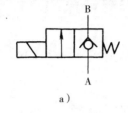

a)

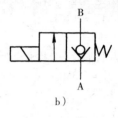

b)

习答图 3　题 6-19 解图

6-20

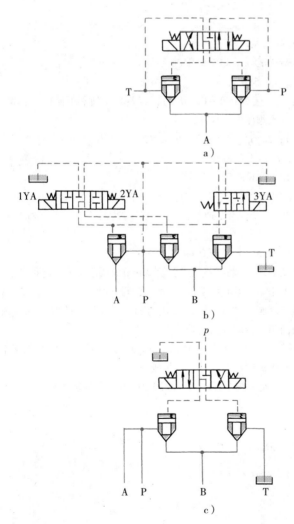

a)

工作位置机能	1YA	2YA	3YA
	−	−	−
	−	+	+
	+	−	−

b)

c)

习答图 4　题 6-20 解图

第七章

7-1 不会出现泵吸油不充分现象

7-2 绝热过程，$V_0 = 13.8L$；等温过程，$V_0 = 17.3L$

7-3 $V_W = 0.67L$

7-4 $V_0 = 0.2L$

7-5 压油管：公称通径 15mm，$\phi22mm \times 1.6mm$ 无缝钢管；吸油管：$\phi34mm \times 2mm$ 钢管

7-6 $p = 6.3MPa$，$q = 63L/min$

第八章

8-1 1）$v = 14.6 \times 10^{-3} m/s$；

2）$q_Y = 0.708 \times 10^{-4} m^3/s$，$\eta_C = 19.5\%$；

3）$A_{T1} = 0.03 \times 10^{-4} m^2$ 时，$v = 43.8 \times 10^{-3} m/s$，$q_Y = 0.124 \times 10^{-4} m^3/s$；

$A_{T2} = 0.05 \times 10^{-4} m$ 时，$v = 50 \times 10^{-3} m/s$，$q_Y = 0$

8-2 1）$v_右 > v_左$；2）$k_{v右} > k_{v左}$

8-3 $n_M = 589.6r/min$；$q_Y = 14.7L/min$

8-4 1）$\eta_C = 5.33\%$；2）$v = 0.66m/min$，$p'_2 = 10.8MPa$

8-5 1）$p_P = p_Y = 3.25MPa$；2）$p_{2max} = 6.5MPa$；3）$\eta_{Cmax} = 7.4\%$

8-6 不能，因为节流阀的压差很小（一般为 $0.2 \sim 0.3MPa$），定差溢流阀必须使用软弹簧，当液压缸回油腔的背压足以全部打开溢流口时，节流阀便失去作用。

8-7 1）$k_v = 750000kN/(m \cdot min^{-1})$；2）$\eta_C = 1.0$；3）$\eta = 0.67$

8-8 $V_P = 9.36mL/r$；$p_P = 5.98MPa$；$P_{Pi} = 1.098kW$

8-9 1）$n_{Mmax} = 676.4r/min$，$P_{Mo} = 12.47kW$，$T_{Mo} = 176N \cdot m$

2）$T_{Pi} = 168.88N \cdot m$

8-10 1）在 $n_M \leqslant 800r/min$ 时，使 $V_M = 12mL/r$，通过改变 V_P 来调速，在 $n_M > 800r/min$ 时，使 $V_P = 8mL/r$，通过改变 V_M 来调速；

2）$n_{Mmax} = 2400r/min$，$T_{Mmax} = 7.64N \cdot m$；$P_{Mmax} = 0.64kW$

8-11 1）$\eta_C = 70.8\%$；2）$\eta_C = 14.2\%$；3）采用差压式变量泵和节流阀组成的调速回路，$\eta_C = 86.4\%$

8-12 当活塞移动到行程终端碰上缸盖（或碰上死挡铁）时，液压缸大腔压力升高，使两种方案在作用上出现差别。图 8-32a 所示方案中的节流阀无油流过，前后压力相等，于是泵的偏心距被调到最大值，输出最大流量，在高压下经安全阀流回油箱，造成很大的功率损失。

而在图 8-32b 所示的方案中的节流阀，则有油流过，仍保持其原有压差，使泵的偏心距基本上无变化，将原来输到液压缸去的油在高压下经安全阀流回油箱，功率损失较小。

因此，图 8-32b 所示的回路方案，即将安全阀布置在节流阀后面的方案更为合理。

第九章

9-1 1）5.5MPa；2）3.5MPa；3）0.5MPa

9-2

习答表1　A、B两点处的压力值

电磁铁工作状态		压力值/MPa	
1YA	2YA	A 点	B 点
-	-	0	0
+	-	0	2
-	+	4	4
+	+	4	6

9-3　1）产生原因：当电磁阀4断电时，系统压力决定于溢流阀2的调整压力 p_{Y1}；阀4通电后，系统压力由溢流阀3的调整压力 p_{Y2} 决定。由于阀4与阀3之间的油路内没有压力（压力为零），阀4右位工作时，溢流阀2的遥控口处的压力由 p_{Y1} 几乎下降到零后才又回到 p_{Y2}，这样系统必然产生较大的压力冲击。

2）改进措施：把阀4接到阀3的出油口，并与油箱接通，这样从阀2遥控口到阀4的油路中充满接近 p_{Y1} 的压力油，阀4通电切换后，系统压力从 p_{Y1} 直接降到 p_{Y2}，不会产生较大的压力冲击，如习答图5所示。

9-4　1）产生原因：泵1工作时，压力油从溢流阀3的遥控口及外接油管进入溢流阀4的遥控口，经阀4反向进入泵2，使泵2像液压马达一样微微转动，或经泵2的缝隙流回油箱，所以压力上不去。但由于阀3和阀4的控制油路上均设有固定节流口，所以仍有一定压力，但达不到设计要求（阀3和4的调整值）。

2）改进方案：在阀3和阀4的控制油路上设置单向阀11和12，切断油液倒流的通路，如习答图6所示。

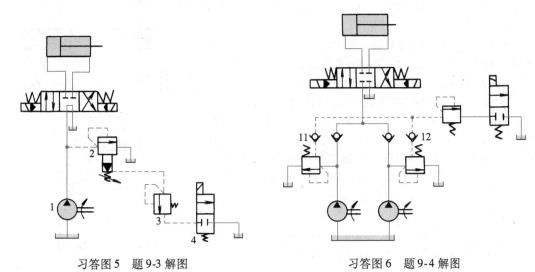

习答图5　题9-3解图　　　　　　　习答图6　题9-4解图

9-5　1）$p_P = 6\text{MPa}$；$p_B = 6\text{MPa}$；$p_C = 1.5 \sim 6\text{MPa}$，视换向阀泄漏情况而定

2）$p_P = 4.5\text{MPa}$；$p_B = 4.5\text{MPa}$；$p_C = 0$

9-6　1）活塞运动时，$p_A = p_B = p_C = 0.8\text{MPa}$

2）活塞停在终端位置时，$p_A = 3.5\text{MPa}$；$p_B = 4.5\text{MPa}$；$p_C = 2\text{MPa}$

281

9-7　1）产生原因：该液压夹紧系统油路没有自锁装置，当电动机突然断电时，夹紧液压缸失去支承压力后，反向冲击液压泵，使油液通过液压泵倒流回油箱。由于车床主轴惯性作用仍在旋转，因而工件飞出，造成安全事故。

2）解决方案：在减压阀至夹紧液压缸的油路之间增设一个单向阀。

9-8　1）产生原因：由于电液换向阀中位机能为 M 型，液压泵打出来的油全部回油箱，泵的压力为零，而电液换向阀的控制油路接在泵的出油口，故控制油压力也为零，即使电磁铁通电，控制油无力推动换向阀主阀心移动，所以换向阀主油路不切换、液压缸不动作。

2）解决方案：在泵出口处加一单向阀，把换向阀的控制油路从单向阀前引出，如习答图 7 所示。这样，即使换向阀处于中位，泵的出口压力也不会等于零，就足以推动换向阀主阀换向。

9-9　$p_X > 1.5\text{MPa}$；$p_Y > 3.25\text{MPa}$

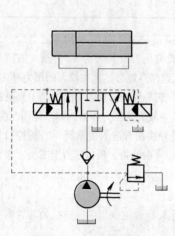

习答图 7　题 9-8 解图

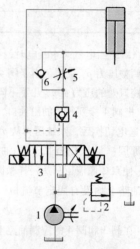

习答图 8　题 9-10 解图

9-10

1）产生原因：由于活塞下行时，回路中没有背压，活塞因自重快速下降，使液压缸上腔失压，于是液控单向阀也因失压而关闭，使活塞停止运行。随后进油路上又建立起压力，液控单向阀又打开，不断重复上述过程，所以活塞断断续续下降，并引起强烈振动。

2）解决方案：在液压缸的下腔回油路上设置一个单向节流阀，构成回油节流调速回路，使活塞下行速度平稳可调，液控单向阀打开后也不会出现失压现象，故可解决上述问题，如习答图 8 所示。

9-11　1）$p_Y > p_X > p_1 = F_1/A_1$；2）$q_{P1} = A_1(v_1 - v_2) - q_Y$，$q_{P2} = A_1 v_2 + q_Y$；3）$\eta_{C1} = 1$，$\eta_{C2} = [p_Y(q_{P2} - q_Y) - \Delta p_T q_T]/(\Delta p_X q_{P1} + p_Y q_{P2})$，其中 $q_T = A_2 v_2$

9-12　1）电磁阀接通时 $v = 0.48\text{m/min}$，断开时 $v = 0.43\text{m/min}$；
　　　2）电磁阀接通时 $v = 0.68\text{m/min}$，断开时 $v = 0.43\text{m/min}$

9-13　1）$p_Y > 7\text{MPa}$，$p_X = 6.8 \sim 7\text{MPa}$；
　　　2）$p_{Xi} = 6.8 \sim 7\text{MPa}$，$p_{Xo} = 4\text{MPa}$

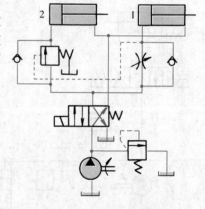

习答图 9　题 9-14 解图

9-14　产生原因：由于缸 1 是进油节流调速，故溢流阀前压力达到调定值后是恒定的。而缸 2 前安装的是内控式顺序阀，所以在溢流阀溢流时，系统工作压力早已达到打开顺序阀的调定值，因此两缸几乎同时动作。

改进方案：把内控式顺序阀改为外控式顺序阀，并将其控制油路接在缸 1 与节流阀之间油路上。这样，控制顺序阀启闭的压力由缸 1 外负载决定，而与顺序阀进口压力无关。只要把顺序阀控制压力调得比缸 1 负载压力稍高，就能实现缸 1 先动，缸 2 后动，如习答图 9 所示。

第 十 章

10-1　该液压系统由调速阀旁路节流调速回路、液压缸差动连接式快速运动回路和换向阀中位时液压泵低压卸荷回路组成。单向阀 A 的作用是保证液压缸小腔的回油通过背压阀 B,单向阀 C 的作用是使泵在低压下卸荷时,控制油路中仍有足够的压力,以便操纵电液换向阀。

10-2　系统动作循环见习答表 2,这个系统的主要特点是:用液控单向阀实现液压缸差动连接;回油节流调速;液压泵空运转时在低压下卸荷。

习答表 2　系统动作循环

动作名称	信号来源		
	1YA	2YA	3YA
快进	+	−	+
工进	+	−	−
停留	+	−	−
快退	−	+	−
停止	−	−	−

10-3　1）系统动作循环及液流情况见习答表 3。

习答表 3　动作循环及液流情况

动作名称	信号来源	电磁铁状态		油液流动情况
		1YA	2YA	
快进	按下起动按钮	+	−	泵→2→3→4（左腔） 4（右腔）→3→油箱 11→9→10
慢进	压力升高			泵→2→3→4（左腔） 4（右腔）→3→油箱
保压	滑块碰上工件			泵→2→3→6→10
快退	压力继电器发出信号	−	+	泵→2→3→ 4（右腔） / 9 4（左腔）→3→油箱 10→ 9→11 / 8→5→3→油箱
停止	挡块压行程开关	−	−	泵→2→3→油箱

2）元件名称和功用见习答表 4。

习答表 4　元件的名称和功用

标　号	名　称	功　用
1	溢流阀	调定系统工作压力
2	单向阀	使系统卸荷时保持一定的控制油路压力
3	电液换向阀	使压力机滑块实现换向
4	辅助活塞缸	使压力机滑块实现快进、快退

（续）

标　号	名　称	功　用
5	节流阀	调节压力机滑块返回速度
6	顺序阀	实现快进和慢进的动作转换
7	压力继电器	发出保压阶段终止的信号
8	单向阀	规定通过节流阀油流的方向
9	液控单向阀	使柱塞缸中的油返回辅助油箱
10	主柱塞缸	使压力机滑块传递压力
11	辅助油箱	快进时向柱塞缸供油

10-4　各液压阀和液压缸的工作状态见习答表5。

习答表5　液压阀与液压缸工作状态

动作顺序	电磁铁状态		液压阀状态						液压缸状态	
	1YA	2YA	阀1	阀2	阀3	阀4	阀5	阀6	缸Ⅰ	缸Ⅱ
1	-	+	右	左	右	右	右	左	右行	右行
2	-	+	右	左	右	右	右	右	右行	左行
3	+	-	左	右	右	右	右	右	左行	左行
4	+	+	左	右	右	右	右	右	左行	左行
5	+	-	左	右	右	右	右	右	右行	右行
6	-	+	右	左	右	右	右	右	左行	右行

10-5　系统工作原理：①系统由双缸互不干扰油路和定位夹紧顺序动作油路组成，高压小流量泵负责定位、夹紧和工进，低压大流量泵负责快进和快退；②定位、夹紧油路中工作压力由减压阀调定，由单向阀保压，由节流阀控制速度，压力继电器供显示"定位、夹紧状态已完成"之用；③缸Ⅰ采用回油节流调速，缸Ⅱ采用进油节流调速，快进时两缸都作差动连接；④每个工作缸由两个换向阀实现四个动作，调度设计上十分经济，但油路迂回，压降损失大。此外，每个缸都有一条经流量阀的常通油路，是使系统耗能发热的根源。系统动作循环完整表见习答表6。

习答表6　系统动作循环完整表

动作名称	电气元件							备　注
	1YA	2YA	11YA	12YA	21YA	22YA	YJ	
定位、夹紧	-	-	-	-	-	-	干	1）Ⅰ、Ⅱ两个回路各自进行独立循环动作，互不约束
快进	+	-	+	+	+	+	+	
工进、卸荷（低）	-	-	+	-	+	-	+	2）12YA、22YA中任一个通电时，1YA便通电；12YA、22YA均断电时，1YA才断电
快退	+	-	-	+	-	+	+	
松开、拔销	-	+	-	-	-	-	-	
原位、卸荷（低）	-	+	-	-	-	-	-	

10-6　系统采用直动式比例压力阀与传统先导式溢流阀、减压阀等的遥控口相连接，实现对溢流阀、减压阀等的比例控制。送料和螺杆旋转由比例压力阀和比例节流阀进行控制，以保证射力和注射速度的精确可控。

注塑机的工作过程是：塑料的粒料在旋转的螺杆区受热而塑化。方向阀6处于左位，通过液压马达驱动螺杆转动，转速由比例节流阀1确定。螺杆向右移动，注射缸7经过由比例压力阀2和先导式溢流阀4组成的电液比例先导溢流阀排出压力油，支撑压力由先导阀2确定。此时方向阀5处于右位。

已塑化的原料由螺杆向前推进而射入模具。注射缸7的注射压力通过由阀3和阀2组成的电液比例先导减压阀确定，此时方向阀5处于左位。注射速度由比例节流阀1来精细调节，此时方向阀6处于右位。注射过程结束时，比例阀2的压力在极短时间内提高到保压压力。

10-7　图10-23中1、2为电液比例调速阀，3为钢带系统，4为差动变压器。差动变压器通过钢带系统检测滑块运动过程的同步情况，并转换为电信号反馈，实现闭环控制。

10-8　系统框图如习答图10所示。

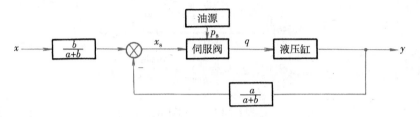

习答图10　题10-8解图

工作原理：若杠杆端A点向右运动距离x，由于当初活塞杆尚未运动，此时B点为支点，则阀心移动距离为$x\dfrac{b}{a+b}$，方向也向右。于是，阀口2、4打开；1、3关闭，压力油经阀口4进入液压缸右腔，液压缸左腔油液经阀口2回油箱，活塞在压差作用下向左移动距离y，此时杠杆则以A点为支点，推动阀心也向左移动$y\dfrac{a}{a+b}$，这就是反馈。当$y\dfrac{a}{a+b}=x\dfrac{b}{a+b}$时，阀心又回到零位，活塞停止运动。故输入$x$与输出$y$反向，且$\dfrac{y}{x}=\dfrac{b}{a}$。

第 十 一 章

11-1　液压缸在各工作阶段的负载如习答表7所示。

习答表7　液压缸在各工作阶段的负载F（$\eta_{\mathrm{m}}=0.9$）

工　　况	负 载 组 成	负载值F/N
起动	$F=F_{\mathrm{n}}f_{\mathrm{s}}$	333
加速	$F=F_{\mathrm{n}}f_{\mathrm{d}}+m\Delta v/\Delta t$	3500
快进	$F=F_{\mathrm{n}}f_{\mathrm{d}}$	167
工进	$F=F_{\mathrm{n}}f_{\mathrm{d}}+F_{\mathrm{t}}$	31278
反向	$F=F_{\mathrm{fs}}+F_{\mathrm{G}}$	16679
加速	$F=F_{\mathrm{m}}+F_{\mathrm{G}}-F_{\mathrm{fs}}$	19346
快退	$F=F_{\mathrm{fd}}+F_{\mathrm{G}}$	16512
制动	$F=F_{\mathrm{fd}}+F_{\mathrm{G}}-F_{\mathrm{m}}$	13179
停止	$F=F_{\mathrm{G}}$	16346

由习答表7可绘制出负载图，如习答图11所示。

11-2　装置各运动阶段的负载如习答表8所示。

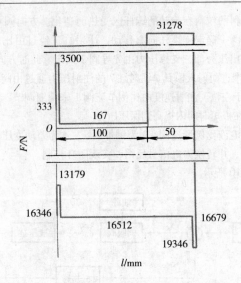

习答图 11　负载图

习答表 8　装置各运动阶段的负载 F（$\eta_{\mathrm{m}} = 0.9$）

运 动 阶 段	负 载 组 成	F/N
起动	$F = F_{\mathrm{fs}}$	1111
加速	$F = F_{\mathrm{fd}} + F_{\mathrm{m}}$	640
匀速	$F = F_{\mathrm{fd}}$	556
减速	$F = F_{\mathrm{fd}} - F_{\mathrm{m}}$	472

根据习答表 8 可绘制出驱动装置的工况图，如习答图 12 所示。

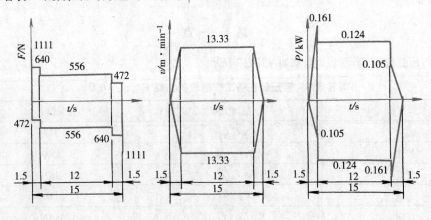

习答图 12　题 11-2 解图

11-3　能满足题目要求的一种设计方案如习答图 13 所示。

11-4　一种可行的设计方案如习答图 14 所示。

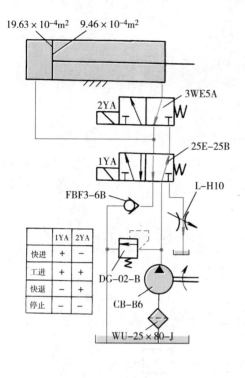

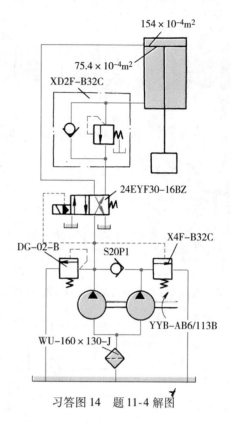

习答图 13　题 11-3 解图　　　　　　　　习答图 14　题 11-4 解图

11-5　参见书中第十一章第三节设计举例。

第 十 二 章

12-1　定量泵框图如习答图 15 所示。

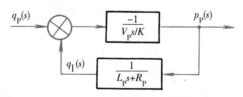

习答图 15　题 12-1 解图

泵输出压力 p_P 对输出流量 q_P 的传递函数为

$$\Phi(s) = \frac{p_P(s)}{q_P(s)} = \frac{-(L_P s + R_P)}{\dfrac{V_P}{K} s(L_P s + R_P) + 1} = \frac{-R_P(\tau_P s + 1)}{\left(\dfrac{s}{\omega_P}\right)^2 + 2\zeta_P\left(\dfrac{s}{\omega_P}\right) + 1}$$

式中，τ_P 为泵的时间常数，$\tau_P = \dfrac{L_P}{R_P}$；$\omega_P$ 为泵的固有角频率，$\omega_P = \sqrt{\dfrac{K}{V_P L_P}}$；$\zeta_P$ 为泵的阻尼比，$\zeta_P = \dfrac{R_P}{2}$ $\sqrt{\dfrac{V_P}{L_P K}}$；$K$ 为油液的体积模量。

287

12-2

$$\frac{v(s)}{F_L(s)} = \frac{-\left(\dfrac{V_1 + V_2}{K}\right)s}{m\left(\dfrac{V_1 + V_2}{K}\right)s^2 + B\left(\dfrac{V_1 + V_2}{K}\right)s + (A_1 - A_2)^2}$$

12-3

$$\frac{p_2(s)}{q_2(s)} = \frac{-m_R s^2 + B_R s + k_R}{m_R \xi_P s^2 + (B_R \xi_P + A A_R)s + (k_R \xi_P + A_R \xi_X)}$$

式中，$\xi_P = C_d w x_{R0}/\sqrt{2\rho\ (p_{10} - p_{20})}$；$\xi_X = C_d w \sqrt{\dfrac{2}{\rho}\ (p_{10} - p_{20})}$；$k_R = k_s + 2C_d w\ (p_{10} - p_{20})\ \cos\theta$；$A_R = A - 2C_d w x_{R0} \cos\theta$

12-4

$$\frac{p_P(s)}{q_P(s)} = \frac{A_P^2 R R_T \dfrac{V}{K}s^2 + \left[A_P^2(R + R_T + R R_T k_1) + R_T k_s \dfrac{V}{K}\right]s + \left[k_s(R_T k_1 + 1) + A_P R_T k_q\right]}{A_P^2(R_T + R)\dfrac{V}{K}s^2 + \left[A_P^2(R_T + R)k_1 + k_s \dfrac{V}{K}\right]s + k_s k_1}$$

12-5　出口节流调速回路框图如习答图 16 所示。

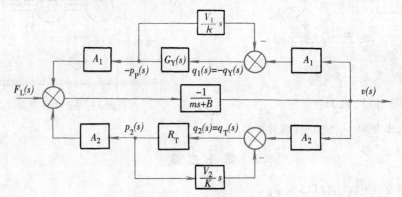

习答图 16　题 12-5 图

活塞移动速度 v 对负载 F_L 的传递函数为

$$\frac{v(s)}{F_L(s)} = \frac{-\left(\dfrac{V_1}{K}s + \dfrac{1}{G_Y(s)}\right)\left(\dfrac{V_2}{K}s + \dfrac{1}{R_T}\right)}{A_1^2\left(\dfrac{V_2}{K}s + \dfrac{1}{R_T}\right) + A_2^2\left(\dfrac{V_1}{K}s + \dfrac{1}{G_Y(s)}\right) + (ms + B)\left(\dfrac{V_1}{K}s + \dfrac{1}{G_Y(s)}\right)\left(\dfrac{V_2}{K}s + \dfrac{1}{R_T}\right)}$$

动态特性分析：

1）传递函数带有负号，因此活塞移动速度和负载的变化方向是相反的。

2）这个回路原本是一个五阶系统。考虑到一般液压装置中液压缸和负载部分的固有角频率较低（几个至十几个赫兹），溢流阀固有角频率相对说来较高（二、三百个赫兹），因此可以作出以溢流阀静态特性来替代其动态特性的简化，即 $G_Y(s) \approx G_Y = k_R/(\zeta_P k_R + \zeta_X A_R)$，使回路近似地成为一个三阶系统。这个简化系统经检验是符合霍尔维茨稳定判据中的全部要求的，因此它能够稳定地工作。

3）这个系统的稳定裕量和稳态误差都与 V_1 和 V_2 有关。由于 V_1 和 V_2 因活塞所在位置的不同而不同，所以系统的那两个参数是随着活塞位置的改变而改变的，不是恒定值。

参 考 文 献

1 雷天觉. 新编液压工程手册 [M]. 北京：北京理工大学出版社，1998.

2 路甬祥. 液压气动技术手册 [M]. 北京：机械工业出版社，2002.

3 成大先. 机械设计手册：第4、5卷 [M]. 4版. 北京：化学工业出版社，2002.

4 陆元章. 现代机械设备设计手册 [M]. 北京：机械工业出版社，1996.

5 徐灏. 新编机械设计师手册：下册 [M]. 北京：机械工业出版社，1995.

6 机械工程手册编辑委员会. 机械工程手册：第6卷传动设计卷 [M]. 2版. 北京：机械工业出版社，1997.

7 盛敬超. 工程流体力学 [M]. 北京：机械工业出版社，1988.

8 薛祖德. 液压传动 [M]. 北京：中央广播电视大学出版社，1995.

9 官忠范. 液压传动系统 [M]. 北京：机械工业出版社，1998.

10 王春行. 液压控制系统 [M]. 2版. 北京：机械工业出版社，2000.

11 王积伟，章宏甲，黄谊. 液压与气压传动 [M]. 2版. 北京：机械工业出版社，2005.

12 林建亚，何存兴. 液压元件 [M]. 北京：机械工业出版社，1988.

13 李壮云. 液压元件与系统 [M]. 2版. 北京：机械工业出版社，2005.

14 吴根茂，邱敏秀，王庆丰，等. 实用电液比例技术 [M]. 杭州：浙江大学出版社，1993.

15 黄谊，章宏甲. 机床液压传动习题集 [M]. 北京：机械工业出版社，1990.

16 王积伟. 液压与气压传动习题集 [M]. 北京：机械工业出版社，2006.

17 市川常雄. 液压工程学 [M]. 周兴业，译. 北京：国防工业出版社，1984.

18 凯勒 GR. 液压系统分析 [M]. 林其敏，陈燕庆，译. 北京：国防工业出版社，1985.

19 Katsuhiko Ogata. 现代控制工程 [M]. 3版. 卢伯英，等译. 北京：电子工业出版社，2000.

20 Richard C Dorf, Robert H Bishop. 现代控制系统 [M]. 8版. 谢红卫，等译. 北京：高等教育出版社，2001.

21 王积伟，吴振顺. 控制工程基础 [M]. 北京：高等教育出版社，2001.

22 James A Sullivan. Fluid Power：Theory and Applications [M]. 4th Ed. Columbus, Ohio, USA：Prentice Hall，1998.

23 Yeaple F. Fluid Power Design Handbook [M]. 2nd Ed. New York and Basel：Marcel Dekker Inc，1990.

24 Lambeck R P. Hydraulic pumps and motors：Selection and application for hydraulic power control system [M]. New York：Marcel Dekker Inc，1983.

《液压传动 第2版》信息反馈表

尊敬的老师:

　　您好! 感谢您多年来对机械工业出版社的支持和厚爱! 为了进一步提高我社教材的出版质量, 更好地为我国高等教育发展服务, 欢迎您对我社的教材多提宝贵意见和建议。另外, 如果您在教学中选用了本书, 欢迎您对本书提出修改建议和意见。

一、基本信息

姓名: _____　性别: _____　职称: _____　职务: _____

邮编: _____　地址: _____

任教课程: _____　电话: ____—_____ (H) _____ (O)

电子邮件: _____　于机: _____

二、您对本书的意见和建议

　　　　(欢迎您指出本书的疏误之处)

三、您对我们的其他意见和建议

请与我们联系:

100037　北京百万庄大街 22 号·机械工业出版社·高等教育分社　冯春生　收

Tel: 　010—8837 9715 (O), 6899 4030 (Fax)

E-mail: fcs8888@ sohu. com